JN204458

オリーブのすべて

横山淳一
松生恒夫
鈴木俊久

幸書房

■著者紹介

横山 淳一 （よこやま　じゅんいち）　8章はじめに〜8.3・特別寄稿 担当

　医学博士. オリーヴァ内科クリニック院長.

　1973年千葉大学医学部卒業. 東京慈恵会医科大学　内科学（糖尿病・代謝・内分泌部門）教授を定年にて退任後, 2013年に東京都世田谷区駒沢で糖尿病・栄養内科, 代謝・内分泌領域専門のオリーヴァ内科クリニックを開設. オリーブの樹の恵みをライフスタイルの改善に生かす指導を行っている. 日本糖尿病学会認定糖尿病専門医, 指導医. 日本内分泌学会認定内分泌代謝専門医. 西欧文明の源流である地中海沿岸, とくにイタリアに健康・長寿食の原点を求めて研究中. 主な著書『南イタリアの家庭料理—地中海式ダイエットの原点, 美味と健康にあふれた食卓—』（保健同人社刊）『イタリアに学ぶ医食同源—真の美味を求めて—』（中央公論新社刊）『こんなにおいしくていいの？！医師と料理家がすすめる糖尿病レシピー』（筑摩書房刊）『炭水化物を食べながらやせられる！地中海式　世界最強の健康ダイエット』（ソフトバンク出版）等

松生 恒夫 （まついけ　つねお）　8章8.4〜8.5 担当

　医学博士. 松生クリニック院長.

　1980年東京慈恵医科大学卒業, 同大学第三病院内科助手. 松島病院大腸肛門病センター診察部長を経て, 2004年1月より現職. 日本内科学会認定医, 日本消化器内視鏡学会専門医・指導医, 日本消化器病学会認定専門医. 主な著書『老いない腸をつくる』『オリーブオイルで老いない体をつくる』（以上, 平凡社新書）『腸は絶対冷やすな！』（光文社知恵の森文庫）『寿命の9割は腸で決まる』（幻冬舎新書）『日本一の長寿県と世界一の長寿村の腸にいい食事』（PHP新書）等

鈴木 俊久 （すずき　としひさ）　1章〜7章 担当

　日清オイリオグループ株式会社　食品事業本部・商品戦略部　兼　中央研究所　上級主席.

　東北大学農学部にて金田尚志東北大学名誉教授に師事, 1985年に同農学研究科博士課程前期課程を修了. 同年, 日清製油株式会社（現・日清オイリオグループ株式会社）に入社. 同社研究所において主に食用油関連商品の開発を担当し, 以降, 研究企画, 品質保証等の業務を経て現職に至る. 2002年11月には国際オリーブオイル協会（現・国際オリーブ協会）より, オリーブオイル・テイスティングパネルのカンパニーパネル・スーパーバイザー認定を受けた. 欧米のオリーブオイルコンテストの審査員も務め, 特にイタリア・バーリで毎年開催されるPremioBIOLには2006年以降, 毎年, 審査員として招致されている. 主な著書『オリーブの健康世界—地中海型食生活を支える驚異のひとしずく』（河出書房刊）『オリーブオイル・ハンドブック』（朝日新聞出版刊）『油脂のおいしさと科学—メカニズムから構造・状態, 調理・加工まで—山野善正監修』（NTS刊）等

発刊にあたって

　オリーブ樹は，最も長く生きる生物であることが証明され，知られるようになりました．実際，地中海沿岸地域では樹齢 4000 年を越えると推定される樹があり，今なお毎年のようにオリーブの実を結実させています．また，イスラエルで行われた紀元前 6000 年前の遺跡発掘調査ではオリーブオイルを入れた壺の欠片が発見されており，人類との関わりは有史以前にさかのぼることが判明しています．何千年にもわたって多大な恩恵を人類に及ぼしたオリーブ樹は，古くは神々の宗教的儀式，現代では国連の旗の平和へのモチーフにも用いられており，人類はその神秘的で想像を超えた生命力を崇拝してきました．

　ヒューマニティを尊んできた西欧文明はオリーブなしに存在しえなかったとも言われます．そして我が国でも，今，何故オリーブなのか？を問うとき，日本人の体内環境の改善や，現在おかれている日本の自然環境に，オリーブ樹の恵がまさに必要となっていることに思い至るのではないかと思います．

　オリーブオイルについては，油脂としてだけでなく，その健康増進効果について関心が高まっています．しかし，その本当の理解や活用の仕方について言われていることは，まだまだ断片的で，オリーブの持つ計り知れないパワーやその力を生かすには，ほど遠いのではないかと思っています．その一因は，オリーブ樹，その恵みのすべてを知るための本がこれまで我が国で出版されてこなかったところにもあります．

　こうした現状に鑑み，このたび，我が国において長年にわたって，オリーブオイルの生産，鑑定，販売に携わってきたこの分野のパイオニアの一人である，鈴木俊久氏にオリーブ樹の植生の歴史から種類，その実を搾る生産工程，オイルの成分，鑑定法までのすべてを執筆していただきました．また，このオイルの健康増進効果については，本邦でいち早くその健康効果に着目し，研究してきた松生恒夫氏と小生が，それぞれの専門領域から，その効能について執筆しました．巻末には特別寄稿として「地中海オリーブ食文化と健康」と題して，世界無形文化遺産にいち早く登録された地中海食について紹介し，本書を纏めました．

　オリーブオイルだけを見ても，油脂として生きるための必需品から，食を楽しみ，さらに健康寿命の延伸への効果が大いに期待されています．オリーブオイルは単なる食用だけでなく，そのまま加熱せずに美容，活力向上，認知症予防のために毎日摂取するのも最近のトレンドで，それに応えるべくオリーブの栽培，搾油技術の進歩がみられます．

　またオリーブ樹は，日本の街の景観，自然の風景に溶け込み，新しい美しさを添えています．

　地球の温暖化も念頭に置き，オリーブ樹を日本の各地にたくさん植樹し独自のオリーブ文化を熟成させ，日本の土壌が生んだオイルを搾り，日本の地産・地消に役立てようとしている人にも，また，「オリーブを究める」，「オリーブと共に生きる」ことを自負している人にも本書がお役に立てればと願っております．

2018 年 5 月

執筆者を代表して　横山　淳一

謝　辞

　本書の執筆にあたっては国内外の多くのオリーブオイル関係者の方々から貴重な情報やご助言を頂きました．特に，故ジョルジュ・カルドーネ先生をはじめ，ピエトロ・パウロ・アルカ氏，カメール・ベン・アマール氏，バシリス・カンビシス氏，パトリッツィオ・ガンバ氏，ジャンピエロ・クレスティー氏，マリノ・ジョルジェッティ氏，アンナ・ネッリャ氏，ジュセッペ・ペニーノ氏，アリサ・マッテイ氏，パオラ・フィオラバンティー氏，ブリヒダ・ヒメネス氏，マリノ・ウセダ氏，アヌンシアション・カルピオ氏，ファン・ラモン氏，ポール・ボッセン氏，スー・ラングスタッフ氏，マリア・ルー・ウルタード氏，柴田英明氏，ドゥッチョ・モロッツォ氏，その他多くのオリーブオイルテイスターやオリーブ栽培・生産の研究者の皆様，また熱意を持って良きオリーブオイルの生産に真摯に取り組まれているたくさんのオリーブオイル生産者の皆様，どうも有難うございました．

　また，私に本書執筆のご依頼をくださいました，横山淳一先生そして松生恒夫先生に改めて深く御礼を申し上げます．本書の出版をご推進頂いた幸書房 夏野雅博氏にも御礼を申し上げます．

鈴木　俊久

目　　　次

第1章　オリーブとオリーブオイルの歴史………1

1.1　オリーブの神性　*1*
1.2　オリーブの起源　*1*
1.3　地中海沿岸への伝播　*1*
1.4　その他地域への拡大　*2*
1.5　象徴としてのオリーブ　*3*
1.6　日本におけるオリーブ栽培　*4*
1.7　日本のその他地域への栽培拡大　*5*

第2章　オリーブの生態と栽培………7

2.1　オリーブの木の生態　*7*
2.2　オリーブの栽培　*8*
　2.2.1　伝統的栽培法　*9*
　2.2.2　中密度及び高密度栽培　*9*
　2.2.3　超高密度栽培　*11*
　2.2.4　伝統農地の改善　*13*

第3章　世界のオリーブオイルの生産と特徴………14

3.1　世界のオリーブオイルの生産量と日本の輸入　*14*
　3.1.1　世界のオリーブオイル生産量　*14*
　3.1.2　日本のオリーブオイル輸入と消費　*15*
3.2　各国のオリーブオイルの生産と特徴　*18*
　3.2.1　スペイン　*18*
　3.2.2　イタリア　*21*
　3.2.3　ギリシャ　*27*
　3.2.4　チュニジア　*31*
　3.2.5　トルコ　*32*
　3.2.6　チ　リ　*35*
　3.2.7　ポルトガル　*39*
　3.2.8　フランス　*40*

　　3.2.9　アメリカ　*41*

　　3.2.10　ニュージーランド　*42*

　　3.2.11　スロベニア　*43*

第4章　オリーブの品種と特性………44

　4.1　品種による用途の区分　*44*

　4.2　品種の形状的特徴の分類　*46*

　4.3　品種の受粉性　*47*

　4.4　オリーブの品種とその特性　*47*

　4.5　各オリーブ品種の特性　*49*

　　4.5.1　イタリア　*49*

　　4.5.2　スペイン　*51*

　　4.5.3　ギリシャ　*53*

　　4.5.4　チュニジア　*54*

　4.6　オリーブの成熟指数　*54*

　4.7　オリーブの病害虫　*55*

第5章　オリーブオイルの製造………58

　5.1　オリーブオイル製造の基本原理　*58*

　5.2　製造の各工程について　*59*

　　5.2.1　原料搬送　*59*

　　5.2.2　選別、洗浄　*61*

　　5.2.3　粉砕（クラッシング）　*62*

　　5.2.4　撹拌（マラキシング）　*64*

　　5.2.5　搾油（油分分離）　*65*

　　5.2.6　タンキング（貯蔵）　*68*

　　5.2.7　ろ　　過　*70*

　5.3　オリーブオイルの精製　*71*

　　5.3.1　精製オリーブオイルの原料油とその用途　*71*

　　5.3.2　「オリーブオイル（狭義）」の商品　*71*

　　5.3.3　精製処理　*72*

　　5.3.4　化学的精製法（ケミカルリファイニング）　*72*

　　5.3.5　物理的精製法（フィジカルリファイニング）　*73*

　5.4　オリーブオイルの容器、充填　*74*

　5.5　オリーブオイルの商品表示　*82*

　5.6　オリーブオイルの品質規格　*83*

第6章　オリーブオイルの風味と官能評価………87

6.1　オリーブオイルの風味に関与する化学成分　*87*

　6.1.1　オリーブオイルの味　*87*

　6.1.2　臭　　い　*94*

　6.1.3　オリーブオイルの色調　*98*

6.2　オリーブオイルの風味の官能評価　*99*

　6.2.1　オリーブオイル官能評価の特性　*99*

　6.2.2　オリーブオイル官能評価方法の変遷　*100*

　6.2.3　官能評価の目的　*102*

　6.2.4　パネルおよび評価に必要な器具　*104*

　6.2.5　パネルの選定及び教育、訓練　*106*

　6.2.6　具体的な評価方法　*107*

　6.2.7　評価用紙と評価用語　*107*

　6.2.8　評価の判定　*108*

6.3　オリーブオイルのコンテスト　*109*

第7章　オリーブオイルの構成成分………111

7.1　オリーブオイルの主要成分　*111*

7.2　オリーブオイルの微量成分　*111*

第8章　オリーブオイルの健康増進効果と地中海食………117

8.1　地中海食とは　*117*

　8.1.1　脂肪酸の面からみたオリーブオイルの栄養学的特性　*118*

8.2　心臓・血管障害疾患への効果　*120*

　8.2.1　動脈硬化進展抑止の観点からの地中海食の有効性　*120*

　8.2.2　虚血性心疾患での地中海食の有用性　*123*

　8.2.3　エキストラバージンオリーブオイルと動脈硬化進展抑制　*124*

8.3　糖尿病、肥満症への効果　*124*

　8.3.1　糖　尿　病　*124*

　8.3.2　糖尿病での食事療法　*125*

　8.3.3　糖尿病での高一価不飽和脂肪（オレイン酸）食　*126*

　8.3.4　糖尿病での勧められる多価不飽和脂肪摂取　*129*

　8.3.5　糖尿病の食事会での地中海料理の有用性　*132*

　8.3.6　肥満症での効果　*135*

　8.3.7　地中海食の勧め　*135*

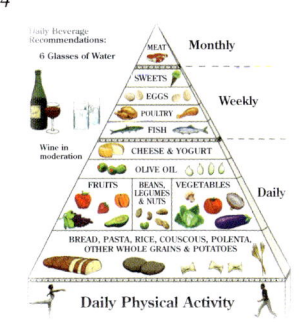

8.4　オリーブオイルの健康増進効果—大腸疾患　*136*

8.4.1　大腸疾患の現状　*136*

8.4.2　大腸ガン　*137*

8.4.3　潰瘍性大腸炎　*142*

8.4.4　慢性便秘症に対するオリーブオイルの効果　*144*

8.5　オリーブオイルの健康増進効果—各種の疾患　*148*

8.5.1　認　知　症　*148*

8.5.2　地中海型食生活のダイエット効果　*151*

8.5.3　逆流性食道炎　*152*

8.5.4　ヘリコバクター・ピロリ菌に対するオリーブオイル・ポリフェノールの活性　*152*

8.5.5　乳　ガン　*152*

8.5.6　オリーブオイルとアンチエイジング　*153*

8.5.7　オリーブオイルの痛みに対する作用　*154*

8.5.8　地中海型食生活が本当に全身によいのか　*154*

8.5.9　オリーブオイル効果のまとめ　*155*

～特別寄稿～　地中海オリーブ食文化と健康………158

1.　地中海食の楽しみ方　*158*

2.　パスタは地中海食の重要な担い手　*159*

2.1　自然食品であるが保存性に優れている　*159*

2.2　生活習慣病予防の効果　*160*

2.3　パスタを地中海式においしく、健康増進に活かすための8ヵ条　*160*

3.　ワインは大切な食事の伴侶　*161*

4.　地中海食文化の変遷と現代での取り入れ方　*162*

5.　地中海食と健康・長寿　*165*

6.　樹木としてのオリーブ樹　*166*

おわりに　*168*

オリーブのすべて
すべて

第1章　オリーブとオリーブオイルの歴史

1.1　オリーブの神性

オリーブは極めて長命な木である．乾燥にもよく耐え，その生命を百年はおろか千年以上も保ち続けることが出来る．しかもオリーブは古木であっても人を畏怖させるような威圧感がない．しなやかな枝に茂る濃緑色の葉は休息のための木陰を与え，その果実は人の体に優しい油を与えてくれる．オリーブの起源と言われる小アジアの地に発したユダヤ教やキリスト教，イスラム教において，この慈愛に満ちた木から得られるオリーブオイルは聖なる油として扱われる．人々はこれら宗教の創始より遥か昔からその超越した生命力を目の当たりにし，そして母乳のように滋養に富み，薬や化粧品としても用いられるオリーブオイルという恩恵を授けられてきた．オリーブに深い感謝の念を捧げてきた人々がオリーブの木に神の姿を重ね合わせたことは当然の帰結であろう．

1.2　オリーブの起源

現在の栽培種であるオリーブの学名は *Olea europaea* で，シソ目モクセイ科オリーブ属に分類される．オリーブの野生種自体は有史以前から小アジアや北アフリカに自生しており，5万年前とされるオリーブの葉の化石も発掘されている．オリーブの栽培種は野生種から選択され，改良されたものと考えられているが，その栽培の歴史は6000年以上も遡ると言われている．現在の農作物の中でも最も古い栽培の歴史を有する作物のひとつである．

ギリシャ神話におけるオリーブの起源であるが，アテーナー神とポセイドン神がアッティカ（現在のギリシャのアテネ周辺）の守護神の座を巡って争った際に，アテーナー神から人に広く役立つものとして贈られたのがオリーブであったとされている．また，古代オリンピックにおいては勝者の印としてゼウス神官よりオリーブの葉の冠が授与されたという．このような神話や逸話の影響から我々日本人はオリーブのイメージをギリシャと結びつけることが多い．しかし，現在の学説では，今のシリア北部からトルコ国境あたりの小アジアを起源とする説が有力である（図1.1参照）．オリーブが出現する最も有名な記述が旧約聖書・創世記のノアの方舟の物語である．

方舟の外に放った鳩がオリーブの一枝を咥えて戻ったことでノアは大洪水が引いたことを知ったとされる．そして，この方舟の流れ着いたのがアララト山とされるが，実在のアララト山はトルコの東端に位置する．このアララト山との同一性は未だ証明されていないが，オリーブの小アジア起源説を間接的に裏付けるものであろう．オリーブの作物としての栽培や搾油に必要な技術に当時の優れたメソポタミア文明が大きく貢献したことは容易に推測される．

1.3　地中海沿岸への伝播

オリーブの有用性やオリーブオイルの価値が周知されるにつれ，オリーブの栽培地域は小アジアから地中海沿岸諸国へと大きく広がっていった．ここにおいて先ず重要な役目を果たしたのが海上交易に長けたフェニキア人であり，続いてこの後，極めて高度な文明を創り上げたギリシャ人であった．フェニキア人は貿易商品としてオリーブオイルを売買するだけでなく，オリーブの栽培自体もエーゲ海の島々やトルコ，ギリシャ，北アフリカに広めていった（写真1.1参照）．当時，地中海東部の海上の要衝であったキプロスはトルコやギリシャへの経由地であったが，現在のキプロス共和国旗にはオリーブの枝がデザインされている

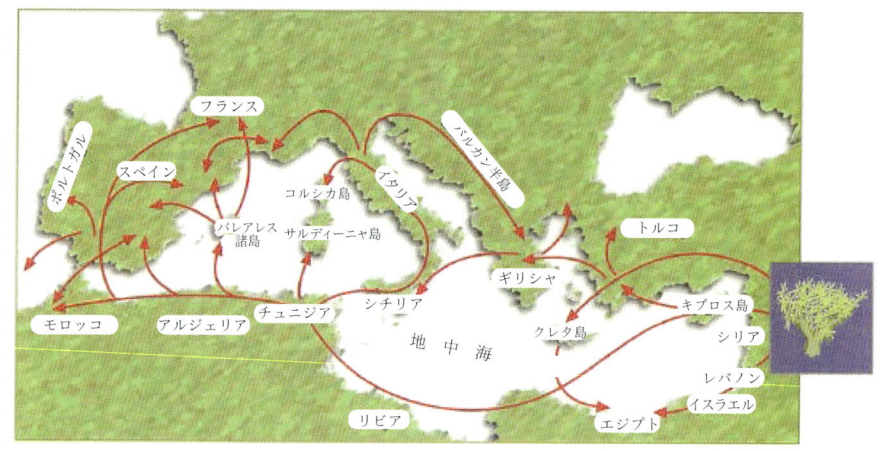

図 1.1　地中海沿岸へのオリーブ栽培の伝播
(国際オリーブ協会資料より)

写真 1.1　オリーブオイル海上輸送の再現
(スペイン・レイダのオリーブ博物館)

写真 1.2　オリーブに囲まれたシチリア・
アグリジェントのギリシャ神殿

図 1.2　オリーブがデザインされたキプロス国旗

(図 1.2 参照). ギリシャは紀元前 14 世紀以降に本土でのオリーブ栽培を拡大していったが, 紀元前 8 世紀ころから地中海の植民地開拓に進出した. マグナ・グラエキアと呼ばれた大植民地, シチリアと南イタリアでは現在も植民地当時の遺跡が多く残されているが (写真 1.2 参照), この植民地開発に伴ないイタリアにもオリーブの栽培が伝えられ

た.

　その後の主役となったのは言うまでもなくローマ帝国であり, 拡大していった領土においてオリーブの栽培を振興し, 主に北アフリカやスペインなどの地中海沿岸地域にオリーブ栽培を広めていった.

1.4　その他地域への拡大

　大航海時代の中心となったスペインとポルトガルはもともとオリーブオイルの生産国であり消費国であったため, これらの国は新たに進出, 開拓した領土においてオリーブ栽培を持ち込んだ.

　北米大陸においては, 西海岸からメキシコにかけて地中海性気候の地域が存在し, スペインのフランシスコ修道院の修道士がカリフォルニアでオリーブ栽培を行った. この栽培の目的は食用油の

確保ではなく，石鹸原料や灯明用を目的としたものであった．

南米のアルゼンチン，チリにおいても国土の一部に同様の気候帯が存在しており，16 世紀にスペイン人は侵攻地でオリーブ栽培を行った．しかし，この 2 国においてオリーブの生産は植民地時代においては，本国スペインに主要生産品であるオリーブオイルの輸出先として位置付けられ，独立後もその他の農作物との競合において優位性が得られなかったため，生産量が大きく増えることはなかった．

しかし，近年，後述の SHD（超高密度栽培）のような新規のオリーブ栽培方法が開発されたため，新たな農地の開拓余地を有することと高品質と低い生産コストという市場競争力への期待を含めて，南米でのオリーブ生産が注目され始めた．特にチリにおいては急速に栽培の拡大が進んだ．南半球では生産時期が北半球と半年ずれるメリットがあり，今後，生産量が増加すれば 1 年に 2 回，新鮮なオリーブオイルの供給が可能になるかもしれない．

また，収入の多い先進国ではオリーブオイルに対してさらなる健康性や鮮度，良質な品質，そして高い安全性やトレーサビリティー情報等への要求が高まっている．18 世紀後半から栽培の歴史を持つアメリカや，新たな生産国のオーストラリア，ニュージーランドなどでのオリーブオイルの生産コストは低くないが，独自の品質基準を設定するなど上記の要求を満たす高品質オリーブオイルの生産を目指している．

1.5　象徴としてのオリーブ

オリーブは平和や知恵の象徴として扱われる．これは既述のノアの方舟（平和の到来）や知恵や芸術を司るアテーナー神に由来するものと考えられる．オリーブを平和のシンボルとして取り扱っている代表例には国連旗や国際連合児童基金（unicef），世界保健機関（WHO）などの国連関連組織の旗がある（図 1.3 参照）．その他，イスラエルやマルタ，アメリカなどの国章においてもオリーブが登場する．アメリカの国章に描かれた白頭鷲は右足には 13 枚の葉を付けたオリーブの枝を，左足には 13 本の矢を握っている（図 1.4 参照）．これは戦いに備えたうえでの平和を意味しており，鷲の頭がオリーブを持つ右に向けられていることから基本姿勢は平和を希求するが，決して戦いの準備は怠らない，というアメリカらしさが表れている．

絵画の世界でも，ノアの方舟の題材をはじめキリスト教の宗教画の中にオリーブは頻繁に出現する．ルネッサンス期のボッティチェリの作品，「パラスとケンタウロス」ではパラス（アテーナー神）が頭とドレスにオリーブの枝を巻きつけた姿で描かれている．

後期印象派のゴッホは，南フランス・プロバンスのサン・レミ病院に入院中，オリーブの木やその収穫をテーマとした作品を多数残している．日本でも佐竹徳画伯は岡山県の牛窓オリーブ園内にアトリエを持ち，オリーブと瀬戸内海の美しい景色の風景画を多数書き上げ，100 歳の長寿を全うした（写真 1.3 参照）．この牛窓オリーブ園の創始は戦中の 1942 年と古く，現在も約 2,000 本のオリーブが「日本のエーゲ海」と呼ばれる美しい環境の

図 1.3　国連旗

図 1.4　アメリカ合衆国の国章

写真 1.3 牛窓オリーブ園（岡山県瀬戸内市）

中で育っている．

1.6 日本におけるオリーブ栽培

　古来，日本にはオリーブの木が存在しておらず，安土桃山時代において布教目的で来日したフランシスコ会のポルトガル人の宣教師が最初にオリーブオイルを日本に持ち込んだと言われている．しかし，当時の武将達が欲したのは同じく彼らの持ち込んだ鉄砲の方であり，こちらは到来以来，僅か半世紀のうちに 50 万丁という世界最大の保有数にまで膨れ上がったという．

　その後，キリスト教の禁教や鎖国政策もあり，日本におけるオリーブ栽培は完全に停滞状態となった．ようやく江戸時代末期の文久 2 年にな

り，蘭方医・林洞海が医療用目的でフランスから取り寄せた苗木を横須賀に植樹した．明治 7 年（1874）には日本赤十字社の創始者である佐野常民がイタリアから持ち帰った苗木を和歌山と東京に植え，和歌山では結実に至ったという．そして 1878 年にパリにおいて開催された 3 度目の万国博の翌年，明治 12 年（1879）に万博日本事務局副総裁であった松方正義らがフランスから 2,000 本の苗木を輸入し，兵庫県三田の育種場と神戸の同場付属植物園（後の神戸オリーブ園）に植えたが，これも栽培は成功に至らなかった．しかし，この時のオリーブの木は現在も神戸市の湊川神社に 1 本と加古川市の宝蔵寺に 2 本が生き続けており，その姿を見ることができる（写真 1.4，1.5 参照）．

　日本は日露戦争で賠償金代わりに北方の漁場をロシアから獲得した．ここで採れた大量の鰯などを油漬けの缶詰に加工して海外輸出するためオリーブオイルの国内供給が検討された．明治政府は明治 41 年（1908）に香川，三重，鹿児島の 3 県

写真 1.5 2品種のオリーブが育つ宝蔵寺（加古川市）

写真 1.4 湊川神社で育つオリーブの木（神戸市）

写真 1.6 小豆島で育つオリーブの木々

で試験栽培を開始し，このうち小豆島が唯一栽培に成功した（写真 1.6 参照）．これ以降，小豆島は日本を代表するオリーブ生産地として名を馳せ，現在も生産が続けられている．昭和以降はオリーブオイルの化粧品用途の増加もあり，1964 年に栽培面積（130ha）と果実の生産量のピークを迎えた．しかし，当時のオイル生産量は 10 数トン程度で，その後のオリーブオイル輸入自由化による価格競争力の喪失，みかん栽培への転換政策などのため，生産量は減少の一途を辿り，昭和 60 年代には栽培面積も 30ha 台にまで減少した．しかし，1990 年代に入り日本でイタリア料理のブームが起こり，イタリアンレストランが大きく躍進した．この「イタ飯」に欠かせないオリーブオイルへの関心も高まってきた時機に，テレビ等によるオリーブオイルの健康への有効性の情報発信が火を付け，1995 年頃からオリーブオイルの輸入量は一気に増大した．このような環境の変化に伴い，小豆島でもオリーブ生産見直しの機運が高まっていった．その後，小豆島では徐々にオリーブ耕地の拡大と収穫量の増加が見られ，2014 年には香川県合計で約 170ha，果実収穫量 227 トンと 1964 年のピーク時を上回る規模に至っている．

生産が減少した時代のオリーブ生産農家はオリーブオイルの生産よりも収益的に有利な新漬け（乳酸発酵を行っていない低塩の漬物）の生産を優先した．しかし，近年では高品質なオリーブオイルの生産を目指す生産者も増えており，栽培や搾油の技術導入や改良に対しても積極的である．海外のエキストラバージン・オリーブオイルのコンテストへの出品も行われ，高い評価を受けるオリーブオイルも出ている．2014 年には香川県産オリーブオイルに対して国際規格よりも厳しい独自の品質基準を策定し，また，県内産オリーブオイルの品評会を開催するなど，国産オリーブオイル生産の先駆者としての地位確保を目指した品質向上の取り組みが盛んに行われている（写真 1.7 参照）．

1.7　日本のその他地域への栽培拡大

国内のオリーブオイルの消費が引き続き好調な伸びを続ける状況で，小豆島以外の地域でも国産オリーブ生産への取り組みが多数見られるようになってきた．

特に九州においては，長崎での苗木の栽培を皮切りに，その後，福岡や大分，熊本，鹿児島，宮崎へと九州全県でオリーブ栽培の定着と拡大を目指した取り組みが行われているが（写真 1.8 参照），各地域の活動の推進母体は地方自治体や法人，生産者団体など様々である．

柑橘系果実の生産実績が豊富な九州においてはオリーブ栽培に対しても気候的な適応が期待されている．同時に栽培農家の高齢化の問題は深刻で，みかんの収穫や選別，梱包といった厳しい作業が敬遠されてきている．オリーブは収穫及び剪定作業を除けば比較的作業負荷は軽いと言われ，また，若年層のオリーブに対するイメージが良い

写真 1.7　香川県のオリーブ関連商品群
（高松市・四国ショップ 88）

写真 1.8　大分県国東市で栽培されるオリーブ

ことから農業後継者の確保にも役立つものと期待
されている.

　九州以外の地域でも同様にオリーブ栽培に組織
的な取り組みを始めた地域も見られる. その目的
や規模は様々だが, 広島県の江田島市や神奈川県
の二宮町などでもオリーブ栽培への取り組みが始
まっており, 静岡県では栽培者の情報連絡会が設
置された.

　日本におけるオリーブ栽培周辺の技術や経験は
小豆島という特定の環境下で積み重ねられてきた
ものであるため, 今後の日本各地での栽培が軌道
に乗るためには, 未知の解決すべき課題が多数存
在している可能性がある. 以下に日本でのオリー
ブ栽培推進において留意すべき事項を列挙してみ
た.

・作業安全性の確保の意味も含め, 効率の良い収
　穫機を用いた栽培法を導入する.

・台風などの強風による倒木や落果への対策を図
　る.

・多雨や高温, 多湿の気候が果実の生育及び病害
　虫の発生に及ぼす影響を配慮する.

・導入品種の選択においては収量や油分, 耐病性
　以外に, 風味特性や微量成分含量などの商品価
　値を十分考慮する.

・栽培や搾油関連の情報不足を補うため, 情報交
　流や技術伝達を行う組織活動を活性化する.

・研究機関と連携し, オリーブ (樹木や葉も含む)
　を素材とした加工品や機能性素材などの高付加
　価値品の開発を進める.

・栽培活動の観光資源や環境保護活動 (二酸化炭素
　排出権含む) への活用を考慮する.

・各生産地のオリーブオイルの商品コンセプトを
　明確にし, その知名度や認知の向上を図る.

第 2 章　オリーブの生態と栽培

2.1　オリーブの木の生態

　現在のオリーブ主要生産地域は「地中海性気候」に属している．この気候は暑く乾燥した夏と適度に寒い冬，そして冬期に年間降雨量のピークを迎えるという特徴がある．

　常緑樹であるオリーブの生育には特に日照の確保が大切で，年間 2,000 時間以上の日照時間が必要とされる．また，乾燥に強いイメージがあるが年間の降雨量として 1,000mm 程度が望ましい．実際には年間降雨量 500mm 以下のチュニジアでも多数のオリーブが栽培されているが（写真 2.1 参照），灌漑設備のない古いオリーブ農地では植樹の間隔を大きく広げ，木 1 本あたりの専有面積を大きく確保することで土壌から供給される水分を確保している．オリーブの根は浅根性があり，地中深くに伸びるのではなく地表近くに浅く広く張ることで水の調達力を高めている．

　オリーブの生育には年間平均気温 15℃前後の温暖な地域が望ましいとされているが，盛夏には 40℃を超えるアンダルシア地方でもオリーブは力強く育っている．また，一定の低温耐性を有しており，花芽の分化のために冬場の平均気温は 10℃以下でなければならない．しかし，−9℃以下の低温に晒されると枯死する危険がある．1985 年の 1 月 6 日から 22 日までイタリア・トスカーナ地方を襲った大寒波は当地の約 7 割のオリーブを死滅させたという．

　オリーブの木は品種によって直立性が強いものと枝の拡張性の強いもの，及び中間性のものがあるが，放置すればいずれも 15m 程度の高木に成長する．若く大きな木は結実量も多いが，木の上部の果実は収穫性が著しく劣ってしまう．そのためオリーブは定期的に枝を剪定し，収穫作業がし易いように枝振りを整え，樹高は 5 m 程度以下の高さに抑えるのが普通である（写真 2.2 参照）．生産能力の低下した老木の場合，自然落下した完熟果実を収集することも多く，放置されて樹高が高くなってしまった古木もしばしば見られる．なお，剪定にはその年に実を付けた枝を掃い落し，全体的に枝を梳いて日光を行き亘らせることも大きな目的である．

写真 2.1　チュニジアのオリーブの古木

写真 2.2　オリーブの枝の剪定処理（シチリア）

前項で述べたようにオリーブはその生命を極めて長く保つことが出来る樹木である．現在，世界最古のオリーブと考えられているのは樹齢3000〜5000年と推測されているクレタ島の「olive tree of Vouves」という名の木で，太い幹に青々とした葉を付け，毎年2万人が見物に訪れると言う．樹齢が1000年を超える木も多く存在し，それらの中にはその地域のランドマークとなっているオリーブも多い（写真2.3参照）．例えば，トスカーナ州グロッセートの「olivo della Strega（魔女のオリーブ）」は樹齢3000年を数え，イタリア半島でローマ帝国以前のエトルリアの発生よりもさらに古い時代から生き続けている名木である．

オリーブは生育する土壌の適応性が高いと言われるが，根の通気性要求は高い．降雨量の少ない土地で生育する場合，土の保水力も大切であるが土の粘土質比率が50%を超えるような水はけの悪い地質は不適当である．また，土のpHは弱アルカリ性を好み，石灰岩文化を築き上げたギリシャ，南イタリアといった地中海沿岸諸国は地質的にも好適であったと言える．

一般にオリーブの植樹は苗木で行われる．植樹後の若齢の木は根の張りが十分でないため必ず支柱を立てて倒木を予防する必要がある（写真2.4参照）．

接ぎ木で栽培する場合もある．北アフリカの先住民族ベルベル人はイスラム支配下でスペイン・アンダルシア地方に進出したが，彼らは野生種のオリーブの根に栽培種を接ぎ木する技術を有していた．モロッコには現在もベルベル人系の住民が多いが，ここ数年間においてモロッコのオリーブ生産量は倍増しており，年間生産量12万トン程度の重要なオリーブオイル生産国となっている．

先のトスカーナの寒波では，新規の植樹以外に，生き残った根部に対して接ぎ木を行い木の再生を行った．接ぎ木は成長した根を利用する栽培方法であり，接ぎ木する品種に根とは別の品種が用いられることも多い．

2.2　オリーブの栽培

現在，世界には約9億本程度のオリーブの木があると推測され，主にオリーブオイルと食用のテーブルオリーブが生産されているが，その栽培の様式は一様ではない．オリーブは人類の歴史上，最も古い農業作物のひとつであり，オリーブオイルは食品として極めて重要な存在であった．しかし，オリーブの生産は，主食の穀物類のように効率的な集約農業による生産が難しい果実の栽培である．当然，肥沃で平坦な広い耕地は穀物や野菜の生産に向けられ，樹木のオリーブは丘陵地帯の斜面などに追いやられることも多かった．しかし，1980年代以降，オリーブオイルの健康への

写真 2.3　スペイン・マラガの樹齢1000年を超える　　　　　　　オリーブ

写真 2.4　導入品種を試験中のオリーブ農園（チリ）

有効性が科学的に証明され始め，その知見が広まるに従い，生産国以外でのオリーブオイルの需要が高まっていった．特にスペインは1986年のEU加盟を機に，オリーブオイルの生産量拡大を重視したオリーブ増産政策を強力に推進し始めた．併せてこの時期に進歩したオリーブ栽培の周辺技術も生産量の拡大に大きく貢献した．

2.2.1 伝統的栽培法

地中海沿岸諸国のオリーブ栽培は古代ギリシャやローマ帝国の時代から連綿と継続して行われてきた果樹の栽培である．そのため既生産国の多くには今後新たに栽培耕地を拡大させる余地はほとんど残っていない．また，オリーブの栽培は基本的に家族規模で生産が行われてきたため，個々の農家が所有するオリーブの木が生産の基本単位となっていた．栽培される品種や栽培方法も長年に渡って引き継がれてきたものであった．

このような伝統的な農地のオリーブ栽培方式（Traditional Orchard）は，水源を自然の降雨に頼り（dry-farmed），木の植樹の密度（間隔）は土壌の保水力に合わせて大きな間隔を空け，牛馬による耕耘と，人間による手収穫が行われてきた（写真2.5参照）．収穫後もオリーブ果実をなるべく短時間のうちに搾油処理するため，近隣に所在する小規模な搾油場に収穫果実を持ち込む，というスタイルが主流であった．

植樹間隔は一般には8〜10m程度空けなければならず，例えば10mの正方形の四隅にオリーブの

木が植えられたとすれば1haあたり約100本という植樹数になる．降水量の少ないスペインのアンダルシアでは12mの間隔を空け，1haあたり70本以下という農園も多かった．植樹数は多くても150本程度で，降雨が少ない地域や急な斜面地などではこれより遥かに少ない場合もある．

果実の収穫作業は，手や熊手で枝を扱いて果実を扱き取るか，長い棒で木から叩き落とすといった非効率で作業コストの掛かる方法が用いられていた（写真2.6参照）．木を大きく育てて1本の木からの収穫量を上げようとすると，高い梯子や脚立を用いる作業となり，作業性の悪化だけでなく事故の危険性も上昇する．

もともとオリーブには果実の隔年結実の性質があり，干ばつで十分な水が得られないような場合は，生産量が激減する可能性がある．

このような伝統的な農地での生産は現在でも世界の全オリーブ耕地面積の約9割を占めていると言われる．

2.2.2 中密度及び高密度栽培

1980年代に入ると特に2つの栽培効率化の技術導入が進んだ．一つは植樹するオリーブの木1本ごとに水や肥料を滴下供給するためのパイプを敷

写真 2.5 スペイン・アンダルシアの伝統的な植樹法のオリーブ農園

写真 2.6 棒で叩いて実を地面に敷いたマットに落とす収穫法

設し，効率の高い灌漑を行う点滴灌漑「Drip Irrigation」であり（写真 2.7 参照），もう一つはオリーブの幹を大型の振盪装置「Trunk Shaker」で揺すり落とし，極めて短時間での収穫を可能にした機械収穫法である（写真 2.8 参照）．

点滴灌漑の導入については，オリーブの栽培地には水源の確保が難しい地域が多いことや，パイプ施設以外にもポンプやフィルターなど初期コストが大きいといった問題があった．しかし現在ではその有効性が認められ，新規の開拓農園においてはほぼ確実に本設備が導入されている．

振盪式収穫機は改良が重ねられ，枝に強く着果している未成熟な果実でも揺すり落とせる強い振

盪力や，狭い樹間の農地中での機動性が向上した．しかし，伝統的な農地では，既に木の幹が太く成長していたり，植樹方式や樹形の問題から本方式が使えない木も多く存在する．無論，険しい傾斜地などでは大型装置の導入が不可能な場合も多い．

これらの技術の利点をより効果的に引き出すための栽培方式が中密度栽培（Mid Density (MD)）と高密度栽培（High Density (HD)）である．この 2 つの方式に明確な堺目はなく，まとめて集約栽培農園（Intensive Orchard）として扱われることもある．

具体的には点滴灌漑の設置を必須として，植樹間隔を 2 ～ 6m 程度に狭め，通常，直線状に植樹を行う．樹列どうしの間隔も 5 ～ 8m 空けてトラクターや収穫機の作業スペースを確保する．この方法であれば通常 1ha あたり 250 ～ 350 本位の植樹（MD）か（写真 2.9 参照），さらに植樹間隔を詰めて 750 本位までの植樹（HD）が可能となる．

振盪式収穫機についてはラップラウンドと呼ばれる方式が開発され，これは逆さまにした傘で木を囲んでしまう装置をトランクシェイカーに付帯させたものである（写真 2.10 参照）．振盪で傘の中に落ちた実は，傘の最下部に設置された集果用の籠に落ちるという仕組みになっている．従来の振盪機は地面にマットを敷き，人力か掃除機のような装置で果実を吸い集める回収作業が必要とされたが，本装置では 1 回の作業で果実の収穫と回収を完了することが出来る．通常，この収穫機には集果用のトラクターが随伴し，収穫された果実をトラクターに適宜移し，収穫作業は連続的に行わ

写真 2.7　パイプを伝って根元に送液する点滴灌漑
（ドリップ・イリゲーション）

写真 2.8　旧式な幹の振盪収穫機
（トランク・シェイカー）

写真 2.9　スペインの集約的な栽培農園（MD）

れる（写真 2.11 参照）．1 本の木の振盪時間は 10 〜 15 秒程度であり，この方式の単位時間の収穫量は手収穫の 20 倍程度になる．

このMDとHDは従来の伝統栽培方式に効率的な灌漑方法と収穫方法を導入したものであり，基本的に汎用性と応用力に富んだ方式である．栽培品種に制限はなく，好みの成熟度合で収穫することも可能で，生産者の目指す品質のオリーブオイルを産出するオリーブ果実を得易い利点がある．例えば，油分は少ないが風味に定評のある特定の品種を新たに国外から導入し，出油率を犠牲にしても未成熟なうちに早摘みすることで，低酸度かつ高ポリフェノール，そして芳香が豊かな高付加価値オリーブオイルを生産する，といったことも可能となる．また，植樹数にもよるが木を比較的大きく育てることも可能なため，効率の最も良い場合には，単位面積あたりの果実生産量（生産コストではない）が後述の SHD よりも高くなる場合がある．

2.2.3　超高密度栽培

超高密度栽培（Super High Density (SHD)）は，オリーブの木の縦列を覆うような大型の自走式収穫機を用いて収穫を行うことを前提とした栽培法であり，90 年代にスペイン北部のカタルーニャ地方で開発された．この収穫装置はもともとワイン用ブドウの収穫に用いられていたもので，オリーブ収穫に合わせて改造されたものである（写真 2.12, 2.13 参照）．

SHD においてオリーブは 1.2 〜 1.5m という極めて狭い間隔で直線状に植樹される．樹列の間隔は 3 〜 5m 程度で，収穫装置の走行のために耕地はなるべく平坦であることが望ましい．この方式

写真 2.12　SHD 用の大型収穫機（チリ）

写真 2.10　ラップラウンド式集果装置の付いたトランクシェイカー

写真 2.11　トラクターに牽引されるコンテナに果実を移すトランクシェイカー

写真 2.13　SHD の収穫，口部から木が入り連続的に収穫される

写真 2.14　池の手前が SHD 農園，奥の池は
灌漑用貯水池（チリ）

の農園は基本的に既存オリーブ農地での全面的な
植え替えで造られるものではない．農園から搾油
工場，さらには充填工場に至るまで，収穫のタイ
ミングから，収穫の速度，果実の配送力，搾油処
理能力など作業フロー全体のバランスのとれた生
産システムを設計し，その生産の主体である農園
もその計画に添って，新規に開拓すべきものであ
る（写真 2.14 参照）．

　SHD では収穫機の導入口に合わせるよう樹木
の高さや幅が制限され，高さでは 2 ～ 3m，幅で
1.5m 程度が上限とされる．SHD の場合,1ha あた
りの植樹数は1,500～2,500本と膨大な数になり，
1 本の木が小さく結実数が少ない分を木の数でカ

バーする方式である．単位面積あたりの果実生産
量は一般に最適条件下で行われる MD あるいは
HD に比べて若干劣ったものである．しかし単位
時間あたりの収穫量は圧倒的で，手収穫の 100
倍，ラウンドアップ式振盪式の 5 倍の収穫が可能
とされている．

　ただし SHD で栽培が可能な品種は限定的で，
自家受粉性があり，果実中の油分が高く，一本の
木あたりの結実量の多いことが望ましい．そのた
め SHD 用品種は現在，ギリシャ原産のコロネイ
キ種と，スペイン原産のアルベキーナ種，アルボ
サーナ種のほぼ 3 品種に限定されている．このた
め得られるオリーブオイルの風味の幅も狭くなり
がちで，同じ農園内に風味調整用の別品種を
MD，HD で栽培する生産者もいる．

　この生産方式の導入は大型投資を前提としたア
グリビジネスであり，マーケティングプランまで
含めた長期かつ綿密な計画が欠かせない．本法で
は木の高さが制限されるが植樹 3 年後には収穫が
可能になる．しかも，5 年後には生産能力の上限
近くに達し，投資の回収が比較的早く実現出来る
とされている．一方で SHD には大量の灌漑水が
必要であり，木の果実生産寿命が 12 ～ 15 年と短
いという課題もある．オリーブの SHD はスペイ

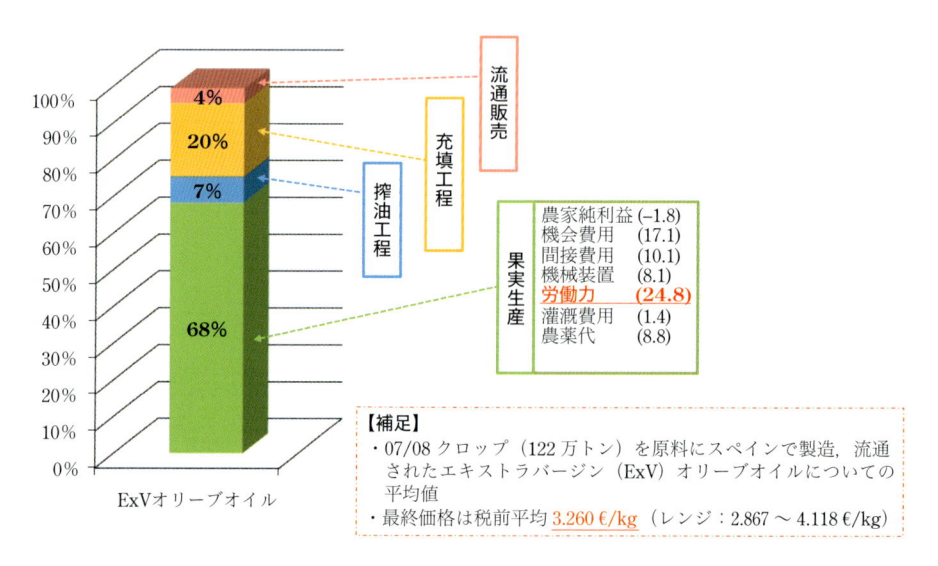

図2.1　スペイン産 ExV オリーブオイルの工程別コスト構成比率
（IOC 調査資料を加工）

ン北部で開発された後，2000 年にアメリカに導入され，その後，チリでは本法が拡大しチュニジアでも試験的に導入が進められている．

2.2.4　伝統農地の改善

これまで述べてきた MD と HD の全世界のオリーブ耕地面積比は約 9 % であり，SHD は 1 % に満たないのが実態である．しかし，IOC のスペインでの調査によるとオリーブオイルのコストのうち，果実生産コストは全体の約 70 % に達し，そのうち労働力は 35 % を占める最大のコスト要因（全体の 25 %）であった．そのためオリーブオイルのコストダウンには収穫作業のコスト低減が重要な鍵となる（図 2.1 参照）．

スペインでは伝統的な植樹法による農地が全体の約 4 分の 3 を占めているが，そのうち 3 分の 2（全体の約 50 %）にはなんらかの収穫機械（小型の個人用ハンディタイプ含む）や灌漑設備の導入，追加植樹などの増産施策が導入されている．なお，MD と HD は全体の約 25 % まで増加したが，SHD は 2 % 未満である．このような増産に向けた取り組みを続けた結果，現在のスペインは圧倒的な生産能力を有するに至り，90 年前半の生産量が 50 〜 60 万トン程度であったのに対し，20 年後の 2011 年には 161 万トン，2013 年には過去最高の 177 万トンのオリーブオイル生産量を記録した．

第3章　世界のオリーブオイルの生産と特徴

3.1　世界のオリーブオイルの生産量と日本の輸入

　北半球においてオリーブの収穫と搾油は冬場に年次を跨ぐため，収穫年を例えば2014/2015あるいは14/15のように表示する．

　近年の栽培技術の進歩とその拡大は，オリーブオイルの生産量増加に大きく貢献したが，同時に地球規模で頻発する異常気象の影響も極めて深刻なものとなっている．例えば，12/13及び14/15のスペインや，14/15，16/17のイタリアで起きたオリーブオイルの大減産は，欧州各国に留まらず世界のオリーブオイル市場に極めて大きな影を落とした．

3.1.1　世界のオリーブオイル生産量

　世界の1981年から1985年の5年間と，1986年から1990年の各5年間におけるオリーブオイルの

平均生産量はそれぞれ164.9万トンと162.1万トンであり，80年代の10年間に生産量の大きな変化は見られなかった．しかし，90年以降生産量が伸びはじめ，2001年から2005年の5年間と2010年までの後半5年間の年平均は281.6万トンと284万トンとなり，80年代に比べて年間100万トンもの増加を見せた．2011年以降の直近6年間について予測値も含めて計算すると，年平均は250万トンであり，一見生産能力が上限に達したかのように見える．

　しかしこの6年間にはスペインの大豊作の年の11/12年と13/14年，そして大減産となった12/13年及び14/15年が含まれている．この6年間の具体的なスペインの生産量は，161.5万トン，61.8万トン，178.2万トン，84.2万トン，140.3万トン，128.7万トンと特に中盤までは100万トン幅で変動を見せた．11/12年は世界全体で過去最高の生

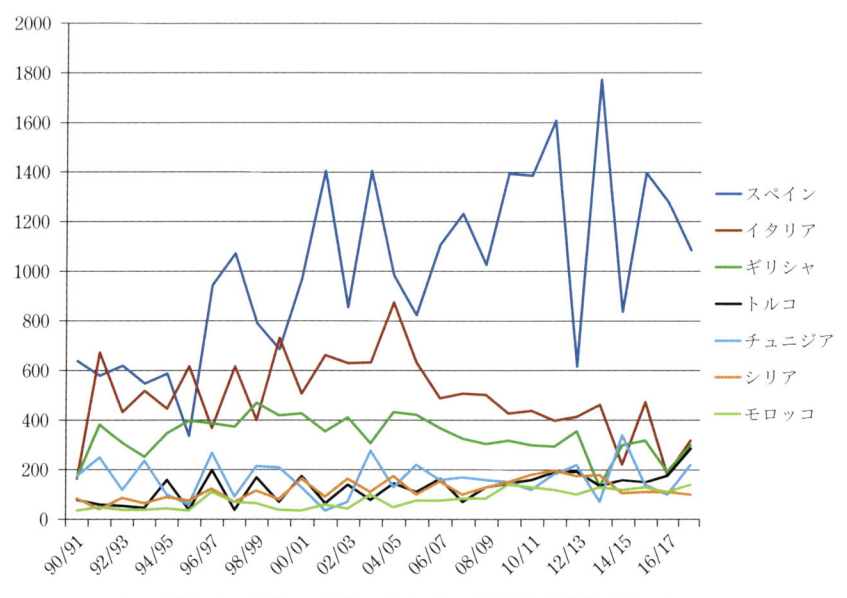

図 3.1　世界のオリーブオイル生産量（単位千トン）
(IOC データより，予測値含む)

産量332万トンを記録した年であり，12/13年は240万トンと2000年以降最低の生産量が記録された（図3.1参照）．なお，このIOC（国際オリーブ協会）の生産量統計は加盟国からの申告値が集計されたものであり，これらのデータの一部には実際の生産量とは乖離していると思われるような数値も含まれている．

現在の世界のオリーブオイル生産能力はほぼ300万トンに近いものと考えられるが，その3分の1に相当する100万トンもの変動は，供給及び価格面での不安定さを露呈した．

世界第2位と第3位はイタリアとギリシャが，それぞれ40～50万トン，30～40万トンの生産量でその座を占めていたが，近年では順位を落とす年もみられている．

第4位以降もしばしば順位が入れ替わるが，チュニジア，トルコ，シリアの3国がほぼ20万トン弱の生産量を有している．チュニジアは伝統的な生産方式の農地が多いため気象変動の影響が大きく，年度によって生産量の変化が大きい．トルコはここ数年19万トン程度の安定した生産を見せているが，2015年に70万トンを目指していた増産計画からは大きく立ち遅れている．一方，モロッコでは国家計画の「緑のモロッコ計画」が順調に進んでいる様子で，年間生産量は10万トンを

コンスタントに超える状況になった．シリアは内戦の影響か，14/15以降，10万トン程度で低迷を続けている．

その他に注目されるのは南半球のチリで，オリーブの生産に本格的に取り組みを始めて15年程度であるが，SHDを中心とした大規模方式の生産により2万トン程度まで生産量が増加しており，アメリカ（1.5万トン）やオーストラリア（約2万トン）のレベルに達している．

現在でもEU諸国の生産量合計は世界の75.7%を占め，さらにチュニジア，モロッコ，トルコ，シリアといった地中海周辺諸国を加えれば9割を超え，オリーブオイルの生産がこの地域に集中していることがわかる．

3.1.2 日本のオリーブオイル輸入と消費

日本のオリーブオイル輸入量は1990年以降，大きな落ち込みを見せることなく，基本的に上昇基調を維持している（図3.2参照）．財務省の貿易統計において溶剤抽出油のポマスタイプを除いたオリーブオイルの輸入量を見ると（この統計値には化粧品原料等の非食品用途の輸入品も含まれている），1990年における日本のオリーブオイルの輸入量は4千トン弱であり，そのうち4分の3は「ピュアタイプ」と呼ばれた精製オリーブオイル主体の

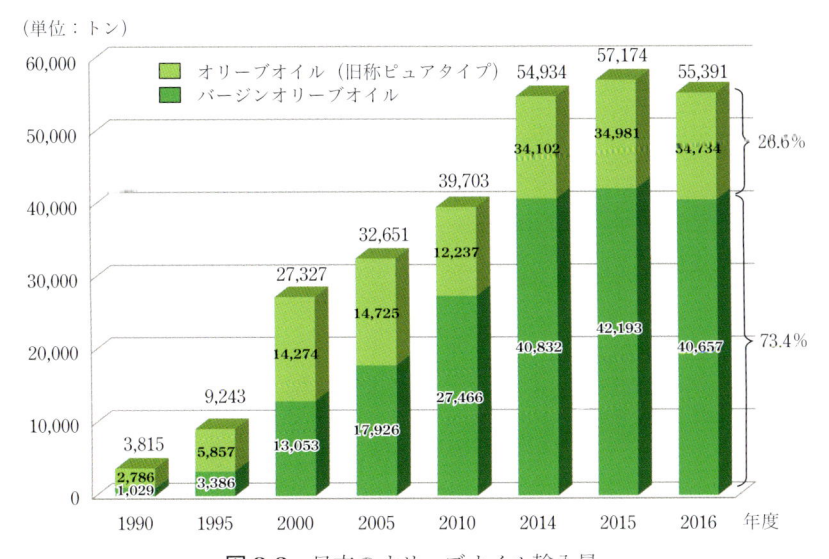

図3.2 日本のオリーブオイル輸入量
（財務省貿易統計より（ポマスを除く））

風味の弱いタイプが主流であった．しかし，95年頃からの消費の伸びに合わせて輸入量も急速に増加し，95年には9千トンを超え，翌96年には前年比2倍の1万8千トン，さらに翌々年の97年は前年比1.6倍の2万9千トンとなった．98年にはこの期間における極大値の3万4千トンを記録した．それ以降，オリーブオイルの価格上昇やユーロ高などもあり，輸入量の伸びはやや停滞し，3万トン前後で推移していたが，2007年頃から再び上昇に転じ，2014年には約5万5千トンと，90年の14倍以上の輸入量になった．以降，減産や円安の影響もあり5万4千トンでやや足踏み状態である．

　輸入先の国別で見ると，イタリアとスペインの2国からの輸入が圧倒的に多く，2013年まではイタリアが首位の座を維持し続けていたが，2014年は2.38万トンとなって初めてスペインの2.65万トンにその座を明け渡した．以降のイタリアは2万トン超えを維持し，スペインは3万トンを超え首位を守っている（図3.3参照）．この2国に大きく離されて第3位はトルコであるが，近年はやや輸入が低迷している．

　日本の輸入内訳のひとつの大きな特徴はバージンタイプの割合が極めて高いことである．2001年に初めてバージンタイプの輸入割合がピュアタイプを上回ったが，以降この傾向はさらに強まって

おり，2014年には1990年とは逆にバージンタイプが4分の3を占めるに至った．この比率はスペイン国内消費のエキストラバージン比率を遥かに上回り，ギリシャとほぼ同程度の値である．ただし，日本の年間総輸入量を人口で割って一人あたりの年間使用量を試算すると，0.43kg/ 人・年となり，スペインの12kgに対して約30分の1と遥かに及ばない．日本では調理によって，大豆や菜種等を原料とする精製油（サラダ油）を使い分ける消費者が多いが，オリーブオイルのヘビーユーザーの中には，健康にこだわって加熱調理を含む全ての料理にオリーブオイルしか使わないという使用者層も見られるようになっている．

　家庭用の食用油市場でみると，2016年4月から2017年3月の1年間のカテゴリー別販売金額シェアにおいては，首位のキャノーラ油に次いでオリーブオイルは第2位の363億円の市場規模を占めた（図3.4参照）．この金額は家庭用マーケット全体の3割弱に相当し，2010年頃には市場規模が拮抗していたごま油に対し，その後の5年間でオリーブオイルには150億円もの上積みが見られた．

　このような急激な市場の伸びの理由としてはやはり，消費者にその健康への有効性の認識が広まったことが大きく影響しているものと考えられる．オリーブオイルを常食する地中海沿岸諸国の食事形態，いわゆる地中海食の心疾患予防への有効性がミネソタ大学のアンセル・キーズ（Ancel Keys）教授らの疫学的研究によって証明されたことを契機に，オリーブオイルの健康性の科学的解明が急速に進行した．近年ではオリーブオイルの様々な栄養効果がマスメディアやインターネットで大量に発信されている．

　オリーブオイルの何千年にも及ぶ長大な食経験や，オリーブ果実のフレッシュジュースといった自然食品としての性格なども後押しし，「使用量は少ないが，使うなら少しでも体に良い油を使いたい」という高年齢層の志向とオリーブオイルが上手くマッチしたことなども購買量の増加に結び付いたものと思われる．

　従来，家庭用食用油市場の規模は1,000億円程

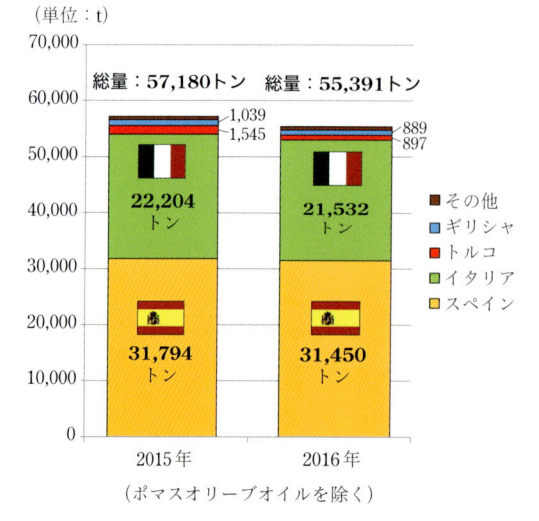

（単位：t）

図3.3　日本のオリーブオイル輸入先国
（財務省貿易統計より）

度でほぼ停滞していたが，2010年以降は大きく増加をみせており，2015年には1,400億円を超えるに至った．これはオリーブオイルに加え，アマニ油，しそ油，ココナッツオイルといった単価の高い，健康志向性オイルの急激な伸びによるところが大きい．

同様に健康イメージの高いごま油は「香りづけ」といった比較的使用量の少ない用途が主体であるのに対し，オリーブオイルは和食への浸透で見られるように消費者自身もその用途や用法を工夫し，その使用場面を拡大し続けている．

図3.5に2013年10月から2017年10月までの，主要生産国におけるエキストラバージンオリーブオイルの，月間生産者価格推移を示した．オリーブオイルの相場はオリーブオイルの原油在庫状況や翌年の天候，生産予測などを考慮して変動するが，14/15と16/17に大不作となったイタリア産のエキストラバージンオイル価格は極めて高騰した．特に豊作であった13/14の翌年の14/15には，底値が13/14の2.6ユーロ/kgから倍以上の

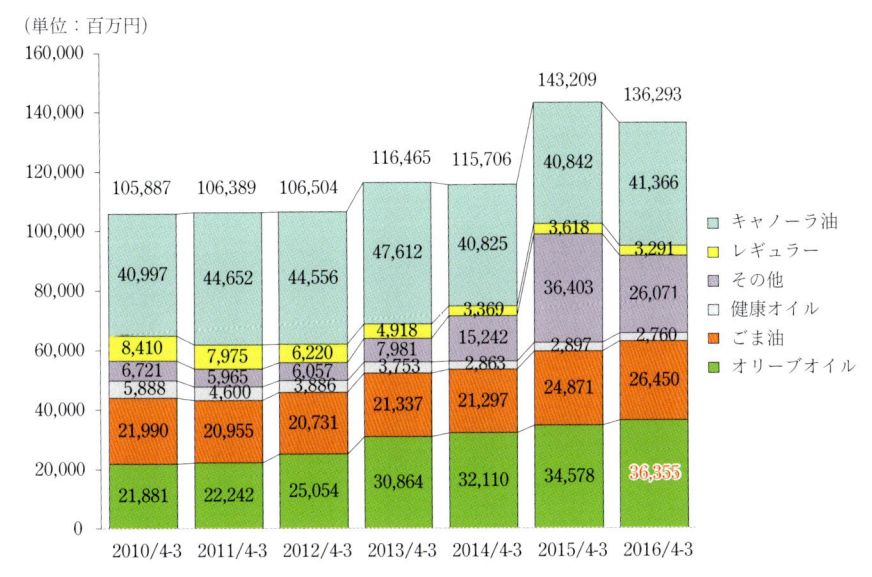

図 3.4 金額ベースの家庭用食用油市場推移（日清オイリオグループ（株）調べ）

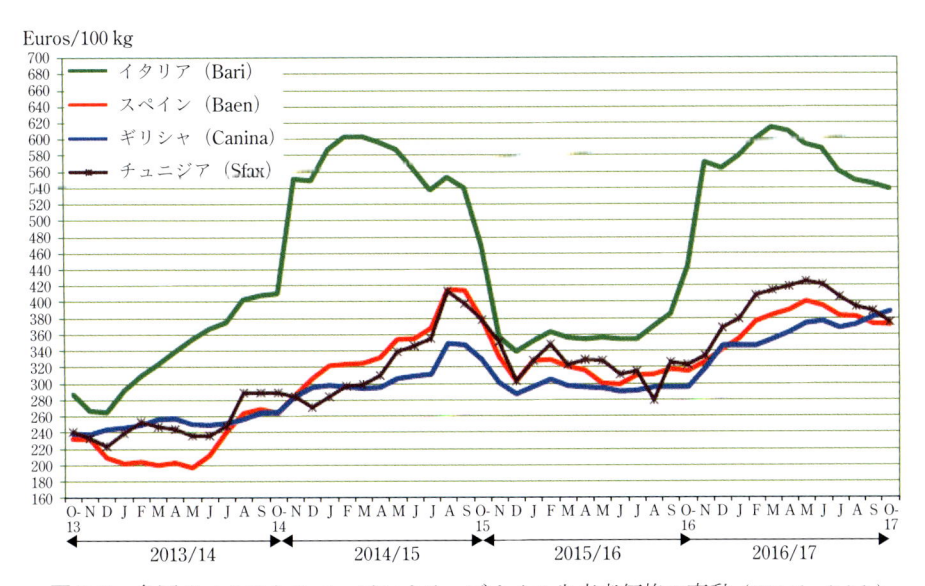

図 3.5 各国のエキストラバージンオリーブオイル生産者価格の変動（IOC データより）

6 ユーロまで上昇した．スペインでも同様に 2 ユーロ /kg が 4.2 ユーロ /kg 近くまで上昇した．世界的に生産量が回復した 15/16 において，相場は低下傾向を示したものの，強い需要を後ろ盾に生産者は価格を 13/14 のレベルまで戻すことはなかった．オリーブオイルの消費は現在，世界的に好調であり，今後もオリーブオイルの価格は基本的に上昇基調を継続するものと考えられる．

3.2　各国のオリーブオイルの生産と特徴

オリーブオイルの伝統的生産国や新興生産国について現況を中心に説明する．この中で各国のオリーブオイル生産量やオリーブ耕地面積なども適宜紹介していくが，これらの統計的な数値にはその精度や信頼性に疑問のある値も存在するという前提での提示となる．

例えば，国際オリーブ協会の発表する各国生産量などは基本的には加盟国からの申告値を集計したものであり，加盟国ごとの情報の信頼度の差は考慮されていない．もともと長い歴史を有するオリーブ栽培は，実質的な農業生産の対象となっている木や畑の識別も不明瞭な部分があり，イタリア，ギリシャなどの栽培規模の小さな生産者は自家消費を目的に生産している農家も多い．また，数値の申告において申告内容の証明や確認が不十分な申告方法の場合や，木の数や耕地面積に比例する補助金制度なども申告値の信頼性低下に結び付く．なお，数値の信頼性向上のためにイタリアでは近年，農林食糧政策局（MiPAAF）が SIAN というデータベースシステムを構築し，オリーブ生産者に正確な申告を義務付ける動きを見せている．

3.2.1　スペイン

スペインは特に 1986 年の EU への参加以降，政府や地方行政の強力なオリーブオイル増産の政策に後押しされ，現在では世界のオリーブオイル全生産量の 6 割強に匹敵する約 180 万トンというオリーブオイル生産能力を有するに至った．一方，干ばつや害虫発生といった生産量の低下をもたらす自然現象の影響を受けやすく，実際にこれらの

発生した 12/13 年には 61 万トン（11/12 年は 161 万トン），14/15 年は 82 万トン（13/14 年は 178 万トン）と，いずれも前年比で半分以下という大減産を記録し，世界のオリーブオイルの市場価格に大きな混乱を引き起こした．オリーブはもともと隔年結実性という果樹特有の性質を有しているが，近年，スペインで積極的に行われた灌漑設備や最新の栽培技術の導入も，自然現象の影響による生産量の変動を十分抑え込むまでには至っていない．

現在，スペインのオリーブ耕作面積は約 250 万 ha で，約 3 億本のオリーブの木があるといわれる．スペインのオリーブ栽培は紀元前 20 世紀頃にフェニキア人によってもたらされて以降，非常に長い歴史を有しており，生産量や栽培品種の違いはあるものの，スペインはほぼ全土でオリーブの栽培が行われてきた．19 世紀時点の耕地面積は既に 100 万 ha に達しており，オリーブオイルは国民にとって欠かせない重要な食糧となっていた．現在のオリーブの主要な生産地域は南部のアンダルシア州から東のカタルーニャ州までの地中海沿岸と，それらに隣接するカスティーリャ・ラマンチャ州，エクストレマドゥーラ州などだが，特に近年ではアンダルシア州への一極集中が進んでいる．アンダルシア州のオリーブ耕地面積はスペインの全オリーブ耕地の約 6 割だが，オリーブオイルの生産量はスペイン全生産量の 8 割を超える状況にある．

なお，表 3.1 にスペインの 2017 年末時点で EU 登録済の DOP エキストラバージンオリーブオイルのリストを載せた．スペインの DOP 登録数はギリシャよりも多く，IGP の登録品はない（DOP，IGP は EU 法で定める EU 圏内各地域の伝統食品に対する「原産地名称保護制度」のこと．それぞれイタリア語の「Denominazione di Oigine Protetta」と「Indicazione Geografica Protetta」の略で，DOP の方が IGP よりも狭い地域の伝統的な特産物となる）．

スペインの栽培方式は降雨に頼る伝統的栽培法が主体であったが（写真 3.1 参照），国の支援を背景に振盪式収穫機の導入や，灌漑設備の拡大による単位面積あたりの栽培密度の上昇を図るなど，継

表 **3.1**　2017 年末時点で EU に登録されているスペイン DOP

No.	登録名称	登録の種類	登録日	No.	登録名称	登録の種類	登録日
1	*Baena*	DOP	21/06/1996	17	*Mantequilla de Soria*	DOP	16/02/2007
2	*Siurana*	DOP	21/06/1996	18	*Poniente de Granada*	DOP	16/02/2007
3	*Les Garrigues*	DOP	21/06/1996	19	*Gata-Hurdes*	DOP	16/02/2007
4	*Sierra de Segura*	DOP	21/06/1996	20	*Aceite Monterrubio*	DOP	07/03/2007
5	*Sierra Mágina*	DOP	05/10/1999	21	*Aceite del Baix Ebre-Montsià ; Oli del Baix Ebre-Montsià*	DOP	07/02/2008
6	*Priego de Córdoba*	DOP	05/10/1999				
7	*Montes de Toledo*	DOP	06/06/2000	22	*Aceite de La Alcarria*	DOP	03/02/2009
8	*Sierra de Cazorla*	DOP	10/10/2001	23	*Aceite Campo de Montiel*	DOP	22/06/2010
9	*Aceite del Bajo Aragón*	DOP	10/10/2001	24	*Estepa*	DOP	09/10/2010
10	*Mantequilla de l'Alt Urgell y la Cerdanya ; Mantega de l'Alt Urgell i la Cerdanya*	DOP	22/11/2003	25	*Montoro-Adamuz*	DOP	18/12/2010
				26	*Aceite Campo de Calatrava*	DOP	30/06/2011
11	*Aceite de Mallorca ; Aceite mallorquín ; Oli de Mallorca ; Oli mallorquí*	DOP	12/08/2004	27	*Aceite de Lucena*	DOP	20/09/2013
				28	*Aceite de Navarra*	DOP	20/09/2013
12	*Aceite de Terra Alta ; Oli de Terra Alta*	DOP	05/02/2005	29	*Aceite Sierra del Moncayo*	DOP	04/12/2013
13	*Sierra de Cádiz*	DOP	05/02/2005	30	*Aceite de la Comunitat Valenciana*	DOP	27/03/2014
14	*Antequera*	DOP	11/03/2006				
15	*Aceite de la Rioja*	DOP	11/03/2006	31	*Oli de l' Empordà/Aceite de L'Empordà*	DOP	10/03/2015
16	*Montes de Granada*	DOP	11/03/2006				

統的な栽培方法の改善に取り組んできた.

　また，栽培農園や搾油工場の規模が大きいこともスペインの大きな特徴である（写真 3.2 参照）．農地の面積は全国平均で 5ha，アンダルシア州では平均 8ha と，平均 2ha 以下のイタリアやギリシャに比べて大規模な農地が多い．さらに各農園の協同組合への加盟による大規模組織化も進んでいる．搾油工場数は全国で約 1,750 場とイタリアの 3 分の 1 程度しかないが，連続式の果実破砕装置（クラッシャー）以降，多段型の大型混練機（マラキサー），2 フェーズ方式の油分の遠心分離装置（デカンター）を備えた大規模な施設が多い.

　スペインの栽培品種は現在，260 品種以上が特定されているが，生産地域の集中と品種の生産性から実際に栽培される品種の数は極めて絞り込ま

れた状況にある．現在の代表的な栽培品種としてはピクアル，コルニカブラ，オヒブランカ，アルベキーナ，ピクード，エムペルトーレなどがある．このうちアルベキーナ種はカタルーニャ地方が原産で，小粒で手収穫では多大な労力を必要とする品種であるが，早生であり，木の果実生産性も高いため機械収穫の普及に伴いスペイン各地で生産されるようになった．また，自家受粉性もあるため SHD 用品種として同じスペイン原産のアルボサーナ種同様，アメリカ，チリなどの SHD 農園での栽培品種として用いられている.

　スペインは国内のオリーブオイル消費量も極めて多く，年間 50 ～ 60 万トンもの大量のオリーブオイルを消費し，年間一人あたりでは約 12kg と言われている．スペインは国外にも大量のオリー

写真 **3.1**　スペイン・コルドバ近辺の伝統的
栽培法のオリーブ農園

写真 **3.2**　スペインの搾油工場の巨大な原料
オリーブの受入及び精選設備

ブオイルを輸出しているが，この大きな国内需要を自国生産品のみで賄う事が出来るのは欧州では実質スペイン一国のみである．イタリアは自国産品の一部を海外に輸出する一方，国内需要を満たすため（輸入油を輸出製品の製造に調合使用する場合も多い），スペイン等から大量にオリーブオイルを輸入しなければならない．なお，スペイン国内でのエキストラバージンとオリーブオイル（ピュアタイプ）の使用比率は 3：7 〜 4：6 と言われている．

オリーブオイルの生産量に関して現在のスペインはまさに無敵艦隊であり，世界のオリーブオイル・マーケットの価格決定権を握っていると言えるほどの存在である．その一方でスペインの生産量増加に偏重した政策は，逆にイタリアやギリシャにおける品質重視のマーケティング戦略を強める契機となった．ここでいう高品質化とはエキスオラバージンカテゴリーの商品そのものの品質向上だけでなく，オリーブオイルのタイプの（ピュア）オリーブオイルからエキストラバージンへのシフトの意味も含む．一般に収穫時期を遅めに設定すれば果実の熟度が高まり油分が増加し，搾油工程の処理条件のコントロールによっても出油量を若干高める事が可能となる．しかし，得られるオリーブオイルの酸度は高くなり，新鮮なオリーブ果実の風味が得られない．当然，生産されるバージンオイルもエキストラバージン規格から逸脱するものの割合が増え，事実，イタリアのエキストラバージン比率 6 割，ギリシャの 8 割に比べてスペインは 3 割強と低くなっている．

スペイン産オリーブオイルのマーケティングの問題として，ブランド認知が低く，豊富な生産量と低価格によるバルク形態での輸出に優位性を示すものの，容器充填された最終商品の輸出量の増加に苦戦している．2000 年に入ってスペインの投資企業がスペインの複数のオリーブオイル大手ブランド買収を進めた．引き続きイタリアのブランドの買収も進め，イタリアのメジャーブランドのいくつかを経営傘下に納めていった．買収されたイタリアの大手ブランドは，スペイン，ギリシャ，チュニジア等から輸入したオリーブオイルを調合

し，容器充填してアメリカなどの海外マーケットに製品輸出をするというビジネスモデルが主体である．これらを買収したのは，特にアメリカではイタリアのブランドが強いという市場特性に注目したためである．

スペイン，イタリアの多数のブランドの経営を支配したブランド戦略は合理化のメリットを創出したが，同時にブランドの個性やブランド価値の低下にも結び付いた．その後のスペイン経済危機の影響もあり，投資会社の破綻と経営再建，そして海外資本の流入と紆余曲折を経てきたが，現在も当時のオリーブオイルの商品ブランドは現在の親会社がほぼ維持し続けている．

増産に軸足を置いたここ 20 年ほどのスペインのオリーブ生産に関連する多くの取り組みは，彼らに圧倒的な生産能力の獲得をもたらした．しかしながら原料産地のアンダルシアへの集中や，栽培品種の少品種への集約は，製品の風味や品質の類型化をもたらした．高品質化の立ち遅れも，イタリア，ギリシャの差別性のターゲットにされ，後発のアメリカやオーストラリア，ニュージーランド，チリなどはより一層，高品質化に向かうこととなった．

スペイン産のオリーブオイルの品質に対する否定的な見られ方を打開するため，2000 年代の半ば頃から高品質なオリーブオイル生産を志向する生産者がスペインに続出し始めた．彼らは既存のエキストラバージン品質規格を上回る厳しい製品規格を設定し，「QvExtra!」という新たな品質認定協会を創立した（図 3.6 参照）．この規格への適合を認定された商品には品質保証マークの表示を認めて

図 3.6　QvExtra! の協会マーク（左）と
認証シール（右）

いる．同協会は2013年に15の生産団体でスタートを切ったが，現在では会員数が40団体以上となり，認証ブランドも50を超えている．なお，この「QvExtra!」認証はスペイン限定ではなく，国際的な品質認証団体の位置付けである．会員は品質向上のため，灌漑設備を設置し，中・高密度の栽培やラップラウンド式収穫機の使用，搾油前の厳しい原料選別，最新搾油設備の導入など，専門のアドバイザーや研究機関と連携して高品質オリーブ増産の実現を目指している（写真3.3参照）．ピクアルはスペインで最も代表的な品種であり，スペイン産オリーブオイルの品質ベンチマークとも言える品種である．同協会のメンバーの生産するピクアル種原料のエキストラバージンには，従来の伝統的な製法，すなわち果皮が黒くなるまで熟した果実から作られていたバージンオイルとは全く異なった風味が演出されており，まるで新鮮な青リンゴのような強い香り立ちがする．

スペインではエキストラバージンのカテゴリーよりも下位のカテゴリーのバージンオイルが大量に発生する．これらのかなりの部分は精製処理が行われ，精製オリーブオイルとなる．精製処理によって本来のオリーブオイルの風味や色調が取り除かれ，精製オリーブオイルはほぼ無味無臭となる．通常はこれにエキストラバージン・オリーブオイルを少量加えて香り付けをし，「オリーブオイル」として販売に供される（現在のIOC規格では「エキストラ」グレード以外に「バージン」「オーディナリー」の両グレードのバージンオイルも配合に用いることが認

められている）．このカテゴリーのオリーブオイルは従来，ピュアオリーブオイル，あるいはリビエラタイプなどと呼ばれ，日本では現在も前者の名前で呼ばれることが多いが，IOCは「オリーブオイル」の名称使用を指導している．スペインは精製オリーブオイルにおいても生産量のスケールメリットによって圧倒的な価格競争力を有している．なお，スペインでは精製処理の原料油の品質によっては，アルカリ脱酸を行わない物理的精製法が用いられるケースも多い．これに対し，イタリアはアルカリ脱酸を行う化学的精製法が主体で，脱酸処理を行う事で精製オリーブオイルにおいても高品質を訴求している．ただし，現在の精製オリーブオイル市場におけるスペイン産の強さは圧倒的である．

世界的なオリーブオイルの急激な需要拡大という状況は，最大の供給国であるスペインに対して，そこに内在する諸課題について寛容な姿勢を許すところもあった．しかし，アメリカやフランス，イギリス，ドイツなどの欧州諸国，オーストラリア，ニュージーランド，日本といった情報レベルの高い先進諸国でのオリーブオイルの需要の伸びは健康性に大きく起因するものであり，今後は，スペインに対する品質的改善要求はより強まっていくものと思われる．スペインが名実ともにオリーブオイル生産国の盟主となるためには，一層の品質向上とイメージアップに注力することが必要であろう．

3.2.2 イタリア

イタリアは世界のオリーブオイル・サプライチェーンの全般において重要な働きをしている．イタリアのオリーブオイル生産量は順位こそ世界第2位であるが，首位スペインの座はもはや絶対的である．イタリア国内の全消費量は国内生産量を上回る量があり，しかも世界最大である．そしてイタリアは国内生産量にほぼ匹敵する国外への輸出量も有している．これらのイタリアのオリーブオイルの供給と需要のバランスは，「国内生産量」＋「EU圏外からの（バルク主体の）輸入量」

写真3.3 グラナダのQvExtra!加盟生産者の農園
（灌漑，ラップラウンド収穫機使用）

＋「EU圏内からの（バルク主体の）輸入量」＝「国内消費量」＋「EU圏外への（製品主体の）輸出量」＋「EU圏内への（製品主体の）輸出量」という関係になり，供給，需要それぞれ年間約100万トンという膨大な量となる．すなわちイタリアは，原料のオリーブオイル生産者としての機能以上に，国内外から集めたオリーブオイルを用いて適宜ブレンド等の処理を行い，容器充填を行う製品製造者としての機能と，国内外からの原料油調達や，国内外に製品を販売・輸出するトレーダーとしての大きな役割があるということである．

　イタリアブランドのオリーブオイルが輸出市場に定着したのは，「丹念に人手を掛けた伝統的な製法によって生産された本物のオリーブオイル」といった，イタリア産イコール高品質オリーブオイルのイメージを浸透させてきたことが大きい．最大の輸出先のアメリカにおいては，19世紀末から急増したイタリア系移民と，彼らの持ち込んだイタリア料理の普及の影響も無視できない．

　イタリアは極めて長いオリーブ栽培の歴史を有し，フェニキア人やギリシャ人の活動によってオリーブ栽培はシチリア島からイタリア南部を経由してほぼ全土に拡大していった（写真3.4参照）．イタリアは険峻なアルプス山脈に接する北部から，南の穏やかなイオニア海に接するプーリア州，カラブリア州，シチリア自治州まで南北に長く伸びた国土を有している．このうちオリーブ栽培に好適な条件が揃っているのは上記の南部3州と，その近辺のラッツィオ州，カンパーニャ州などで，特にプーリア州とカラブリア州はそれぞれ全国の3割程度を占める大生産地域である（図3.7，写真3.5, 3.6, 3.7参照）．しかし，量的には少ないものの北部のガルーダ湖近辺など，現在も広範な地域で生産が行われている．

　イタリア南部はブドウやトマトなどの果実や野菜の生産量も多いが，オリーブ栽培はこの地方の伝統的な重要産業として特別な扱いで，政府や州による手厚い支援や多額の補助金交付が行われている．

　イタリアのオリーブ生産のキーワードのひとつ

写真3.4　プーリア州のオリーブの古木

写真3.5　プーリア州バーリ近郊のオリーブ農園

写真3.6　トスカーナ州ルッカ近郊のオリーブ農園

写真3.7　シチリア・ラグーサ近辺の
新しいのオリーブ農園

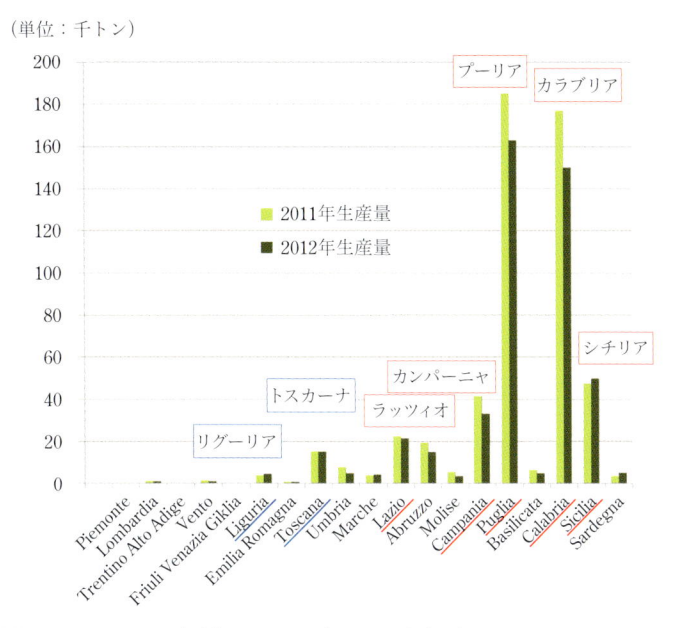

（単位：千トン）

図 **3.7** イタリア各州のオリーブオイル生産量（CNO OlioPress より）

には「小規模」という言葉が挙げられる．イタリアのオリーブ栽培は，約 120 万 ha の耕地で行われているが，平均は 1.3ha ほどで，この値はギリシャよりも少ない．また 70% 以下が 2ha 以下で，半数は 1ha にも満たないという小規模農園が大部分を占める．逆に搾油工場数はスペインを遥かに上回り，5,000 近い搾油工場を有するが（うち 7 割は南イタリアに存在），ほとんどは小規模設備のものである（写真 3.8 参照）．設備内容については，果実の破砕に昔ながらの石臼式（エッジランナー）をこだわって使い続ける工場も一部に見られるが（写真 3.9 参照），油分の分離はデカンターによる遠心分離方式で，小規模工場では 3 フェーズ方式が主流である．

農園での収穫作業の完了から短時間のうちに近距離の搾油工場にオリーブ果実を持ち込み，果実が新鮮なうちに搾油できるという利点はあるものの処理能力が低く，製造コストにおいてスケールメリットが得られない．また，降雨頼りの伝統的栽培法の農園が主体であるため，灌漑や機械収穫の拡大による生産性の改善も進みにくい．さらに収穫，剪定の労働コストも高いなど，イタリアの

写真 **3.8** サルディーニアの小規模な搾油工場

写真 **3.9** シチリアの搾油工場で稼働する
石臼式の破砕機（エッジランナー）

オリーブオイル生産は他国と比較して極めて高コストな体質である．

　イタリアのオリーブオイル生産のもうひとつのキーワードは「高品質の追求」である．圧倒的な生産量に裏付けられたスペインの低価格オリーブオイルに対し，高コストのイタリア産オリーブオイルはその価格に見合う高い品質の実現を目指してきた．すなわちイタリアはその小規模な生産単位において，原料製造から搾油までの各工程に「人手」を掛けざるを得ない現状を，逆に品質向上に結び付ける努力をしてきたともいえる．極端な例で言えば，果実の収穫時期の判断も，畑ではなく1本の木ごとに判断することで，より最適なタイミングでの収穫を行うこともできる．実際，イタリアで生産されるバージンオイルのうちエキストラバージンの比率は約6割と高く，スペインの3割強を遥かに上回っている．イタリアの高品質志向は2000年以降，一層加速された感があり，プーリア州でも90年代に比べて収穫時期をかなり早いタイミングへシフトし，また，栽培品種の選定においても市場での評価が高まってきたコラティナ種が多く採用されるといった動きも見られている．

　リグーリア州のインペリアの近隣にはタジャスカというこの地方の伝統的な品種があり，DOPに認定されたエキストラバージン・オリーブオイル（原産地保障制度認定品）が生産されている．この伝統あるオリーブオイルの風味特徴は，熟度が進んだオリーブ果実を搾油して得られる苦味，辛味の

少ない，マイルドなものである．この「DOPリビエラ・リグーリア」認定のオイルは知名度が高く，高価格で販売される，いわゆるブランドオリーブオイルのひとつである．しかし，近年ではこのタジャスカ種を未成熟で外観もまだ青々しさが残った状態で収穫し搾油した，従来品よりも強い味と新鮮な香りのオリーブオイルの生産を志向する農家が増えている．敢えてDOP認定という看板を捨てる覚悟で，DOP品質規格にその風味が適合するまで果実の成熟を待たず（表3.2参照），より早い時期に搾油を行い，強めの新鮮な風味や健康性を求める消費者の声に答えようとしている．そのため，インペリアで行われる「OLIOLIVA」というオリーブオイル関連イベントは，例年11月中旬という早い時期に開催され，その年の香り高いヌーボー・オリーブオイルが多数，出展されている（写真3.10参照）．

　現在，これらの高品質を志向する動きの中心は主に中小の生産者を中心とするものであり，大手ブランドの多くの動きは，これらと異なったベクトルを有している．大手ブランドの大部分は基本的に自社で原料果実の生産農園や搾油設備を所有していない．彼らは国内外から原料油を探索し，購入し，販売市場の特性や消費者の嗜好に合った風味と価格を実現するためオリーブオイルの調合を検討し，容器に充填して製品を製造し，製品を国内外に供給する，といった活動を主要な業務としている．ブランドによっては精製設備を所有

表3.2　DOPリビエラ・リグーリアのEU規格

規格項目		DOPリビエラ・リグーリア	IOC規格（参考）
・酸度		0.80%以下	0.80%以下
・過酸化物価		18以下	20以下
・色度		黄色から黄緑色	―
・官能評価			
	欠点	0（なし）	0（なし）
長所　フルーティーさ		3以上	0より大
	辛味	4以下	―
	苦味	4以下	―
	甘味	4以上	―

（未成熟果実の場合，辛味，苦味，甘味が規格値を超える可能性がある）

写真**3.10**　インペリアで11月に開催されるOLIOLIVA

し，精製オリーブオイルの自社製造を行っている場合もある．さらにPETボトルを自社製造する企業もあり，容器メーカーからプリフォームを購入し，自社充填工場内でブロー成型を行っている．容器品質の要求基準が非常に厳しい日本では採用の難しい方式である．

　イタリア大手ブランドの製品にはスペインやギリシャ，チュニジアなど国外から輸入した原料油をイタリアで調合し，充填した製品も存在する．これらの商品の表示に関してはイタリアで法的規制が明確ではなかったため商品の表示ラベルに，「イタリア直輸入」や「原産国イタリア」などの表示が行われ，商品が海外市場に出荷（輸出）されていた．中にはイタリア産のオリーブオイルが全く含まれていない商品も存在していた．これに対して，イタリア国内で栽培・収穫されたオリーブ果実を，イタリア国内で搾油し，イタリア国内で容器充填したオリーブオイルには，そのプレミアム性を強調するため，「Products of 100％ Italy」などの表示が行われるようになった．

　このような状況において，一部のイタリアブランドの商品に関し，エキストラバージン・オリーブオイルの風味規格への不適合（風味上の欠点の指摘）や，禁止されている精製処理を行ったオリーブオイルの混入の疑義が海外で指摘される事態が発生した．とくに後者は，風味の欠点を是正する

ため，ごく低温で脱臭処理を行った「デオドラート」と呼ばれるオイルの混入が疑われるケースもあった．最近，これに関連し，アメリカで販売されているいくつかのイタリアンブランドのオリーブオイルがカリフォルニアの裁判所に不当表示の疑惑で提訴をされるという事態も発生した．

　高品質を訴求してきたイタリア産のオリーブオイルであるが，業界関係者の一部にイタリア産オリーブオイルの評価や信頼性を低下させる動きが見られたことは極めて残念なことである．

　原産地表示の曖昧さに関しては，EUも是正を進めており，例えばスペインとチュニジアのオリーブオイルを調合に使用した場合，「EU圏のオリーブオイルとEU圏外のオリーブオイルを使用」といった表示を行うよう義務付けられた．

　イタリアオリーブオイルの特性としてあげられるのは「多様化」である．イタリアはオリーブに関連する様々な分野，例えば栽培法や機械装置の改良・開発だけでなく，化学的・生化学的分析や，栄養効果などの研究が進んでいる．

　多いと言われるイタリアのオリーブ品種についても既に500種類以上が同定され，さらに遺伝子的な解析も進められている．イタリアの実際の栽培品種となるとその数はかなり絞られてくるが，それでもイタリアは各地で伝統的な品種が多数，栽培され続けている．イタリアの代表的な品種と

してはコラティーナ，カロレア，オリアローラ・バレーゼ，フラントイオ，レッチーノ，モライオロ，タジャスカ，ビアンコリッラ，ノッチェラーラ・デル・ベリーチェ，ボサーナ等枚挙に遑がない．コラティーナは，香りの素晴らしい品種だがポリフェノール含量が高いので苦味や辛味が強く，従来は単品で使いづらい品種とされていた．しかし近年では高ポリフェノールの健康面や商品の保存安定性等のメリットから栽培面積が拡大している品種である．

　品種の多様性にも関連するが，地域の伝統的特産品である DOP 認定品の登録数が多いこともイタリアの特長である（表3.3参照）．ただし，DOP 認定品には極めて生産量の少ないものもあり，DOP は一般に通常よりも厳しい品質規格とその管理規則が定められているにも関わらず，品質的に疑問を感じる DOP 認定品が見られることもある．

　イタリアの一般的なスーパーマーケットで販売されるオリーブオイルの具体的な商品を見てみると，やはりイタリアでも大手ブランドの商品や，そのスーパーのプライベートブランド商品が商品

棚で大きなウェイトを占めている．中小規模の生産者のオリーブオイルは，どちらかと言えばイタリア産 100％や，DOP，オーガニック認定品，未成熟なグリーン果実を原料としたもの，ノンフィルター品，といった特徴のある商品が多い．メジャーブランドの商品は，EU 圏内産と EU 圏外の地中海沿岸諸国産のブレンドタイプのレギュラークラス品が中心的な位置付けで，ディスカウントされ低価格帯で販売されることが多い．さらにこれらにはデリカート（デリケート），インテンソ（ストロング）といった風味傾向を表記した商品や，クラシコ（クラッシック）といったイメージ的なバリエーションが多くアイテム化されている．

　メジャーブランドの商品群の中に DOP や IGP の商品がラインナップされている場合もあるが，基本的にはその認定地域の中小規模の生産者の製品が主体である．全国的に比較的良く目にする DOP 認定品の種類としてはやはり生産量が多めのものが多く，IGP トスカーナや DOP ウンブリア，DOP テッラ・ディ・バーリ，DOP リビエラ・リグーリア等であり，少量しか生産されない DOP 認定品はその生産地での消費か土産品的な販売が

表 3.3　2017 年末時点で EU に登録されているイタリア DOP, IGP
（DOP42 品，IGP 4 品）

No.	登録名称	登録の種類	登録日	No.	登録名称	登録の種類	登録日
1	*Brisighella*	DOP	02/07/1996	24	*Veneto Valpolicella, Veneto Euganei e Berici, Veneto del Grappa*	DOP	26/02/2002
2	*Canino*	DOP	02/07/1996				
3	*Sabina*	DOP	02/07/1996	25	*Monti Iblei*	DOP	02/07/2003
4	*Aprutino Pescarese*	DOP	02/07/1996	26	*Alto Crotonese*	DOP	16/07/2003
5	*Collina di Brindisi*	DOP	14/11/1996	27	*Molise*	DOP	16/07/2003
6	*Riviera Ligure*	DOP	24/01/1997	28	*Colline di Romagna*	DOP	26/08/2003
7	*Bruzio*	DOP	13/06/1997	29	*Monte Etna*	DOP	26/08/2003
8	*Cilento*	DOP	13/06/1997	30	*Pretuziano delle Colline Teramane*	DOP	26/08/2003
9	*Colline Salernitane*	DOP	13/06/1997	31	*Valle del Belice*	DOP	21/08/2004
10	*Penisola Sorrentina*	DOP	13/06/1997	32	*Lucca*	DOP	23/10/2004
11	*Colline Teatine*	DOP	25/11/1997	33	*Tergeste*	DOP	23/10/2004
12	*Dauno*	DOP	25/11/1997	34	*Cartoceto*	DOP	30/10/2004
13	*Garda*	DOP	25/11/1997	35	*Terre Tarentine*	DOP	30/10/2004
14	*Laghi Lombardi*	DOP	25/11/1997	36	*Valdemone*	DOP	05/02/2005
15	*Terra di Bari*	DOP	25/11/1997	37	*Tuscia*	DOP	05/10/2005
16	*Umbria*	DOP	25/11/1997	38	*Sardegna*	DOP	16/02/2007
17	*Valli Trapanesi*	DOP	25/11/1997	39	*Irpinia - Colline dell'Ufita*	DOP	11/03/2010
18	*Terra d'Otranto*	DOP	21/03/1998	40	*Colline Pontine*	DOP	26/03/2010
19	*Toscano*	IGP	21/03/1998	41	*Seggiano*	DOP	14/12/2011
20	*Lametia*	DOP	22/10/1999	42	*Terre Aurunche*	DOP	22/12/2011
21	*Chianti Classico*	DOP	07/11/2000	43	*Vulture*	DOP	13/01/2012
22	*Terre di Siena*	DOP	07/11/2000	44	*Sicilia*	IGP	16/09/2016
23	*Val di Mazara*	DOP	25/01/2001	45	*Olio di Calabria*	IGP	20/12/2016
				46	*Marche*	IGP	20/04/2017

写真 3.11　トスカーナの搾油工場で直売される
　　　　　　　　ヌーボーオイル

主流である.

　なお，イタリアでは小規模の農家や搾油工場か
ら消費者自身が直接オリーブオイルを購入する割
合も非常に多い．オリーブオイルの品質や風味に
特にこだわりを持つイタリア国内の消費者やレス
トランなどは高品質でトレーサビリティーの明確
なこのタイプのオイルへの志向性が強い(写真 3.11
参照).

　上述のようにイタリアは高コスト体質のもと高
品質の追求や伝統を重んじるオリーブオイルの生
産を基本姿勢としてきた．しかし，イタリアの多
くのメジャーブランドは，製品の中身のオリーブ
オイルだけでなく，経営母体までも「イタリアの
もの」ではなくなっている．中には過去に築きあ
げてきたイタリアブランドの価値低下に結びつい
てしまった事例も散見される．その一方で，高品
質を追求している中小規模の生産者は激化するオ
リーブオイルの価格競争を勝ち抜く十分な体力を
有しているとは言えない．今後，小規模でも素晴
らしいオリーブオイルを生産する生産者が生き
残っていくためには，現在のエキストラバージン
の規格を上回る独自の高品質基準を設定し，その
品質を保証する生産者協会等の組織化や，高品質
情報を消費ターゲットに的確に伝達する情報発
信，新たな販売ルートの開拓などが必要だと思わ
れる．イタリアはイメージ依存と補助金頼りの体
質改善を急がなければならない.

3.2.3　ギリシャ

　ギリシャはオリーブ発生の地ではないと学術的
に考えられているが，人間との関わり合いがこれ
ほど親密である国は他に例を見ない．ギリシャ神
話においてオリーブがアテーナー神の賜物とされ
る件は既述の通りであるが，紀元前 8 世紀のホメ
ロスによる長編叙事詩「オデュッセイア」の中に
もオリーブやオリーブオイルに関する記述が見ら
れる．そこにはオリーブオイルを皮膚の保護や保
湿を目的とした膏薬的な用法も多く登場するが，
ギリシャでは既にオリーブオイルに含まれるオレ
イン酸や抗酸化成分の薬効を感知していたものと
思われる．当時，極めて高価で貴重なオリーブオ
イルは神に捧げる灯明用などの非食品用途での利
用も多かった．その当時，同じ油脂類の中でも比
較的入手が容易であった動物脂や魚油は，その強
い臭気や発煙，保存性などの問題があり，オリー
ブオイルには遠く及ばないものであった(写真 3.12
参照).

　ギリシャは，ゼウスやアテーナーなどオリュン
ポス 12 神の住処と伝えられ，現在もオリンピック
聖火が採火されるオリュンポス山に象徴されるよ
うに，その国土において山岳地帯の比率が極めて
高い．地中海式気候とアルカリ性の石灰岩質土壌
に加え，日照の確保に有利な山の傾斜地と，ギリ
シャはオリーブ栽培に好適な条件が揃っていた．
一方，ギリシャには平地が少ないため主食の穀類
増産が難しく，食糧自給に苦労をしていた．紀元
前 5 世紀初めの有名なソロンの改革において，オ
リーブの栽培は奨励されただけでなく，農産物の
うちオリーブオイルのみが国外輸出を許可され
た．ギリシャの海外植民地政策展開の背景には小
麦を中心とした食糧確保の目的が大きかった．シ
チリアやターラントなどのギリシャ人植民地は同
時に地中海沿岸諸国へのオリーブ栽培拡大の中継
基地として重要な機能を果たしていった.

　このようなギリシャのオリーブの歴史的な背景
は，現在においてもギリシャのオリーブ生産や消
費に強い影響を残している.

　ギリシャは国民一人あたりのオリーブオイル消

費量が世界で最も多く，年間一人あたり 16kg に達すると言われている．また，ギリシャの総消費量はほぼ 20 万トンで安定している．

　オリーブオイルの生産量は，スペイン，イタリアに次いで世界第3位の地位を長らく維持してきたが，自然降雨を頼りとする伝統的オリーブ栽培法が現在も主体である．灌漑や収穫の機械化は進んでおらず，人間による手収穫が主流である（写真 3.13 参照）．そのため今後も生産量の大きな増大は望めないのが実情で，ギリシャのオリーブオイル年間生産量はほぼ 30 万トン前後で停滞している．この生産量の変動幅が少ないというのはギリシャの特性のひとつであり，同じく伝統的栽培法が中心であるチュニジアやシリアに比べると年度による変動幅が少ない．

　この生産量と国内需要の差の約 10 万トンが海外輸出に振り向けられているが，輸出はバルク形態を主体としており，同じ EU 加盟国のイタリアにそ

の半量以上の 5，6 万トンが毎年輸出されている．イタリアにおいてギリシャ産のオリーブオイルはイタリア産やスペイン産のオリーブオイルとブレンドされ，容器に充填が行われて EU 圏内のマーケットや，アメリカなどの EU 圏外の市場でイタリアンブランドの製品として販売されている．

　ギリシャの正確なオリーブ耕地面積は把握し難いが，およそ 100 万 ha 以下，実質 80 万 ha 程度と考えられる．これは険峻な海岸線をもつ小さな島や山岳の傾斜地における，自然降雨を頼りにした伝統的栽培法のオリーブ農地であり，耕地の判定の線引きが難しいエリアが多いためである（写真 3.14, 3.15 参照）．ギリシャの農園の大部分は 2ha 以下の広さで，平均は 1.6ha ほどとイタリアよりも僅かに大きい程度である．ギリシャのオリーブの木の数は約 1 億 6 千万で，これをギリシャの人口で割ってみると 1 人あたり 15 本のオリーブが生育していることになる．

　オリーブの栽培地域としてはペロポネソス半島の南部が全オリーブ耕地面積の 35 ％強ともっと

写真 3.12　オリーブオイルを燃料にする様々な古いランプ

写真 3.14　エーゲ海に浮かぶ平地が少ないギリシャの島々

写真 3.13　人手による収穫を行っているギリシャのオリーブ栽培農家（Vasilis Kamvisis 氏提供）

写真 3.15　険しい山の斜面で生育するオリーブの木（Vasilis Kamvisis 氏提供）

も広大で，ギリシャ最大の島，クレタ島が 30% で続き，この 2 地域で全生産量の約 3 分の 2 を占めている．この他の地域としては西のイオニア諸島や，エーゲ海のトルコ沿岸に位置するレスボス島でそれぞれ 5% 程度が生産されている．レスボス島の最大の都市，ミティリーニは，国内で小豆島と並んでオリーブ栽培が有名な岡山県瀬戸内市（旧牛窓町）の姉妹都市であり，小豆島はミロのビーナスで有名なエーゲ海のミロス島と姉妹島となっている．

ギリシャの国土はバルカン半島の南部と広範な海域に存在する 3,300 もの島によって構成されているが，そのうち山岳地帯が 80% を占めている．現在，人が居住する島は 200 島ほどだが，このような広範な地域において極めて古い時代からオリーブ栽培が行われてきたためギリシャには IGP や DOP の原産地呼称保証制度に認定された特産品的オリーブオイルが多数存在している．2015 年 9 月末に新たに認定された「Galano Metaggitsiou Chalkidikis」を加えて DOP は 19 品, IGP も 11 品が認定されている（表 3.4 参照）．

また，自然降雨頼りで斜面での栽培が多く，小規模な農園が多いため灌漑設備や機械収穫の導入が難しく，収穫は生産者が果実の成熟度合いから経験的に収穫時期を判断して，家庭内の労働力で手収穫によって行われるケースが多い．

小さな農園が分散しているため小規模な搾油工場が農園に近接して多数存在している．その数はスペインよりも多い 2,200 箇所以上であり，収穫から短時間のうちに搾油工場へオリーブ果実を輸送出来ることは品質確保の意味から大きな利点である．搾油工場の一部では旧式のプレス式搾油機

表 3.4 2017 年末時点で EU に登録されているギリシャの DOP, IGP

認定地域	ギリシャ語表記	認定の種類	登録日
Galano Metaggitsiou Chalkidikis	*Γαλανό Μεταγγιτσίου Χαλκιδικής*	DOP	29/09/2015
Messara	*Μεσσαρά*	〃	12/10/2013
Agoureleo Chalkidikis	*Αγουρέλαιο Χαλκιδικής*	〃	21/06/2013
Exeretiko Partheno Eleolado Selino Kritis	*Εξαιρετικό Παρθένο Ελαιόλαδο Σέλινο Κρήτης*	〃	12/05/2010
Exeretiko partheno eleolado "Trizinia"	*Εξαιρετικό παρθένο ελαιόλαδο "Τροιζηνία"*	〃	13/07/2007
Finiki Lakonias	*Φοινίκι Λακωνίας*	〃	23/07/2003
Exeretiko partheno eleolado Thrapsano	*Εξαιρετικό παρθένο ελαιόλαδο Θραψανό*	〃	11/07/2002
Apokoronas Chanion Kritis	*Αποκορώνας Χανίων Κρήτης*	〃	21/01/1998
Sitia Lasithiou Kritis	*Σητεία Λασιθίου Κρήτης*	〃	21/01/1998
Kalamata	*Καλαμάτα*	〃	13/06/1997
Kolymvari Chanion Kritis	*Κολυμβάρι Χανίων Κρήτης*	〃	13/06/1997
Peza Irakliou Kritis	*Πεζά Ηρακλείου Κρήτης*	〃	21/06/1996
Vorios Mylopotamos Rethymnis Kritis	*Βόρειος Μυλοπόταμος Ρεθύμνης Κρήτης*	〃	21/06/1996
Viannos Irakliou Kritis	*Βιάννος Ηρακλείου Κρήτης*	〃	21/06/1996
Lygourio Asklipiou	*Λυγουριό Ασκληπιείου*	〃	21/06/1996
Arxanes Irakliou Kritis	*Αρχάνες Ηρακλείου Κρήτης*	〃	21/06/1996
Petrina Lakonias	*Πέτρινα Λακωνίας*	〃	21/06/1996
Kranidi Argolidas	*Κρανίδι Αργολίδας*	〃	21/06/1996
Krokees Lakonias	*Κροκεές Λακωνίας*	〃	21/06/1996
Lesvos ; Mytilini	*Λέσβος ; Μυτιλήνη*	IGP	15/05/2003
Agios Mattheos Kerkyras	*Άγιος Ματθαίος Κέρκυρας*	〃	23/10/2004
Samos	*Σάμος*	〃	18/07/1998
Zakynthos	*Ζάκυνθος*	〃	18/07/1998
Chania Kritis	*Χανιά Κρήτης*	〃	21/06/1996
Olympia	*Ολυμπία*	〃	21/06/1996
Thassos	*Θάσος*	〃	21/06/1996
Kefalonia	*Κεφαλονιά*	〃	21/06/1996
Rodos	*Ρόδος*	〃	21/06/1996
Preveza	*Πρέβεζα*	〃	21/06/1996
Lakonia	*Λακωνία*	〃	21/06/1996

も稼働しているが，現在は8割方が3フェーズ方式の遠心分離機によって搾油処理が行われている．また，大生産地域であるペロポネソス半島にある大規模搾油工場では最新の2フェーズ式遠心分離機も導入され始めている．

　ギリシャの栽培品種数はイタリアに比べるとかなり少ない50品種程度で，さらに主要栽培品種となると20品種以下となる．ギリシャではコロネイキ種が全オリーブオイル生産量の8割程度を占めるほど圧倒的であることも関連している．その他にテーブルオリーブにも使用されるカラマタ種（写真3.16参照）や，花粉用のマスティドス種などの栽培品種がある．

　コロネイキ種は小ぶりの果実であるが比較的油分が高く反収も高めで，また，自家受粉性が強い早熟な品種であるため，ギリシャの栽培品種として拡大し定着したものと思われる．なお，最新のSHD栽培を採用する大規模農園での栽培品種としてスペインのアルベキーナ種と並んでチリなどの新興栽培地域で大量に栽培されるようになっている．同じコロネイキ種でも南ペロポネソス半島南西部エリアでは風味の優れた良質なエキストラバージンオリーブオイルが生産されている．この他，レスボス島などにも風味に定評のあるオイルがある（写真3.17参照）．

　ギリシャで生産されるオリーブオイルは，圧倒的な主要品種であるコロネイキ種を原料とするも

の（あるいはコロネイキ種を含むもの）が主体である．このことはバルク形態が中心の輸出においてギリシャ産オリーブオイルはその風味が均質的との評価にも繋がる．安定した良質な風味はブレンドに使用しやすい反面，個別の製品の差別化が図りづらいという面がある．

　オリーブオイル使用量が世界一のギリシャは，オリーブ（オイル）の生産者から消費者が直接購入する流通方式の比率が極めて高い．またオリーブ

写真 3.17　旅行者向け土産品として販売されているオリーブオイルとテーブルオリーブ（ミコノス島）

写真 3.16　ギリシャの代表的なテーブルオリーブ用品種のカラマタ種
（Vasilis Kamvisis 氏提供）

写真 3.18　オーガニックオリーブオイル世界コンテスト（PremioBIOL2013）に出品されたギリシャのエキストラバージン・オリーブオイル

生産農家の自家消費も多いため，このような場面では品質を重視したオリーブ生産が志向されやすく，生産されるバージンオイル中のエキストラバージン比率は7，8割にも達する．

逆に，ギリシャは容器充填，販売を行うパッカーの数が圧倒的に少なく，製品の海外輸出の意向自体も強いものとは言えなかったが，近年はマーケティングにも力を入れ始め，斬新な容器デザインの導入など製品力強化の動きも増えている（写真3.18参照）．

農園や搾油工場の規模が小さく，基本的にギリシャのオリーブオイル生産はイタリアと並んで高コスト体質である．また，山岳等での厳しい農作業が敬遠され，オリーブ栽培の後継者の確保も大きな問題となっている．ギリシャのオリーブ栽培は政府の補助金を頼りにする部分が大きいが，近年のギリシャの厳しい経済状況は農家への補助金支出にも影を落とすことが危惧される．古くからオリーブを栽培し，オリーブオイルとテーブルオリーブを常食してきたギリシャにおいて，今後のオリーブ生産の行方は地中海の陽光ほど明るいものではない．

3.2.4 チュニジア

アフリカ北岸のチュニジアはシチリア島を挟んでイタリア本土と対峙している．紀元前9世紀末，フェニキア人により現チュニスの北部に建国された都市国家カルタゴが，紀元前3世紀から約100年間に渡る激しいポエニ戦争の末，ローマ帝国に敗れたという歴史は有名であろう．その主役を演じたフェニキア人は海上貿易でオリーブを持ち込み，ローマ人はチュニジアのオリーブ栽培を拡大させていったとも言える（写真3.19, 3.20参照）．

オリーブ栽培の長い歴史を有するチュニジアでは約170万haの耕地（農業生産が行われているのはそのうち150万ha程度）に7千万本のオリーブが栽培されている．チュニジアの年間降水量が200mm程度と少なく，大陸内部に行くほど降雨量は減少する．この年間降水量によってオリーブの栽培地域を北部（400～600mm），中部（300～350mm），南部（200～250mm）の3地域に分けることが出来，降雨量に見合った数のオリーブが植えられている（写真3.21参照）．それぞれの地域の単位面積（ha）あたりの平均オリーブ樹数はそれぞれ，約100本，50本，20本と減少する．近年，降雨量の多い北部においてSHD栽培の導入例も見られるが（写真3.22参照），チュニジアは基本的に昔ながらの伝統栽培の農法が主体である．このため，チュニジアの生産量の年度変化は大きく，生産量は12万トンから22万トン程度の範囲で増減を繰り返す傾向が見られていた．しかし，近年は政府もオリーブオイル増産に力を入れており，スペイン，イタリア両国とも大不作であった14/15年の単年度において，IOC発表データでチュニジアは34万トンもの生産があり，スペインに次いで世界第2位の地位に躍り出た．また，品質の向上にも力を入れ

写真3.19 チュニジアで育つ高樹齢のオリーブ
（Kamel Ben Ammar 氏提供）

写真3.20 チュニジアの古い搾油工場の跡
（Kamel Ben Ammar 氏提供）

写真 3.21　南部エリアのオリーブ栽培と生育の様子
（Kamel Ben Ammar 氏提供）

写真 3.22　北部エリアの SHD オリーブ栽培の
様子
（Kamel Ben Ammar 氏提供）

ており，バージンオイル中のエキストラバージン比率も向上し，12/13 年はエキストラバージン・カテゴリーのオリーブオイルが 77％に達した．

　国内消費量の 5 万トン弱を差し引いた量がイタリア，スペイン，アメリカなどにバルク形態で輸出されている．2002 年から 2011 年の 10 年間には平均 12.3 万トンが輸出され，12/13 年には総輸出量 17 万トンのうち前 2 国向けにはそれぞれ 41％，35％と，総量の 8 割近く占め，主にブレンド用に使用されている．チュニジアのオリーブオイル消費量は年間 1 人あたり 4kg 程度と日本の 10 倍以上であるが，ギリシャ，イタリア，スペインの 4 分の 1 程度に留まっている．

　チュニジアの代表的な栽培品種はシェムラーリ（Chemlali）とシェトウィー（Cetoui）で，前者は国内のオリーブオイル生産の 80％以上を占めてい

る．また，この品種は風味的にマイルドな特性があり個性を主張しにくいため，ブレンド時の配合に使いやすいという側面もある．

　チュニジアの特筆すべき状況としてオーガニック栽培の増加が挙げられる．1999 年には 1 万 5 千 ha のオーガニック耕地が 2014 年には 16 万 ha に増加し，オーガニックオリーブオイルの輸出量も 400 トンから約 1 万 4 千トンに増加している．

　チュニジアにとってオリーブは外貨獲得の意味からも極めて重要な栽培作物である．バルク形態主体の輸出形態から最終製品の輸出増加を図るためには，市場の健康志向に合わせてポリフェノール含量の高い品種や，早摘み品の生産量を増やし，オリーブオイルの風味を輸出先国の嗜好性に合わせると言ったマーケティング的な戦術も必要と思われる．また，EU 圏外であるため IGP, DOP の認定制度を使用出来ないが，チュニジアのその長いオリーブ栽培の歴史を活かすためにも同様の認定制度の導入が望まれる．

3.2.5　トルコ

　現在の学説ではオリーブ発祥の地はトルコとシリアとの国境付近の小アジア地域と考えられている．トルコの領土の大部分は小アジアに存在するが，東ヨーロッパのバルカン半島にも国土を有しており，このアジアサイドとヨーロッパサイドの

交差点にかつての東ローマ帝国の首都，コンスタンティノープル（現イスタンブール）が位置している．この地にあるアヤソフィアの内部には，東ローマ帝国時代の正統派キリスト教と，オスマントルコ時代のイスラム教の両宗教にとって，聖なる油であったオリーブオイルを収めるための巨大な大理石製の甕が置かれている（写真 3.23 参照）．

　トルコのオリーブの年間消費量は 1990 年代においては 5，6 万トン程度であったものの，2000 年代に入ってトルコの国内経済の立て直しが進むにつれ増加傾向を呈し，13/14 年には年間 16 万トンが消費された．しかし，全国平均でみればその量は一人あたり年間 2kg 強でしかなく，主要生産

写真 3.23　イスタンブールのアヤ・ソフィア内に置かれたオリーブオイル用の甕

3 国に比べるとその格差は歴然としている．オリーブの起源の地であること，隣国やギリシャやローマ帝国との関係や影響を考えると現在のトルコのオリーブオイル消費量はあまりにも少ない印象を受ける．これは，トルコが地理的に極めて重要な要衝であったため国際交流が盛んで，世界から様々な様式の食文化も流入し，それらの特徴を融合させた独自の食文化を有していることも大きく影響しているものと考えられる．トルコにおいては，オリーブオイルと同様，健康維持に有効な食品と言われるヨーグルトを調味料的に多用することは有名だが，ヨーグルトという言葉自体もトルコ語が語源と言われる．

　現在のトルコにおいてオリーブオイルの栽培は国家の重要な育成産業のひとつに位置づけられており，海外輸出増加による外貨獲得を目指して政府はオリーブ栽培やオリーブオイル産業に多くの支援を行っている．トルコは地中海のギリシャや中近東のシリア，イラク等に接することから温暖あるいは高温のイメージを持たれがちだが，小アジアの中央部は寒冷な高原地帯であり，オリーブの栽培には適さない．トルコのオリーブ生産は主にエーゲ海沿岸のイズミール県や，バルケスィル県，アイドゥン県，ムーラ県，そして地中海沿岸のアンタルヤ県，メルスィン県などである．これらの地域でのオリーブ栽培は長い歴史を有するが，栽培は今でもほぼ伝統的方法によって行われており，灌漑率は極めて低い（写真 3.24, 3.25 参照）．

写真 3.24　エーゲ海沿岸，イズミール近辺の伝統栽培法のオリーブ畑

写真 3.25　同オリーブ畑で収穫されたオリーブ果実

また，海岸線の地域は機械収穫にも不向きで，人手による収穫が主体である．トルコ政府は生産量の目標にイタリア，ギリシャの通年を上回る65万トンの目標を立て，2014年には世界第2位の地位を目指した．しかし，14/15年の生産量は19万トンに留まり目標は達成されなかった．ただし，こ

こ3年間は年度の生産量変動幅が抑え込まれ，ほぼ19万トンの生産量を安定的に維持し続けている．また，経済不振であった1990年台には生産のかなりの部分が海外への輸出に振り向けられていたが，近年は前述のように国内消費も大きく伸び，海外への輸出量も安定的な増加（14/15年に3万5千トン）を示している．日本への輸出量も2014年には3500トンに達し，スペイン，イタリアに次いで第3位となった．トルコの栽培オリーブ数は政府支援により2012年には2004年の65％増の1億6500万本に達したという．新たに植樹されたオリーブがフルプロダクションを迎えるまでにはまだ暫く時間が掛かると思われるが，今後，順調に生育すれば，スペインで見られたような大幅な生産量の増加が実現する可能性もある．

　トルコ政府はそのブランド価値を高めるため，バルク輸出ではなく製品輸出を推奨している（写

写真 3.26　油脂の精製設備も所有するトルコの
大規模なオリーブオイル充填工場

写真 3.27　工場内の充填機と製造された製品群

写真 3.28　イズミールの小規模な搾油工場に集荷された原料オリーブと原料果実の洗浄装置

真 3.26, 3.27 参照）．トルコの主要品種は，アイワリック種（Ayvalik）やメメシック種（Memecik），ゲムリック種（Gemlik）などである．オリーブオイルの風味への歴史的な嗜好性の影響もあるが，比較的マイルドな風味の品種が多く，その風味はややもすると個性に乏しいものになりやすい．トルコの品種の中でもメメシック種は風味の評価が高い．

トルコは伝統的栽培法が主体であるため反収が低く，また，オリーブ農園の規模も小さい．オリーブ生産者は近隣の小規模な搾油工場に収穫したオリーブ果実を持ち込んで搾油を行なうスタイルが多い（写真 3.28, 3.29 参照）．基本的にトルコのオリーブオイル生産はこのようなスケールメリットに乏しい高コスト体質であると考えられ，生産品の付加価値向上は必須である．政府や生産者組合は品質向上の実現に向けて，オリーブ果実の生産者に対し，現在のマーケットで求められているオリーブオイルの風味や品質的要求を認識させ，改善のベクトルを示すことも必要だと考える．

近年，スペインの生産量が大幅に増え，反対にトルコから EU への輸出量は減少している．トルコは国土のロケーションから中近東のマーケットへの輸出や，スエズ航路を使う海上輸送にはメリットを有するが，逆にイタリアへのバルク輸出は地理的にスペイン，チュニジア，ギリシャに比べて不利な立地にある．こういった面からも製品輸出の増加を図りたいものと思われるが，それは生産量の増加だけでなく，商品の総合的な品質の向上を図り，北米やアジア地域におけるトルコ産のオリーブオイルのイメージをどれだけ向上出来るかにかかっている（写真 3.30 参照）．

3.2.6　チ　リ

現在，世界的に最も注目を集めているのがチリでのオリーブオイル生産である．15 世紀末からヨーロッパ人のアメリカ大陸進出は始まったが，チリに最初に到達したヨーロッパ人は，南アメリカ大陸南端の海峡にその名を残すポルトガル人探検家のマゼランであった．16 世紀にスペインの植民地となったチリにはスペインからオリーブ栽培が持ち込まれた．しかし，母国の主要産業への遠慮や，オリーブオイルの需要そのものが増えなかったため，以降，チリでのオリーブ栽培はほとんど伸展しなかった（写真 3.31 参照）．

20 世紀の半ば，イタリア系移民がオリーブの栽培を再開し，ようやくチリのオリーブ栽培が再始動した．しかし，本格的なオリーブの栽培は 1990 年代以降のことである．その後の勢いは凄まじく，同様にオリーブ生産のニューカマーであるア

写真 3.29　オリーブ原料持ち込みの搾油処理依頼者にオリーブオイルを返却するためのポリタンク

写真 3.30　オーガニックオリーブオイル世界コンテスト（PemioBIOL2014）に出品されたトルコのエキストラバージン・オリーブオイル

写真 3.31　チリで 60 年以上の栽培の歴史
を有する古いオリーブ農園の木
（第 7 州・マウレ州）

写真 3.32　降雨量の少ない第 4 州・コキンボ州
の広大なオリーブ農園

写真 3.33　奥の SHD 農園に灌漑用水を供給
するため作られた貯水池

メリカやメキシコ，オーストラリアなどを追い抜き，生産量の伸びがやや停滞を見せるアルゼンチンに追いつこうとする勢いである．

　チリのオリーブオイルの生産量は IOC の生産量統計に初登場した 2006/2007 年（南半球のチリの場合，冬場の 4 ～ 7 月頃に収穫されるため実質的には 2006 年単年の生産量を意味する）は 5 千トンであったのが，以降，天候不良の影響なども見られたものの，13/14 年には 1 万 5 千トン，14/15 年は 2 万 4 千トンまで増加した．

　チリにおける短期間での栽培拡大と増産の成功には複合的な多くの要因が存在する．その地形的な要因として，チリは北のアタカマ砂漠から南のホーン岬まで南北 4,600km もの細長い特殊な国土を有しており，東には 7,500km もの長さの険峻なアンデス山脈が国境を守る壁のようにそそり立っている．このアンデス山脈はオリーブミバエなどの害虫の飛来を防ぐ役目をする．また，アンデス山脈は伏流水を農業用水として提供している．チリにおいて雨が少なく日照時間が多いのは，沿岸を北上する寒流のフンボルト海流が雲を発生させにくいためで，チリの北部の気温が意外に低く温暖なのもその影響である．寒冷な南部地帯ではさすがにオリーブ栽培は困難であるが，主に第 4 州

のコキンボ州（写真 3.32 参照）から第 8 州のビオビオ州までの中部の州（チリの 15 州は基本的に北の州から南に向けて 1 から 12 までの番号が付されており，この他，番号のない首都州と，「13」を除いた 14，15 が新州に割り当てられている）を中心にオリーブ栽培が行われている．近年では北端のアリカ・イ・パリナコータ州などでも栽培の取り組みが見られている．

　人為的なチリ産オリーブオイルの急拡大の理由としては，チリの国土に残されていた広大な未利用地に巨額の資本を投資し，世界でも最先端のオリーブ生産技術を導入したことが挙げられる．広大な荒地を整地し，灌漑用の溜池やダムを整備し（写真 3.33 参照），栽培地にはドリップ式の灌漑設備が敷設されている．

　オリーブ栽培方式としても一部では MD（中密度）栽培（写真 3.34 参照）や HD（高密度）栽培も導入されたが現在は SHD（超高密度）栽培が主流と

写真 3.34 チリの MD 栽培の農園（首都州）

写真 3.35 チリの SHD 栽培の農園（第6州・リベルタドール・ベルナルド・オイギンス州）

写真 3.36 大型の最新式2フェーズデカンターが3基並ぶ第7州・マウレ州の大規模工場

写真 3.37 チリ原産といわれるラシーモ種

なっており，収穫作業の効率化によってコスト削減が図られている（写真3.35参照）．また，チリ全体の生産方針として共通しているのは高品質品の生産志向である．早くからチリはオリーブの生産者組合，チリ・オリーヴァ（CILE OLIVA）を組織化し，国家の支援不足を生産者団体の自主的な取り組みで補う努力を続けている．

　チリのオリーブ栽培はひとつの農園の規模が大きいだけでなく，栽培から収穫，搾油，貯蔵，製品充填までを一貫した生産体制で取り組む企業が多い．これは自社農園の原料オリーブの生育状況を随時把握することで最も適切なタイミングの収穫が可能となり，果実の収穫後も作業集中による搾油処理の停滞などが起こらない様，生産全体を緻密にコントロールする方式で，統合生産方式（IP方式・Integrated Production System）と呼ばれている．新しい生産者の中には既述のように，果実の

成熟タイミングを考慮した栽培品種ごとの栽培地の割り振りや，収穫果実の搬送時間短縮のための搾油工場の立地，収穫されるオリーブ原料量に見合った搾油処理能力など，高品質のオリーブオイルを効率よく生産するための全体システムの構築が行われている（写真3.36参照）．実際に果実の収穫後1〜2時間以内に搾油を完了出来るようなシステムも稼働している．

　現在，チリのオリーブ栽培面積は2万5千 ha ほどで，栽培されているオリーブの木の数は2千250万本と推定されている．1ha あたりの平均植樹数は900本という高密度を誇り，これが70の農園で栽培され，40場の工場で搾油されている．

　チリの栽培品種の中にはチリのオリジナル品種と言われるラシーモ（Racimo）種やアザパ（Azapa）種がある（写真3.37参照）．しかし，現在はイタリアやスペイン，ギリシャなどの品種から環境適応

性や生産性，オイルの品質特性，付加価値などの視点でスクリーニングされたフラントイオ，レッチーノ，ノッチェラーラデルベリーチェ（以上イタリア原産），ピクアル，アルベキーナ（以上スペイン原産），コロネイキ（ギリシャ原産）などが採用されている．特に 2000 年半ば位までは高付加価値オリーブオイルの生産を目指し，MD 栽培を用いた丁寧な栽培管理や，オーガニック栽培なども多く取り入れられていた．この方式で生産されたエキストラバージン・オリーブオイルの中から国際コンテストでの優勝品や上位入賞品が輩出され，一躍,チリ産オリーブオイルの名声を高めていった．

しかし，その後のチリのオリーブオイル産業は世界市場への進出に苦戦を続けている感がある．生産量においても，霜害の発生等の自然要因の影響も見られたが，14/15 以降はほぼ 2 万トンで停滞している．これはチリ産ワインのマーケティングで直面した問題に類似している．即ち，その高い品質についての評価は獲得しつつあるものの，歴史的，文化的な背景の希薄さからイメージ戦略の展開が難く，市場において品質に見合ったプレミアを確保することがなかなか難しいという問題である．その反動として生産効率やコスト低減への取り組み意識が強まり，結果，品質に悪影響を及ぼす悪循環も発生する．SHD 栽培に集中すると栽培品種は自ずと SHD 適応のギリシャ原産のコロネイキ種やスペイン原産のアルベキーナ種またはアルボサーナ種に絞り込まれてしまう(写真 3.38

参照)．無論, ID 製法を用いた SHD 栽培で生産されるオリーブオイルの品質は一般的に高い偏差値のものとなるが風味の個性が失われ，全般的に品質の近似したものになりがちである．製品間の差別性が希薄になるため最終的には価格競争に陥ってしまうリスクを抱えている．

また，SHD 栽培農園の開発には巨額の投資が必要であり，出資者からは投資回収と収益創出が厳しく求められる．SHD 栽培は短期間でオリーブが生育のピークに達するため，順調に生育すれば通常の伝統的栽培法より早期に投資の回収が可能となるが, 逆に見切りの早い投資家が多くなり易い．

チリの生産者はひとつの農園において，メインとなる効率的な SHD 栽培と，風味に定評のある品種の MD，HD 栽培を組み合わせて行い，それらのオイルを調合することで製品風味を改善し，また，その企業のブランドイメージを担うフラグシップ的な製品を製造するところも多い．近年では生産性重視の風潮から，チリの地理的優位性が発揮出来るオーガニック栽培を行う生産者が漸減しており，もはやオーガニック栽培はチリ産オリーブオイルの訴求点から失われつつある（写真 3.39）．

チリ産のオリーブオイルは基本的に品質ポテンシャルが高く，生産量を拡大する余地も大きく残されていると思われる．チリから日本への輸送も治安の不安な海峡通過の不要な太平洋航路であり，コストメリットもある．現状，SHD 栽培を主

写真 3.38　SHD 栽培に適応するスペイン原産のアルベキーナ種（搾油直前の状態）

写真 3.39　オリーブオイルの搾り滓を発酵させたコンポスト（首都州の農園にて）

体とするチリ産オリーブオイルの生産コストはイタリアやスペインの生産コストと大きく変わらない．しかし，チリには EU 諸国のような国家的な補助金制度がないため，価格的な競争力が劣っている．

　日本との関連性の深い上記 6 カ国についてオリーブオイル生産状況を詳述してきたが，その他に興味深い動向の 5 つの生産国について次に簡単に解説する．

3.2.7　ポルトガル

　世界最大のオリーブオイル生産国であるスペインの南西部に隣接するポルトガルはヨーロッパの中でも日本との古い交易の歴史を持つ．日本にオリーブオイルを初めてもたらしたのは安土桃山時代のポルトガル人宣教師だと言われており，江戸時代に薬用に用いられたオリーブオイルはポルトガル油あるいはホルト油と呼ばれていた．

　ポルトガルはスペイン同様，オリーブオイル生

写真 3.40　首都リスボンの市街地中心に育つ
　　　　　　　　オリーブの古木

写真 3.41　エボラ近辺の伝統的なオリーブ畑
　　　　　　　　（ガレガ種）

産の非常に長い歴史を有しているが，1822 年に広大な植民地，ブラジルを失って以降，母国の政情不安や経済危機の拡大によって国内のオリーブオイル生産や消費は停滞を続けた（写真 3.40 参照）．2000 年位までのオリーブオイル生産量は年間 2 〜5 万トン程度で，隔年で好作と不作を繰り返していた．しかし，2010 年頃から徐々にオリーブオイルの生産量が回復を見せ始め，13/14 年度には約9 万 2 千トン，14/15 年には 9 万トン，そして 15/16 年には 10.9 万トンと 10 万トン台に載せることができた．しかし，以降はまた約 7 万トンへ低下している．

　ポルトガルのオリーブオイル生産地域は南東部のスペイン国境近辺が中心で，約 35 万 ha の土地に 3 千 8 百万本のオリーブが育っている．1ha あたりに換算すると 11 本 /ha 程度で，伝統的栽培法を基本とすることがわかる（写真 3.41 参照）．しかし，近年では国外の資本家が現地企業や農園を買収し高品質オリーブオイルの生産を目指す動きも見られている．そこではオリーブ栽培農家に対してオリーブオイルの栄養的価値や，産業としての将来性を説明することで生産意欲を復活させ，併せて新規の栽培や生産技術を指導しながら，オリーブオイル産業の総合的な立て直しを図ろうとする取組みも見られる（写真 3.42 参照）．実際，ポルトガル産のオリーブオイルにもコンテストで上位入賞する高品質品が増えてきている．

　ポルトガルではスペイン原産の品種も導入されているが，ガレガ（Galega Vulgar）種や，コブラン

写真 3.42　使用農薬の種類や量を決めるため
　　　　　　　　の害虫モニター（レドンドの農園）

表 3.5　2017 年末時点で EU に登録されているポルトガルとフランスの DOP の油脂類

No.	登録名称	認定の種類	登録日
ポルトガル			
1	*Azeile de tras-os-Monles*	DOP	21/06/1996
2	*Azeite de Moura*	DOP	21/06/1996
3	*Azeltes da Beira Interior (Azeite da Beira Alta, Azeite da Beira Baixa)*	DOP	13/11/1996
4	*Azeites do Ribatejo*	DOP	13/11/1996
5	*Azeites do Norte Alentejano*	DOP	11/05/2005
6	*Azeite do Alentejo Interior*	DOP	16/02/2007
フランス			
1	*Huile d'olive de Nyons*	DOP	21/06/1996
2	*Huile d'olive de la Vallée des Baux-de-Provence*	DOP	06/06/2000
3	*Huile d'olive d'Aix-en-Provence*	DOP	18/10/2001
4	*Huile d'olive de Haute-Provence*	DOP	18/10/2001
5	*Huile d'olive de Nice*	DOP	11/03/2006
6	*Huile d'olive de Nimes*	DOP	16/02/2007
7	*Huile d'olive de Corse / Huile d'olive de Corse - Oliu di Corsica*	DOP	16/02/2007
フランス・バター			
EX1	*Beurre d'Isigny*	DOP	21/06/1996
EX2	*Beurre Charentes-Poitou ; Beurre des Charentes ; Beurre des Deux-Sèvres*	DOP	21/06/1996
EX3	*Beurre de Bresse*	DOP	15/04/2014

ソーサ（CobranÇosa）種, コルドヴィル・デ・セルパ（Cordovil de Serpa）種などの多くのポルトガル原産品種が栽培されている. また, 伝統的オリーブオイル生産国であるポルトガルには, 有名な生産地エボラの所在する地域「Azeite Do Alentejo Interor」など 6 地域の DOP, IGP 認定がある（表3.5 参照）.

3.2.8　フランス

EU 最大の農業国であるフランスのバター生産量はアメリカ, ニュージーランド, ドイツに次いで世界第 4 位であるが, 一人あたりのバター消費量は世界第一位で, 年間一人あたり 8kg 近くを消費している（日本人は約 0.6kg）. これほどのバター消費大国であるフランスであるが, 一般的な日本人のイメージにおいてはオリーブやオリーブオイルとも意外に良く結びついている. これは地中海に面した南フランスのニースやマルセイユといった観光都市や, オリーブの主要生産エリアの「プロヴァンス」という地域名の知名度が高いことも関係していると思われる.

実際のフランスにおけるオリーブオイル生産量は過去 20 年間で 1 万トンを超えたことはなく,

13/14 年は 4,800 トン, 15/16 年は 5,400 トンと EU の中でも極めて少ない値である.

フランスは広大な平地やなだらかな丘陵地に富んでおり, 大量の穀物や野菜, 果実などが優先して生産されている. また, オリーブ栽培に気候的な適性のある地中海沿岸地帯が国土に占める比率はさほど大きなものではない.

フランスは年間約 10 万トンのオリーブオイルを消費し, その大部分は EU 圏内のイタリア, スペインなどから輸入している. フランスのオリーブ栽培面積は 2 万 2 千 ha ほどで, 約 300 万本のオリーブが栽培されている. この栽培は 4,500 もの農園で行われており, 平均すると 1 農園あたり約 5ha となる.

生産量こそ多くはないものの, フランスもオリーブオイルの伝統的な生産国としての知名度は高く, 南フランスの食文化とも結びついている（写真 3.43 参照）. フランスには現在 7 件の DOP 認定品があり, フランス産のオリーブオイルはその希少性からも非常に高価であり, その多くは国外に輸出されている. パリ市街にあるこのオリーブオイル販売店では, フランス産 DOP 以外にも, イスラエル産など様々な珍しい高価格帯オリーブオイル

写真 3.43 ブイヤベース憲章で使用食材や調理法が定められているマルセイユ名物料理のブイヤベースにもオリーブオイルが使われる

写真 3.44 パリ市街にある高級オリーブオイル専門店

を試食して購入することが出来る(写真3.44参照).

フランスの代表的な品種には, ピショリーヌ(Picholine), タンシュ(Tanche)などがあるが, 現在, フランス原産と分類されている品種数は100品種を超え, ギリシャよりも遥かに多い.

3.2.9 アメリカ

カリフォルニア州サンディエゴ市の北東にあるサンディエゴ・デ・アルカーラ修道会(Mission San Diego de Alcala)はアメリカのオリーブ栽培発祥の地である. 18世紀後半にメキシコから旅してきたスペインの聖フランシスコ修道会の修道士がこの地にオリーブ栽培を持ち込んだとされている. 現在もアメリカでのオリーブの栽培はカリフォルニ

ア州ほぼ1州だけで行われているが, 当時は食用油としてだけでなく, 灯明用や石鹸製造の原料を目的に栽培されていた.

現在, アメリカではオリーブオイルが約30万トン消費されており, 年間一人あたりでは約1リッターとなるが, その大部分は海外からの輸入に頼っている. アメリカ自体は18世紀からオリーブ栽培を始めたが現在まで主要農作物とはなりえず, 年間オリーブオイル生産量は5千トンと国内消費量から大きく乖離している. 90年代初頭のアメリカでのオリーブオイル消費は10万トン程度であったが, その後, 需要は順調に拡大し, 現在ではその3倍にまで達している. これは, 肥満や心疾患の問題が深刻なアメリカにおいて, オリーブオイルの健康への有効性が広く喧伝されたことも大きく影響したと考えられる. アメリカの食品医薬品局(FDA)が一般食品であるオリーブオイルに「オリーブオイルに含まれるオレイン酸の働きで, 冠動脈性心疾患のリスクを低減する可能性がある」というヘルスクレームを認可したのは2004年の11月のことである.

アメリカでも生産者の9割はイタリアやギリシャのように植樹数の少ない伝統的な栽培法によってオリーブ生産を行っており, 1軒あたりの栽培面積は8ha以下といわれる. 残りの1割では最新のSHD栽培法が採用されており, 1軒あたりの面積は40haを超えている. その生産量の比率は2:8と後者が圧倒的で, 前者の製品はその高品質を訴求して高級食品店や土産品, 通販などで販売されている. 一方, 大型機械で収穫される後者はその高い生産性によって抑えられた生産コストを活かし, ヨーロッパから輸入されるメジャーブランドの製品に対抗して量販店などで販売されている.

拡大を続けているアメリカのオリーブオイル市場において消費者の使用意向の根底には健康への有効性がある. その一方でアメリカで大量消費される食品は低価格化への圧力が強く, 海外から安価な製品の輸入が増加している. 近年, ヨーロッパから輸入される多くのメジャーブランドの製品

写真 3.45　毎年ポモナで開催されるロサンジェルス国際エキストラバージン・オリーブオイルコンテストで，同じテーブルの審査員を務める著名なオリーブオイル研究家のアメリカのポール・ボッセン氏（左）とスペインのファン・ラモン氏（右）

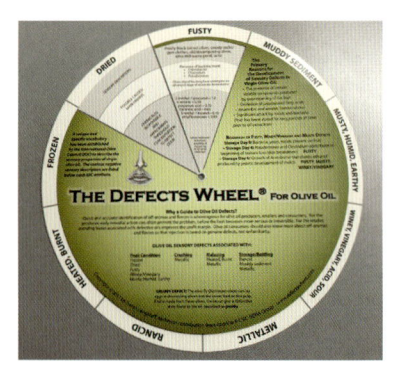

写真 3.46　エキストラバージン・オリーブオイルの風味上の欠点についてその風味特長と発生原因，及び関与する臭気化合物が内円の開口部に表示される「ディフェクト・ホイール」（Susan Langstaff 氏）

の中にはその品質に疑問が呈される商品もあることは前述の通りである．

　ヨーロッパのような長大な歴史的背景はないものの，アメリカにとってオリーブは古い栽培作物のひとつである．そして，その生産量自体はマイナークロップとも言える地位だが，育種や栽培，風味や品質評価，栄養価値の解明などにおいてはその圧倒的な科学力を背景に多くの研究，技術開発が行われており，アメリカの底力を痛感させられる（写真 3.45，3.46 参照）．

3.2.10　ニュージーランド

　酪農王国とも言われるニュージーランドは，世界第 2 位となる約 50 万トンのバターが生産され，国民も一人あたり年間約 5kg 弱を消費している．その一方でオリーブオイルは，近年その健康性に後押しされ，80 年代半ば頃からニュージーランドでの栽培も広がり始めた．現在，ニュージーランドでは年間 3 万 7 千トンのオリーブオイルが消費されており，国民一人あたりの平均消費量は日本の倍近い 0.82 kg となる．

　ニュージーランドのオリーブ栽培はまだまだ全体的な規模が小さく，国による統計調査が不十分なため正確な状況を把握しづらいが，総栽培面積は約 1,700ha，栽培されているオリーブの本数は

50 ～ 60 万本程度と推定されている．個々の栽培の規模は小さく，500 ～ 5,000 本を栽培する家族経営的な農園が 200 以上存在すると言われている．栽培方式は植樹間隔を 6m ずつ取る（6m × 6m）伝統的栽培法に準じた植樹法で，ニュージーランドでは SHD や HD といった高密度の栽培法は採用されていない．

　このような状況で生産されるオリーブオイルは総量でまだ 300 トンほどであるが，生産者はその希少価値に見合う高品質なオリーブオイルの生産を目指している（写真 3.47 参照）．

写真 3.47　ハンディータイプの振動機と集果ネットを使ったオリーブ収穫の様子
（Margaret Edwards 氏提供）

写真 3.48　ニュージーランド南島・オタゴで降雪
の中で行われた収穫作業
（Margaret Edwards 氏提供）

写真 3.49　オーガニックオリーブオイル国際コンテ
スト（PremioBIOL2014）に出品され
たスロベニアのエキストラバージン・オ
リーブオイル（特別金賞を 3 品が受賞）

　ニュージーランドの栽培品種としては当初，ア
スコラーナやマンザニロ，ミッションなどの品種
が持ち込まれたが，1985 年以降は世界各国の有名
品種，例えばフラントイオやレッチーノ，ペンド
リーノ，コロネイキ，ピクアルといった品種の栽
培が広がっている．

　ニュージーランドのオリーブの栽培規模や歴史
を見た場合，日本における新興オリーブ栽培地域
の参考となる部分も多いものと思われる．ニュー
ジーランドは地中海式気候とは異なる西岸海洋気
候帯（日本では，青森，岩手，長野，熊本の各県の一部
に同気候帯の地域がある）に属している（写真 3.48 参
照）．その他，高い人件費や，健康意識の強さ，魚
介類を含む豊富な食材といった背景もあり，ヨー
ロッパやアフリカの地中海沿岸諸国とは異なる条
件下において先行した栽培経験は，国内の新規オ
リーブ栽培者の課題解決に役立つ知見を与えてく
れるものと期待される．

3.2.11　スロベニア

　1991 年にユーゴスラビアから分離独立したス
ロベニアは現在，EU 加盟国であり，国境の西部
でイタリアに，北部でオーストリアに接してい
る．またイストリア半島に領有する国土はトリエ
ステ湾に接する海岸線を有している．

　スロベニアは紀元前 4 世紀にはギリシャの植民
地となり，その後ローマ帝国の支配を受けた．こ
のような地理的，歴史的な背景からスロベニアで
もオリーブの栽培が行われており，17 世紀から 18
世紀には 30 万本の木が栽培されていたという．そ
の後，第一次大戦や寒波などの大きな被害などを
受けたが，現在はコペル，イゾラなどイストリア
半島部の約 2,000ha の土地でおよそ 40 万本のオ
リーブが栽培されている．オリーブオイルの通常
の年間生産量は 500 〜 630 トンほどであるが，
14/15 年は 320 トンの大減産となった．搾油工場
は 28 ヵ所あり，大部分では新型の 2 フェーズ方式
デカンターを用いた連続搾油方式が稼働してい
る．

　スロベニアの代表的な栽培品種としては同国原
産品種，イストルスカ・ベリカ（Istrska Belica）種
があるが，1985 年の大寒波以降には耐寒性や生産
性の良い品種（レッチーノ種やマウリーノ種）への転
換も進められている．スロベニアの生産量は少な
いもののコペルを中心に高品質なエキストラバー
ジン・オリーブオイルが生産されている（写真 3.49
参照）．

第4章　オリーブの品種と特性

4.1　品種による用途の区分

オリーブの栽培種は，オイルの搾油原料に用いられるもの，テーブルオリーブの加工原料に用いられるもの，そして共用のものの3つに大分することが出来る．しかし，これらの区分を規定する明確な品質基準が存在する訳ではない．歴史的に極めて古い時代のオリーブの主要用途は食用（テーブルオリーブ）であったと考えられているが，現在では搾油用途向けの栽培が主流になっている．表4.1に2010年以降の世界のテーブルオリーブの生産量とオリーブオイル生産量を示した．総量ではオイル生産量がやや上回っているが，かなり近い値であることがわかる．ただし，オリーブオイルの製造には果実中の油分と搾油歩留りが影響する．例えば，オリーブ果実からの最終的なオイル発生量を12％として試算した場合，それぞれの製造に振り分けられる原料オリーブは，オイルの10に対してテーブルオリーブでは1となり，搾油用途が圧倒的であることがわかる．なお，一般的にテーブルオリーブの加工に使用する原料オ

リーブは，搾油用原料の収穫よりもかなり早い時期の果皮が緑色で未成熟な状態で行われている．またいうまでもなく，単位原料当たりの付加価値率はテーブルオリーブの方が高い．

テーブルオリーブに用いられる品種はその外観が重視される．通常は大型から中型の見栄えの良いオリーブ果実が用いられ，果肉に対する種子部の割合はより小さい方が望ましい．さらに加工時の浸漬性から果皮は薄い方が良く，その他，果肉の種離れが良いことなども大切である．なお，実際の加工に当たっては果実の大きさや形状が揃っていることが重要であり，傷や虫食い痕のある果実の除去等の選別作業も厳しく行われている．

これに対し，搾油用のオリーブ果実は中型から小型の品種が多い．以前は搾油用のオリーブ果実に対しては油分含量の高さが最重要視されていた．しかし，現在のマーケットではオリーブオイルの風味において熟成したオリーブ果実のマイルドな風味よりもオリーブ果実の新鮮味が感じられる風味（グリーンフルーティー）を求める傾向が強

表 4.1　世界のテーブルオリーブとオリーブオイルの生産量
（国際オリーブ協会統計データより）

年　度	①　テーブルオリーブ生産量（万トン）	②　オリーブオイル生産量（万トン）	③　搾油歩留り12％と仮定した場合のオリーブオイルの必要原料（万トン）
2017/18[※1]	295	289	2,408
2016/17[※2]	283	254	2,117
2015/16	257	318	2,650
2014/15	258	246	2,050
2013/14	266	325	2,710
2012/13	251	240	2,001
2011/12	243	332	2,768
2010/11	256	308	2,563

※1：予測値、※2：暫定値

まっている．また，健康性の視点からもポリフェノール含量が高い品種の需要性も高まっている．

オリーブ果実生産者はそれらの要望に応えるため，各地域の伝統的な栽培品種に加えて，あるいは変えて，このような特性を有する品種の栽培を増やす傾向も見られている．例えば，イタリアにおいてはポリフェノール含量が非常に高く，香りの強いコラティーナ種の栽培が増えており，スペインでは，早摘みした場合にグリーンフルーティーな香りの割にマイルドな味わいのオイルが得られるアルベキーナ種の栽培が拡大している．

栽培果実として耐病害虫性や耐候性が重要であることは云うまでもないが，果実の収穫作業性や，完熟までの安定的な果実の成長との関連からオリーブ果実の茎（枝）との接着性も比較的重視されていた．しかし，近年では先の品質的要求の変化に対応するため，果実が完熟する以前に収穫を行なう早摘みの傾向が進んでおり，早摘み収穫に対応出来る高性能な収穫機械等も多数，実用化されているため，果実の枝との接着性や脱着性へ

の意識は低下してきている．

搾油，テーブルオリーブ兼用のオリーブ果実の品種も多数存在するが，トルコやチュニジアのように栽培品種の少ない生産国では兼用品種が多くみられる．イタリアのシチリアで多く栽培されるノッチェラーラ・デル・ベリーチェ種も兼用品種であるが，この品種はシチリアの DOP エキストラバージン・オリーブオイル（DOP Valle del Belice や DOP Valli Trapanesi）の主要な品種であるだけでなく，同様に DOP 認定されたテーブルオリーブ（DOP Nocellara del Belice）にも使用されている．

兼用の品種の収穫において，小規模な生産者ではオリーブの木の周りに目の大きさの異なるネットを上下に重ねて張り，上段の大きな目のネットに捕集されたオリーブ果実をテーブルオリーブ用に，下の細かい目のネットの上まで落ちたものは搾油用，といった収穫兼選別の方法も以前はよく見ることの出来た風景であった．

表 4.2 オリーブ果実の外観的特徴の分類例

(国際オリーブ協会版「ワールド・カタログ・オブ・オリーブ・バラエティー」より)

項　　目	分類用語			
重　　量 (WEIGHT)	軽い (Low, <2g)	中位 (Medium, 2-4g)	重い (High, 4-6g)	非常に重い (Very high, >6g)
形　　状 (SHAPE) ※1	球形 (Spherical, L/W <1.25)		細長 (Elongated L/W >1.45)	卵型 (Ovoid, L/W <1.25-1.45)
対　称　性 (SYMMETRY)	対象形 (Symmetric)		非対称形 (Asymmetric)	僅かに非対称計 (Slightly asymmetric)
最大周長の位置 (POSITION OF MAX. TRANSVERSE DIAMETER)	付け根寄り (Towards base)		先端寄り (Towards apex)	中央 (Central)
先　　端 (APEX)	尖った（Pointed)		丸い（Rounded)	
付 け 根 (BASE)	切り詰められた（Truncate)		丸い（Rounded)	
先端の突起 (NIPPLE)	なし（Absent)		あり（Present)	
斑点の有無 (PRESENCE OF LENTICLES)	僅か（Few)		多い（Many)	
斑点の大きさ (SIZE OF LENTICLES)	小型（Small)		大型（Large)	

（※1．L：長さ，W：幅）

4.2　品種の形状的特徴の分類

　オリーブ果実はその外観のみから品種名を判定することは非常に難しい．表 4.2 にオリーブ果実の外観的特徴の分類法を示した．しかし，これもその品種の標準的な特徴と捉えるべきで，土壌や気候などの栽培条件によって規定の形態特徴とは異なる形質を持つ場合も多い．写真 4.1 にイタリアの代表的な品種のひとつであるノッチェラーラ・デル・ベリーチェ種と，ギリシャを代表するコロネイキ種を示した．特徴的な形状のこの 2 品種について先の分類方式を用いた結果が表 4.3 である．大型で球形の前者と，小型で先の尖った卵型（本法におけるこの「卵型」の分類表現はやや適切性を欠く感がある）の後者とは外観的に大きな差異が

写真 4.1　ノッチェラーラ・デル・ベリーチェ種（左）とコロネイキ種（右）

表 4.3　写真 4.1 に示した 2 品種の分類例
（表 4.2 と同出）

項目	ノッチェラーラ・デル・ベリーチェ（イタリア）	コロネイキ（ギリシャ）
重量	重い	軽い
形状	球形	卵型
対称性	非対称	僅かに非対称
最大周長の位置	中央	中央
先端	丸い	尖った
付け根	丸い	切り詰められた
先端の突起	なし	なし
斑点の有無と大きさ	多くの小型斑点	僅かな小型斑点

写真 4.2　一枝の内でも外皮着色の進行が異なるフラントーイオ種

写真 4.3　オリーブ果実の着色開始場所が異なる例

あり，この2品間の識別は容易である．しかし，分類的に一番比率の高い中型の品種の多くは外観が良く似通っており，果実だけでは判断が困難な場合も多い．そのような場合，種子や葉の形状なども併せて品種を判断する．

また，熟度が進み外皮が黒紫色に変化すると斑点の状態がわかりにくくなる一方，この外皮の着色の進行状況も品種識別の参考となることもある．品種によって着色の開始時期には差があり，同じ枝先に付いた一群の果実が同時期，同様に色付くもの，あるいは着色の始まったものと未着色のものが混在する品種もある（写真4.2参照）．さらに色付きが先頭から色付くもの，茎に近い部分から色付くもの，ランダムに起こるものなどもある．ただし，これは日照条件の影響も大きく，品種分類要素とはなっていない（写真4.3参照）．

4.3 品種の受粉性

オリーブには受精時の自家受粉能力に差があり，一般に自家受粉能力がない，または低い品種が多い．自家受粉が出来ない品種の場合，授粉用の別品種を一定の割合で交えて栽培する必要がある．授粉樹には品種間の相性もあり，例えばレッチーノ種はトスカーナ地方で栽培される多くの品種と交配性がある有用品種である．なお，授粉樹を含めた畑での栽培品種の配置については，開花時期や，地形的特性（地形によって風の吹く方向が規定される場合がある）を考慮する必要がある．

トスカーナ地方の代表的品種であるフラントー

イオ種は元々自家受粉性の品種だが，授粉樹を設けた方が生産量の向上が見られる．そのため，レッチーノ種やモライオーロ種，ペンドリーノ種などが授粉樹として植えられている．

地域によっては伝統的に単一品種のみから作られているオリーブオイルがしばしば見られる．例えばスペインのカタルーニャ地方ではこの地域の原産種と言われるアルベキーナ種単独の畑も多い（写真4.4参照）．これはアルベキーナ種が自家受粉可能な品種であるためである．また，最新鋭の機械農法対応式植樹方式，SHD（高密度栽培法）には自家受粉性の品種が用いられることは前述の通りである．

4.4 オリーブの品種とその特性

現時点において，オリーブの総品種数は明確になっていないが，1,600種程度が同定されている．既存品種が新たな栽培地で生育することで形質的な差異が生じたもの，その形質的差異がごく小さいもの，その地域特有の名称（別名）で呼ばれているものなども多い．しかし，近年ではオリーブについても遺伝子解析が進み，品種の解析，分類作業が急速に進んでいる．

品種名にその起源の地名を冠せられたものとしては，例えば，イタリア以外にチリなどでも栽培が増えているコラティーナ種があり，イタリア南部プーリア州の州都バーリの西方にあるコラート（Corato）村がその語原である．また，イタリア南西部のリグーリア州沿岸地域の特産オリーブ品

写真 **4.4** スペイン・カタルーニャ地方原産と言われるアルベキーナ種の生育例
左：樹齢2000年の同品種の古木，右：同品種のみの畑（カタルーニャ州・レイダ）

種・タジャスカ種もインペリア市とサンレモ市の
ほぼ中間に位置するタッジャ村（Taggia）に由来す
ると言われている．その一方でタジャスカ種は，
遺伝子的にはトスカーナ州の代表的品種とも言え
るフラントーイオ種と同一と考えられている．こ
の「フラントーイオ」とはイタリア語で搾油場
（Frantoio）を意味する．現在，不確定な数字である
が各国の品種数としてはイタリアでは 623 品種，
スペインは 306 品種，ギリシャ 28 品種という数字
がある．

　オリーブの品種は農業作物として次のような視
点から特性が評価される．
・果実の生産量と果実中の油分
・得られるオイルの風味や成分
・果実生産量の安定性及び隔年変動性

・果実収穫までの年間の各生育過程の時期
・土壌の酸性度や保水・排水性への対応力
・悪天候，異常気象への耐性
・病気及び害虫に対する耐性
・自家受粉性の有無と授粉用樹としての能力
・果実の枝からの脱着性と収穫性
・樹木の生長速度や形態特性
　歴史的な栽培経験の積み重ねから選択されてき
た各生産地域の品種は，人為的なコントロールの
難しい気象条件や地形，土壌への対応性，そして
果実やオイルの生産性と経済性によって選択され
てきた．しかし，近年では市場動向へのマーケティ
ング的対応として，風味の良さや健康性を訴求出
来る高品質オリーブオイルを産出する品種が選択
される傾向が強まっている．

表 4.4　各品種の特性

（出典 :The Extra-Virgin Olive Oil Handbook(ed.C.Peri)，Handbook of Olive Oil(ed.R.Aparicio，J.Harwood)）

品　種		主要生産国	オレイン酸含量 ※1	フェノール化合物含量 ※2	自家受粉性 ※3
アルベキーナ	Arbequina	スペイン	M	L	○
カロレア	Carolea	イタリア	MH	M	×
チェリーナ　ディ　ナルド	Cellina di Nardo	イタリア	M	LM	△
コラティナ	Coratina	イタリア	H	VH	×
コルニカブラ	Cornicabra	スペイン	MH	MH	△
エムペルトーレ	Empeltre	スペイン	M	M	△
フラントーイオ	Frantoio	イタリア	H	M	○
オヒブランカ	Hojiblanca	スペイン	MH	LM	○
カラマタ	Kalamata	ギリシャ	MH	L	○
コロネイキ	Koroneiki	ギリシャ	H	H	△
レッチーノ	Leccino	イタリア	H	LM	×
マンザニッリャ　カセレーナ	Manzanilla Cacerena	スペイン	M	LM	○
マンザニッリャ　デ　セビージャ	Manzanilla de Sevilla	スペイン	H	M	×
モライオーロ	Moraiolo	イタリア	H	H	×
オリアローラ　バレーゼ	Ogiiarola barese	イタリア	MH	M	△
オリアローラ　サレンティーナ	Ogliarola salentina	イタリア	M	M	×
ピショリーヌ　マロカイン	Picholine Marocaine	モロッコ	H	H	△
ピクアル	Picual	スペイン	H	H	○

※1　記号の意味	※2　記号の意味	※3　記号の意味
L(Low) ＜ 75%	L(Low) ＜ 200ppm	○ : 自家受粉性あり
75% ≦ M(Medium) ≦ 80%	200ppm ≦ M(Medium) ≦ 400ppm	△ : 一部自家受粉性あり
MH(Medium-high)	400ppm ≦ MH(Medium-high) ≦ 600ppm	× : 自家受粉性なし
80% ＜ H(High)	600ppm ≦ VH(Very-high)	

収穫するオリーブ果実の熟度の進行度合もオリーブの品種と並び，得られるオリーブオイルの風味と品質を左右する重要な要因のひとつである．品種や熟度はオイルの脂肪酸組成やポリフェノール等微量成分の含有レベルに影響する．表4.4に各国の代表的な品種ごとのオレイン酸含量とフェノール化合物含量，及び自家受粉性を示した．これらの差異はオリーブオイルの品質保存性にも影響し，また，健康への有効性についても差をもたらす可能性がある．

4.5 各オリーブ品種の特性

以下に主なオリーブ生産国の主要品種の特徴を述べる．

4.5.1 イタリア

① オリアローラ・バレーゼ（写真4.5参照）

主な生産地：イタリア南部（プーリア州, バジリカータ州）

写真4.5 オリアローラ・バレーゼ

用途：オイル用

果実形状：中型（1.5〜3g）の卵型

特徴：オリアローラとは「リッチ・イン・オイル」，バレーゼは「バーリの」の意味で，プーリア州の代表的なオイル用品種．バランスの取れた力強く，素朴な風味．ビトント近辺で生産されるものは特に高品質で，「Cima di Bitonto（ビトントの至宝）」の別名もある．オイルの生産性は高いが,耐候性,耐病害虫性は低い．

② フラントーイオ（写真4.6参照）

主な生産地：イタリア各地，特にトスカーナ州などイタリア中部地域

用途：オイル用

果実形状：中型（1.5〜2.5g）の卵型

特徴：イタリアにおいて広く栽培されている品種だがトスカーナ州では主要品種．フラントーイオとは搾油工場の意味．耐病害虫性が低く，耐寒性も強くないがトスカーナ地方で11月の早い時期に収穫された果実からは，青々しい新鮮な香りとやや苦み，辛味の強い上質な風味のオリーブオイルが得られる．高価なIGPトスカーナの主要配合品種でもある．自家受粉性でありながらモライオーロなどの授粉用樹を用いた方が生産量が向上する．

③ コラティーナ（写真4.7参照）

主な生産地：イタリア南部（プーリア州, カラブリア州），チリ

用途：オイル用

写真4.6 フラントーイオ

写真 **4.7**　コラティーナ

写真 **4.8**　レッチーノ

果実形状：やや大型（3～5g）の卵型

特徴：プーリア州のコラート村が名称の起源と言
　　　われ「コラートの至宝」の別名もある．環
　　　境適応性の良さや収穫可能となるまでの生
　　　育期間が短いこと，オイルに新鮮な野菜の
　　　ような青々しい香りが強いことなどが人気
　　　となり，近年，栽培地域が拡大している．
　　　ポリフェノール含量が非常に高く，辛味，
　　　苦みが強いため従来は単一品種では使いに
　　　くい品種と評されていたが，現在は，コラ
　　　ティーナ種の単品オイルや配合されたオイ
　　　ルはオリーブオイルのコンテストの上位入
　　　賞の常連となっている．

④　レッチーノ（写真 4.8 参照）

主な生産地：イタリア各地で広く栽培

用途：オイル用

果実形状：中型（2～3g）の卵型

特徴：環境適応性の高い品種で，イタリア各地で
　　　栽培されている．比較的早生の品種で自家
　　　受粉性はない．フラントーイオ，モライオー

写真 **4.9**　モライオーロ
（IOOC 刊 World Catalogue of Olive Varieties より）

ロなどが授粉用樹として使用される．ま
た，寒さに強く耐病害虫性もあるため日本
国内での栽培への適応性も期待される．風
味はバランスの良い落ち着いた風味で，ブ
レンド時のベースに適する．

⑤　モライオーロ（写真 4.9 参照）

主な生産地：イタリア中部（特にウンブリア州）

用途：オイル用

果実形状：小型（1～1.5g）の球形

写真4.10 *ノッチェラーラ・デル・ベリーチェ*

特徴：ウンブリア州のDOPウンブリアを構成する主要な品種で，グリーントマトのような青々しい香りと，高いポリフェノール含量による苦味，辛味を特徴とする全体的に強めの風味のオイルが得られる．この地域の豆料理や肉料理と相性が良い．比較的，早生な品種でありウンブリアでは10月の初旬から中旬位に収穫が始まる．耐病害虫性が低く，栽培の難しい品種．

⑥　ノッチェラーラ・デル・ベリーチェ（写真4.10参照）

主な生産地：シチリア州南西部，カラブリア州中西部

用途：オイル・テーブルオリーブ兼用

果実形状：大型（4〜5g）の球形

特徴：球形で大型の品種であり，DOPオリーブオイル（バッリ・トラパネージ等）だけでなく，同じくDOP認定のテーブルオリーブの原料にも用いられているシチリアの代表的品種のひとつ．ノッチェラーラとはハシバミのことで，植物油資源としては極めて古い歴史をもつセイヨウハシバミ（ヘーゼルナッツ）の丸い果実に似ていることからこの名が付いた．収穫時期が早めのこの品種から得られるオイルは比較的柔らかめのバランスがとれた風味で，魚介料理をはじめ，幅広い料理に合いやすい．

⑦　タジャスカ（写真4.11参照）

主な生産地：イタリア南西部（リグーリア州）

用途：オイル・テーブルオリーブ兼用

写真4.11 *タジャスカ*

果実形状：中型（約3g）の卵型

特徴：インペリアなどリグーリア州の沿岸部から内陸の山岳の斜面地域で栽培されている．果実の成熟が遅くポリフェノール含量も低めで，熟度の進んだ果実から得られるマイルドな風味がこの地域のDOPオリーブオイル（リビエラ・リグーリア）の特徴となっている．このDOPオイルは魚介類を素材としたこの地域の料理の多くと相性が良いが，近年ではオイルに新鮮さとメリハリのある風味を求めて果実を早摘みする傾向があり，DOPリビエラ・リグーリアの風味の品質基準に適合しない新鮮で強めの風味のオイルの生産も増えている．

4.5.2　スペイン

①　ピクアル（写真4.12参照）

主な生産地：スペイン南部・アンダルシア州（ハエン，コルドバ，グラナダ等）

用途：オイル用

果実形状：中型（約3g）の卵型

特徴：スペインで最大の栽培面積と生産量をもつスペインの代表的品種．この品種名は果実の形状が「先が尖った」ことを意味する「pico」を語原にすると言われる．生育条件の適応性が高く，生産性や油分も高い．ポリフェノール含量とオレイン酸含量も高いため，得られるオイルの保存安定性が良い．このためピクアル種はエキストラバージン・オリーブオイルの配合用品種として

写真 4.12 　ピクアル

写真 4.13 　オヒブランカ

写真 4.14 　アルベキーナ

重宝され，従来はオイルの収量を上げるため果実の熟度が進んでから収穫するのが通常であった．得られるオイルの風味は柑橘系のような軽い香り立ちが強いが，新鮮さは感じられず，市場の評価はあまり高いものではなかった．しかし，近年，ピクアル種を 11 月中に早摘みし，青リンゴのような新鮮な香りと，苦味，辛味の非常に強いオイルの生産を志向する生産者も現われている．このような生産性より品質を追求する生産者らの努力によりピクアル種に対する見方も少しずつ変わってきている．

② 　オヒブランカ（写真 4.13 参照）

主な生産地：スペイン南部・アンダルシア州（コルドバ, マラガ, エステパ, グラナダ等）

用途：オイル・テーブルオリーブ兼用

果実形状：やや大型（3.5 〜 4.5g）の卵型

特徴：種離れは悪いが果実中の果肉の割合が高く，テーブルオリーブの原料にも用いられる．「オヒブランカ」とは「白い葉」の意味

で，葉の裏側の外観が語源となっている．早魃や冬の寒さにも強いが油分は低めの品種で，ポリフェノール含量は低く，リノール酸含量もやや多いため酸化安定性は低めである．早摘みされた青々しい風味の強めのタイプと，熟度が進んだ甘い香りとマイルドで優しい味わいの両方が流通しているが，近年の高品質なピクアル原利のオイルと，スペイン全土でのアルベキーナ種の増産によりやや風味的な優位性に陰りがでてきた感がある．

③ 　アルベキーナ（写真 4.14 参照）

主な生産地：スペイン東部・カタルーニャ州及びアンダルシア州，アメリカ，チリ等

用途：オイル・テーブルオリーブ兼用

果実形状：小型（2g 以下）の球形

特徴：果実がブドウのように密集的に成るが，粒が小さく収穫性が悪いため，以前は原産地のカタルーニャ州を中心に栽培されていた．近年では，早摘みされた果実から青々

しく上質な風味のオイルが得られるため，オリーブ大生産地域のアンダルシア州でも多く栽培されるようになった．自家受粉性があり，SHD 用大型収穫機で収穫が可能なことからチリやアメリカなどの SHD 栽培農園での栽培品種としても採用されている．良質な風味を訴求して単一品種で使用されることも多いが，ポリフェノール含量が低く保存安定性の低いのが難点．

④　ピクード（写真 4.15 参照）

主な生産地：スペイン南部・アンダルシア州（コルドバ，ハエン，マラガ，グラナダ等）

用途：オイル用

果実形状：大型（4.5〜6g）の卵型

特徴：耐寒性や土壌適性が高く，授粉用樹としても優れていたためアンダルシア州を中心にピクアルに次いで第2位の栽培面積を有していた品種．生産性が高く，オイルも甘く軽い香り立ちの良質な風味のものが得られ，スペインで一番最初に認定された DOP オリーブオイルの DOP バエナの使用原料の筆頭に挙げられている．この品種も低いポリフェノール含量が保存安定性の低さに結び付いている．マイルドな風味ということ自体，現在のオリーブオイルの風味評価尺度からは高品質オリーブオイルとしての評価を得にくくなっている．スペインでも以前に比べて存在価値がやや薄れている品種と言える．

4.5.3　ギリシャ

①　コロネイキ（写真 4.16 参照）

主な生産地：ペロポネソス，クレタ島などほぼギリシャ全域

用途：オイル用

果実形状：小型（2g 以下）の卵型

特徴：ギリシャの搾油用オリーブにおいて圧倒的な生産比率をもつギリシャの主要品種．ギリシャの広範囲で生産されており生産者も多いため，同じ品種から得られたオリーブオイルでも風味や品質的な幅が大きい．早生の性質があり，小粒な果実でオレイン酸含量とポリフェノール含量が高めのオイルは安定性にも優れている．旱魃には強いが耐寒性に難があり，高緯度の地域ではマストイディス種が栽培される．未成熟の青々しい果実から得られた良質なコロネイキのオイルには，未成熟のバナナや青リンゴのような香りが感じられるものもある．一方でコロネイキは，熟度が進むと急激に香り立ちが低下する性格もある．コロネイキ種も SHD 用品種としてチリなどで栽培地域が拡大している．

②　マストイディス（写真 4.17 参照）

主な生産地：ペロポネソス，クレタなどほぼギリシャ全域

用途：オイル・テーブルオリーブ兼用

果実形状：中型（2〜3g）の卵型

特徴：ギリシャではオイル用としてコロネイキに次いで多く栽培されている品種．もともと

写真 4.15　ピクード

写真 4.16　コロネイキ

写真 4.17　マストイディス
（IOOC 刊 World Catalogue of Olive Varieties より）

はギリシャ本土側が原産地と考えれている
が，現在はクレタ島でもコロネイキ種と組
み合わせて栽培されている．この名称は果
実の先端に比較的大きな突起があり，「乳
房」に似ていることに由来する．耐寒性に
すぐれているため，クレタ島でも緯度の高
い地域で多く栽培され，コロネイキ種の授
粉用樹としても働いている．風味はコロネ
イキに比べるとややマイルドな傾向があ
る．

4.5.4　チュニジア

① 　シェムラーリ（写真 4.18 参照）
主な生産地：チュニジア中部および南部
用途：オイル・テーブルオリーブ兼用
果実形状：小型（2g 以下）の卵型
特徴：チュニジアを代表する品種で，生育面積で

85％以上，総生産量の 80％以上を占めてい
る．自家受粉性があり，干ばつにも強い品
種．様々な環境下で生育しているため，得
られるオイルの品質や風味の幅が大きい．
降水量が少なく，厳しい生育環境のチュニ
ジアでは未だオイルの収量を重視する傾向
が強く，果実の収穫時期が遅めで風味的に
は平坦で個性の乏しいものが多い．逆にこ
の特性は海外の輸出先でエキストラバージ
ン・オリーブオイルのブレンド用オイルと
しての扱いやすさに繋がっている部分もあ
る．

② 　シェトウィー（写真 4.19 参照）
主な生産地：チュニジア北部の海岸線や丘陵地帯
　　　　　　など
用途：オイル・テーブルオリーブ兼用
果実形状：中型（2 〜 3g）の卵型
特徴：チュニジアの残り 15％で主に栽培されて
　　　いるのがこの品種で，チュニジアでは降水
　　　量の比較的多い北部の沿岸地域などで栽培
　　　されている．オイルのポリフェノール含量
　　　が高く，シェムラーリ種に比べてフルー
　　　ティーで，全般的に風味の強いオリーブオ
　　　イルが得られる．生産量も少なくシェム
　　　ラーリ種よりも高価である．

4.6　オリーブの成熟指数

オリーブ果実は，その成長段階の初期において

写真 4.18　シェムラーリ
（OLEA, ancient olive trees in Mediterranean countries より）
http://oli-olea.blogspot.jp/

写真 4.19　シェトウィー
（OLEA, ancient olive trees in Mediterranean countries より）
http://oli-olea.blogspot.jp/

写真 4.20 熟度の異なるピクアル種
（Anunciacion Carpio 氏提供）

は果実内に糖質を蓄積し，成長の後期では糖をエネルギー価の高い脂質に転換して蓄積する．また，抗酸化成分であるフェノール系の化合物は成熟期に入ると本来の果実の保護の役目を終え，徐々にその含有量が減少していく．

　オリーブ果実の成長過程において，特に熟成段階の果実の特徴的な変化としては果皮の変色が挙げられる．この外皮の色調の変化は品種や生育条件によって異なるが，基本的に果実の外皮は徐々に緑色から紫色，黒色と色調が濃くなっていく（写真 4.20 参照）．この色調変化は光防御の役目を担うものと考えられる．

　近年は，果実中の油分の迅速測定装置もかなり普及しているが，一般の栽培農家では過去の栽培経験を基に，外皮の色調変化から果実の熟度を把握し，収穫時期を決めることも多い．この際にしばしば用いられるのが以下の成熟指数である．

成熟指数

　収穫された果実からランダムに果実 100 個を採取し，各果実の外皮や内部の状態を以下の 8 段階で判定し，それぞれに付された点数を合計し，100 で割って算出する．

　　外皮が濃緑色　………　0 点
　　外皮が黄緑色　………　1 点
　　外皮の赤や紫などへの色調変化が 1/2
　　以下　……………　2 点
　　外皮の赤や紫などへの色調変化が 1/2
　　以上　……………　3 点
　　外皮の色調変化は全体に渡るが，果肉の色調

は白緑色のまま………　4 点
　　外皮の色調変化が全体に渡り，果肉の 1/2
　　以下が紫色の色調　…　5 点
　　外皮の色調変化が全体に渡り，果肉の 1/2
　　以上が紫色の色調　…　6 点
　　色調変化が全体に渡り，果肉も核まで紫色の
　　色調　………………　7 点

　近年は早摘み傾向が広がっているため，この成熟指数で言えば 0 点の状態でも収穫や搾油が行われる場合もある．

4.7　オリーブの病害虫

　オリーブは他の果樹と同様，病害虫の被害のリスクに曝されている．地中海沿岸のオリーブ生産国においてオリーブの害虫として最も大きな被害をもたらすのは，オリーブミバエ（Olive fruit fly）と呼ばれるミバエの一種の大量発生である．イタリア語ではモスカ・デッレ・オリーベ（Mosca delle olive）と呼ばれ，オリーブ生産の関係者は単純にモスカと呼ぶ．

　オリーブミバエは体長 5mm 程度の小さな昆虫で，1mm 程度の細長い卵をオリーブ果実の果皮下に産み付ける．1 成虫は 1 果実に対し 1 個の卵を産む（写真 4.21 右参照）．卵は夏場であれば 2 〜 4 日で孵化して幼虫となり，オリーブ果実を食害する．幼虫は 10 〜 14 日程度で蛹になり，夏場であればやはり 10 〜 14 日で羽化し成虫となる．この約 30 日のライフサイクルで世代交代し（成虫は数カ月の寿命を有する），年間に 3 〜 4 世代の交代を行

写真 4.21　　オリーブミバエの被害
左：食害により傷んだ果実の内部, 右：複数の卵が産み付けられた果実

う．活動に最適な温度は 25℃程度で，冬場には土の中で蛹の状態で過ごし，逆に気温が 30℃を超えだすと果実中の卵や幼虫の死亡率が増加する．

14/15 年度にイタリアで起こったオリーブ大減産の理由のひとつには，このオリーブミバエの大量発生があった．この年は冷夏で，その後の秋は高温の日と多雨による高湿度が長く続いた．オリーブミバエの至適生育条件が続いたため，年間に初夏と秋の 2 期においてミバエが大量発生し，しかも 5 世代以上の世代交代が行われた．

ミバエの発生は，幼虫の果実中の果肉の食害による果実の破損だけでなく，油分の酸価上昇や，果皮や果肉の損傷による腐敗，未成熟なうちの落果などを引き起こす．また，搾油時にミバエ被害を受けた果実が健康な果実に混ざると，得られたオイルの風味は著しく低下する（写真4.21左参照）．

現在，日本では防疫でオリーブミバエの侵入を防いでいるが，近年の国内オリーブ栽培の著しい拡大に伴い，海外からのオリーブ苗木の持ち込みは増加しており，ミバエ発生のリスクはより高まっているものと思われる．

日本での害虫の代表は，ゾウムシの一種であるオリーブ・アナアキゾウムシである．成虫は 15mm 程度の大きさで，新芽や樹皮を食害するが，アナアキゾウムシの実害としては，樹皮に穴をあけて産卵し，卵から孵った幼虫が樹皮から幹の内部に侵入し，木を食害することである．特に樹齢の若いオリーブの木では枯死してしまうこと

もある．国内でオリーブのオーガニック栽培が難しいのはこのアナアキゾウムシ発生リスクが大きく関与している．

その他，オリーブの害虫としてはメイガやコチニールなどがあり，葉を食害するものもある．

一般的なオリーブの害虫ではないが，2013 年 10 月に *Xylella fastidosa* という病原菌によってオリーブが枯死するという事例がイタリア南部の Salento 地域で突然発生し，未だ収束を見ていない．この病気は発見者の名前を取ってピアース病とも呼ばれ，この病気に罹患したオリーブの木は水を吸い上げることが出来なくなり，木が短期間に枯死してしまう．

この病気はヨコバイ科の昆虫（Sharpshooter）がオリーブの木の樹液を吸う際にオリーブに病原菌を感染させることで発生し，ブドウなどの他の多くの果樹にも感染すると言われている．

この病気の原因昆虫は外来性であり，今回のイタリアでは発生事例もコスタリカから輸入した装飾用リースに使われていたコーヒーの枝に昆虫が潜んでいたものと考えられている．この病気はこの原因昆虫によってのみ媒介されるが感染した木の治療法がないため，感染地域を囲い込み，木を伐り倒し，木の下草を刈り取ることで原因昆虫の拡散を防止する駆除対策が取られている（写真 4.22 参照）．

現在のところ発生地域が南イタリアのレッチェ県の一部に限定されていることと，既に良質のオ

写真 4.22　ピアース病（キシレッラ）の被害
右：感染により枯れ，枝を伐採されたオリーブ
左：下草の泡の中に隠れて生息する未成熟なキシレッラ害虫

リーブオイルを生産出来ない古木の罹患が多いことからイタリアのオリーブオイル生産にはほとんど実害は出ていない．

　病気の方の代表には孔雀の目病（イタリア語ではOcchio di pavone，英語では Peacock spot などと呼ばれる）がある．これはカビの一種が原因で発生する病気で，オスのクジャクの羽にある目玉のような丸い斑点がオリーブの葉に出来る病気である．その他，果実に染みが出来て拡大し，果実に茶色っぽい斑点が出来，それが拡大する炭疽病，葉が落ちて枝先から枯れていく梢枯病などがある（写真4.23参照）．なお，バイオテロで有名になった動物感染性の炭疽病は病原性細菌が原因の病気であり，この真菌の糸状菌（カビ）を原因とする人畜に対して無害の植物の炭疽病とは全く別の病気である．炭疽病は高温多湿となる梅雨明けごろから発生しやすくなる．近年，日本でのオリーブ生産地域も大幅に拡大しているが，この多湿という日本の特徴的な気候条件はオリーブの病気発生を増加させる重大要因と考えられる．

写真 4.23　炭疽病やミバエの被害を受けた果実

第5章　オリーブオイルの製造

5.1　オリーブオイル製造の基本原理

　オリーブオイルの製造に用いられる基本原理は現在も古代ギリシャ時代と変わっていない．国際オリーブ協会の品質規格 (Trade Standard applying to olive oils and olive-pomace oils) においてバージン・オリーブオイルは「オリーブの樹の果実から，機械的あるいは他の物理的処理方法だけを用いて得られた油であって，油の変質に結び付くような温度条件下での処理を行うことや，洗浄及び静置（上澄み分取），遠心分離，ろ過以外の処理を行なって

いないもの」と規定されている．原料の油分含量だけ見ればオリーブは対青果2割程度であり，決して高いものではない．例えば，オリーブ同様に古代から油糧種子として用いられたセイヨウハシバミ（ヘーゼルナッツ）の油分6割や，ゴマの油分5割に比べれば著しく低い値である．しかし，オリーブ果実中の油分は主に果皮に覆われた柔らかい果肉部に存在している．固い殻に覆われた一般の油糧種子の粉砕処理に比べて，粉砕処理が極めて容易で，その後に圧搾処理を行うことでオイル

写真5.1　イタリア・プーリア州のガッリポーリにある地下搾油工場跡の古い石臼

写真5.2　トルコ・イズミールの農園に展示されている木製の古いプレス式搾油装置

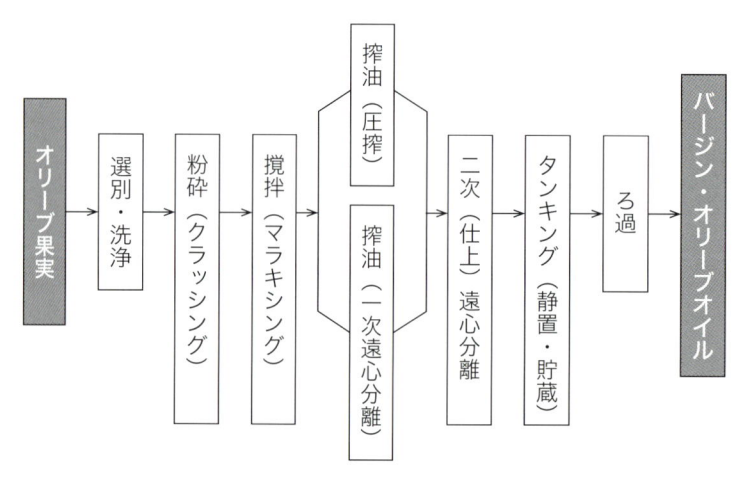

図5.1　バージンオリーブオイルの一般的な製造工程の概要

オリーブ果実 → 選別・洗浄 → 粉砕（クラッシング）→ 撹拌（マラキシング）→ 搾油（圧搾）／搾油（一次遠心分離）→ 二次（仕上）遠心分離 → タンキング（静置・貯蔵）→ ろ過 → バージン・オリーブオイル

を含む液体部を簡単に分離することが出来る．す
なわち，オリーブは家畜や人を動力源とした古代
の稚拙な搾油設備であっても容易に搾汁・搾油処
理を行うことが可能であった（写真 5.1, 5.2 参照）．

　図 5.1 にバージンオリーブオイルの製造工程の
概略を示したが，近年のオリーブオイルの製造工
程において生産効率とオイルの品質向上に劇的な
改善をもたらしたとされる工程には，連続式の破
砕装置の導入と遠心分離機によるオリーブ果実
ペーストからの油分分離と言われている．この改
革も従来の「圧力」による圧搾処理（プレス処理）
を高速回転で発生する「遠心力」に置き換えたも
のである．

5.2　製造の各工程について

5.2.1　原料搬送

　オリーブ果実の搾油は，収穫され果実の鮮度が
高いうちに処理することが望ましい．しかし，収
穫されたオリーブ果実の搾油工場への搬送は，栽
培農家自身が行う場合と，自社農園を有するオ
リーブオイル生産者が行う場合では状況が大きく
変わってくる．

　後者の場合，特に SHD 農法による大規模栽培
の生産者は果実の熟成の進行が把握出来，全農園
における収穫と搾油の作業スケジュールを設定す
ることが出来る（写真 5.3, 5.4 参照）．一方，小規模
な農家での収穫タイミングは基本的にその農家の
判断に依るため，収穫の繁忙期には搾油工場に原

写真 5.3　収穫したオリーブを即座にコンテナ
搬送し，収穫後 2 時間以内に搾油を
開始するチリの SHD 農園

写真 5.5　小さなオート三輪で収穫した果実を運ぶ
オリーブ生産者

写真 5.4　同工場では原料のレセプション後，直ちに
搾油作業が開始される

写真 5.6　収穫した果実を搾油工場の規定の
ケージに移すオリーブ生産者

料を運び込んでも搾油処理が開始されるまで長い待ち時間が掛かってしまう場合もある．

　栽培農家は基本的に収穫した果実を原料品質の保持や輸送コスト面から農園近隣の搾油工場に持ち込む（写真 5.5, 5.6 参照）．生産者組合などでは組合全体の収穫・搾油作業をコントロールすることで，より効率的な生産が行われるようになってきたが，例えば収穫期の予定外の長雨は処理計画に大きな齟齬をきたす．ギリシャ，イタリアなどの小規模な搾油工場では，作業繁忙期を 24 時間稼働で対応することも多いが，かつては数日間の順番待ちをしなければならないケースもあった．

　果実の搬送容器には，大型の麻袋やビニール袋から，専用のプラスチック・ケージ，搬送用のトラックやコンテナ車なども用いられる（写真 5.7～5.10 参照）．小規模な農家では収穫した果実を小型のプラスチックケージやビニール袋に移して搾油工場へ運ぶことも多い．ビニール袋は安価で入手しやすいが，通気性が悪く長期に放置されると果実が傷んで嫌気的発酵を起こし，品質劣化に結びつくことがある．定型のオリーブ果実用のプラスチックケージは堅固で，搾油工場内で積重ねて収納がしやすく，また，フォークリフト作業の対応性や洗浄性にも優れていることから，現在では最も一般的に広く使用されている．

　原料の果実は収穫後，果実同士，あるいは収穫装置や搬送器具との接触によってダメージを受け，自身の酵素反応の活性化や，空気中の酸素の影響を受け，さらには細菌や酵母の攻撃に曝されることになる．そのため，収穫から搾油までの時間的な間隔は短いほど良く，一般には 24 時間以内の搾油，さらには収穫当日のうちの搾油が望ましいとされている．特に収穫期の気温が 15℃ を超えるような場合には，品質保持のために収穫後 10 時

写真 5.7　ビニール袋に詰められて搾油工場に運ばれたオリーブ果実

写真 5.8　現在，主流のプラスチックケージ（内側の底面は約 1m 四方）

写真 5.9　収穫された果実を搾油工場に運ぶトレーラー

写真 5.10　地下の秤量設備に一気に投入されるトレーラーで運ばれてきた果実

間以内の搾油が必要と言われる．SHD 栽培の生産者の中には，全体の処理能力のバランスを取ることで，実質 1.5 時間以内に搾油を開始できる体制を備えているものもいる．

　その一方で，収穫したオリーブを小型のトラックで小さな搾油工場に持ち込み，順番待ちの時間に仲間の生産者同士が楽しそうに談笑する光景も伝統的なオリーブオイル製造のひとコマである．

5.2.2　選別，洗浄

搾油工場に運ばれた原料は最初にオリーブ果実に混入している葉や茎，小枝，小石，釘などの異物を風選や篩，磁石などを用いて除去する（写真5.11〜13参照）．これはオイルの品質への悪影響を防ぐためだけでなく，搾油装置の破損を防ぐ意味もある．従来は成長不良や病害虫の被害を受けた果実の 2 次選別は，作業の物理的な制約からほとんど行われてこなかった．しかし近年の高品質オ

イル志向の生産者の中には目視による選別作業を導入したケースもある（写真 5.14 参照）．処理原料の全量を処理することは難しいが，フラッグシップ的な高品質の商品の製造には有効な手法であろう．

　選別処理後のオリーブ果実には水洗が行なわれる．かつては洗浄設備を持たない小さな搾油工場も多く，未洗浄のままで搾油していた場合も多く見られたが，食品としての安全性を重視する風潮の高まりから，新規の搾油工場にはほぼ全て果実の洗浄設備が導入されている．洗浄工程では大量の産業廃水が発生するため，廃水の循環や再生装置，ミスト状のスプレーによる濯ぎ装置など，洗浄の効率化と廃水発生量抑制の工夫が取り入れられている（写真 5.15，16 参照）．なお，地面に落下した果実から得られるバージンオイルは一般的に

写真 5.13　選別処理で大量に発生したオリーブの葉

写真 5.11　果実の選別，異物除去，洗浄が一体化された装置

写真 5.14　目視により果実の最終選別を行うオリーブオイル生産者（手前の平らなコンベアの部分）

写真 5.12　回転式の篩を用いた選別機

写真 5.15　果実の一次水洗用のバブリング装置付き水槽

写真 5.16　ミスト状のシャワーで果実の濯ぎ（2次洗浄）を行う装置

酸度が高く，土汚れや農薬汚染のリスクがあるためランパンテ用原料としても敬遠される傾向がある．

5.2.3　粉砕（クラッシング）

　選別，洗浄の完了した果実は直ちに次の粉砕工程に送られる．破砕工程でオリーブ果実は水分，油分，固形分の混合したペースト状態に変わり，種子内の種（核）も一定の大きさに粉砕される．

　粉砕工程には大きく分けて，一定量を一定時間ごとに処理するバッチ方式と，連続処理方式に分けられる．前者は古典的な石臼を用いる方法であり，ストーン・ミルまたはエッジ・ランナー・ミル（あるいはエッジ・ランナー）と呼ばれる粉砕装置が用いられる（写真5.17〜19参照）．後者は電気モー

ターを動力とした金属製の高速回転体を用いた破砕機で，破砕部の構造によってハンマー式，ディスク式，コーン式，カッター式などがある．現在では処理能力の高さとメンテナンス性，クリーニング性などから連続処理方式が主流であるが，破

写真 5.18　クラッシング処理によりペースト状になったオリーブ果実

写真 5.17　原料果実が投入された直後のエッジ・ランナー・ミル

写真 5.19　エッジ・ランナー以外は新しい設備が組み合わされたシチリアの工場

砕程度をコントロールし易いストーン・ミルにこだわって使い続けている小さな搾油工場もある.

石臼式の粉砕方式は,装置の容量に合わせて通常 100kg から 200kg の原料を一気に装置に投入し,毎分 10 回転ほどの速度で大型の円盤型の石を回転させ,果実を 10 〜 30 分間程度すり潰す.処理中に種(核)も粉砕され,数ミリ以下の固形の小片を含むペースト状となる.果実の粉砕開始後から進行する酵素反応はオリーブオイルの風味形成に大きな役割を果たす.石臼式ではその処理中にも酵素反応が進行するため,粉砕処理時間はその後のマラキシング処理時間とバランスを取る必要がある.逆に言えば,石臼式の場合,エネルギーコストの問題はあるが極端な話,マラキシングの工程を省略することも不可能ではない(現状では通常,小さな搾油工場でも両装置を稼働させている).ストーンミルで石盤上を回転させる石の形状はイタリアでは円盤型が多く,スペインでは円錐型が多く使われている(写真 5.20 参照).これは原料処理量や,熟度の違いによる果実の硬さとその粉砕しやすさの違いによるものと思われる.かつてはこの大理石製の石臼をロバなどの家畜に引かせていた.

連続式のミルのうち現在最も多く用いられているのがハンマー式のミルで,放射状のハブの先端部にハンマーが付いている.このハンマーが一定の大きさの孔(通常 6 〜 8mm)の空いた,固定の円形のグリッドに沿って毎分 2,000 〜 3,000 回転の高速で回転する.このミルの中にスクリュー式フィーダーで連続的に送り込まれたオリーブ果実はハンマーで粉砕され,グリッドの孔径以下となった固形分と液体部の混合したペーストとなってグリッド外部に押し出されていく(写真 5.21, 5.22 参照).一方,ディスク式は多くの突起を持った向かい合う 2 枚の円盤の隙間にオリーブ果実が送り込まれ,磨砕されてオリーブのペーストが排出される.円盤の回転速度はハンマー式に比べてやや低く 1,500rpm 程度である.工場によってはこの 2 種類の破砕装置を設置している場合もあるが,通常,主に使用されるのはハンマー式で,ディスク式は果実が熟度や水分含量の関係で柔らかい場合などに用いられている.

なお,連続式の破砕装置を用いる場合,原料のオリーブ果実が装置内を通過する間の時間はごく短いものであるため,オリーブオイルの風味を整

写真 5.21　(装置の蓋を開け)内部構造が見える大型のハンマー・ミル

写真 5.20　モニュメントとしてスペインの工場に展示されている円錐型のエッジ・ランナー

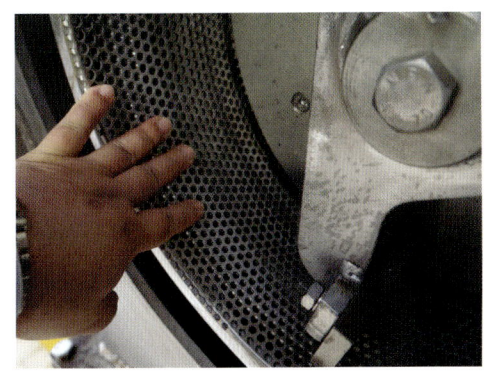

写真 5.22　同装置の拡大図で,ハンマーの外側に細かい穴の開いたガイドがある

えるため，次のマラキシング工程において一定の処理時間を保持する必要がある．

5.2.4　撹拌（マラキシング）

マラキシング工程では大型の送り出し式のスクリューで，オリーブのペーストを 20 〜 30 分ほどじっくりとかき混ぜ，次の工程に送り出す（写真 5.23 〜 5.25 参照）．この工程を経ることでペースト中の油滴が凝集し，芳香成分や色素，栄養成分などの微量成分が油への溶解度に従って分配されていく．

この装置のユニットを縦に 2, 3 段積重ね，各ユニットを直列に連結したものはスペインタイプとも呼ばれる（写真 5.26 参照）．原料を大量処理するのに有効なタイプであり，原料オリーブの水分が多い場合などには最後段のユニットにおいてタル

ク（滑石）を添加し，ペーストの粘度を調整する場合もある．少量多品種の処理には独立したユニットを並列に配置し，各ユニット内での別品種や別生産地の原料ごとの処理を効率的に行う方式の装置もある．

写真 5.25　マラキシング後のオリーブペーストにオイルの凝集が見られる

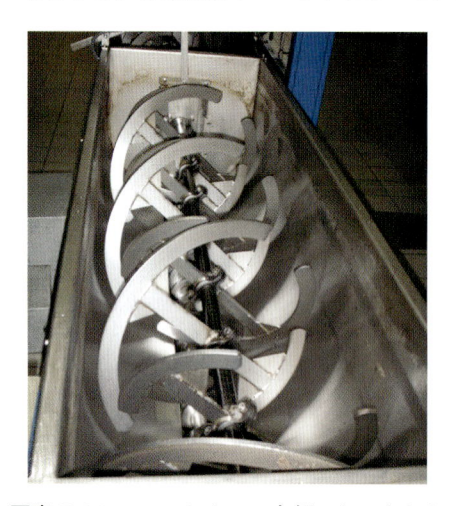

写真 5.23　マラキサーの内部にある大きな撹拌用スクリュー

写真 5.26　3 段重ねのスペインタイプのマラキサー

写真 5.24　マラキサーの内部の撹拌の様子

写真 5.27　内部の雰囲気置換が可能なマラキサー

この撹拌操作中は空気中の酸素による酸化が進みやすいため，装置内の雰囲気を窒素に置換できる装置もある（写真5.27参照）．また，横型の押し出し式スクリューではなく，円柱型容器内に縦型のスクリューを設置し，下から上へペーストを送り出すことで自重によってペーストが装置内に充満し，酸化の抑制を狙った縦型式のマラキサーもある（写真5.28参照）．

オリーブオイルの香気成分の形成においては，果実に含まれるリポキシゲナーゼ酵素によるカスケード反応が重要な役割をしている．この反応の推進のためにもマラキシングは一定時間の保持が必要である．マラキシングの適性温度はその総合的な効果から25〜30℃の範囲と考えられており，また，現在の「コールドプレス」の定義には「27℃以下」での処理が規定されている．この上限の27℃の場合，適性時間は30分以内とされている．

目立たない工程ではあるが，マラキシング工程

写真5.28　並列に配置された縦型のマラキサー

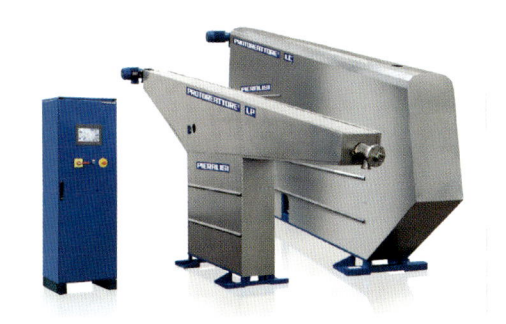

写真5.29　Pieralisi社の新しい撹拌処理装置
Protoreattore®（Pieralisi社カタログより）

は，オリーブオイル特有の芳香成分の形成や油分の抽出作業性に大きな影響を与え，同時に油脂自動酸化のリスクも内在している．近年，マラキシング処理の効率化によって処理時間の短縮を図り，省エネルギーやオイルの風味向上，フェノール化合物含量の増加等に効果があるとするProtoreattore®という新たな撹拌処理装置がPieralisi社から開発され，注目を集めている（写真5.29参照）．

5.2.5　搾油（油分分離）

マラキシングを終了したペーストは液体部（油分，水分）と固形分の混合物であり，次の搾油工程において油分が分離される．現在この工程で使用される装置の主流は，ペーストを高速回転させて各成分の比重差によって分離を行う遠心分離装置（「デカンター」と呼ばれる）である．このデカンターによる搾油はオリーブオイル製造の長い歴史の中で機械収穫と並んで大きな改革であり，デカンターの導入はオリーブオイルの品質向上に最も貢献したと言っても過言ではない．

伝統的な製法としてはオリーブのペーストを円形のマットに広げ，このマットを数十枚積重ね，これに圧力を掛けて液体部（油分と水分の混合物）を押し出すプレス方式で行われていた（写真5.30参

写真5.30　油圧式の古いプレス式搾油装置

照）．しかし，この方式はバッチ式の処理のため生産効率が悪く，また，マットや装置の洗浄作業の負荷も大きかった（写真5.31, 5.32参照）．この方式は得られた液体部を油分と水分に分離する操作がさらに必要となる．装置やマットなどの備品の洗浄が不十分であったり，ペースト状態での長時間の作業待ちなどは油の酸化や，微生物繁殖による品質低下のリスクが大きく高まる．また労働力コストが高いことも大きく影響し，現在ではこのプレス方式装置はイタリア，スペインなどの先進国の搾油工場での稼働はほとんど停止している．

　初期のデカンターは，ペーストを油分，水分，固形分の3層に分けて装置から排出する方式のもので3フェーズ方式と呼ばれる（写真5.33参照）．なお，本処理によってオリーブ果実のペーストは3層に分離されるが，固形分中には抽出しきれなかった残油分と50％程度の水分が含まれている．

　初期の3フェーズ方式は遠心分離を行うペーストの粘度の低下と，各成分の界面分離を向上するために対ペースト重量比で50〜100％の水を遠心処理前に添加する必要があった．また，分離された油相に対しても混入した固形分を分離するため，再度仕上げ（2次）の遠心分離が必要で（写真5.34参照），その段階にも若干の添水を行っていた．一例として，果実の洗浄水まで含めると最終的には果実100部の処理に合計90部の水が使用され，115部の廃水が発生する．この産業廃水には果実由来の糖質やたんぱく質，さらにはフェノール化合物も溶解しており，生産者に対しては廃水処理の大きな負荷が掛かっていた．

　近年の3フェーズ方式デカンターは性能が向上し，分離時の添水量を大幅に減らして処理を行うことが可能になっている．しかし，未だ最終的な廃水の発生量は旧型の3フェーズ方式の半分程度

写真5.31　回転式の作業台の上でマット上にペーストを広げる作業者

写真5.32　何枚も重ねられた（ペースト付加済みの）マット

写真5.33　古い3フェーズ方式のデカンター

写真5.34　ディスク型遠心分離機による2次遠心分離で得られたバージン・オリーブオイル

（オリーブ 100 部に対して 60 部程度）である.

これに対して後発の 2 フェーズ方式デカンターでは分離時に添水が必要ないか, または添水量を対ペースト重量で 10%程度にまで減らすことが出来る. 2 フェーズ方式では油分と, 水分を固形分中に含ませたスラリー状の区分の 2 つに分離して装置外に排出する（写真 5.35, 5.36 参照）. すなわち排出される水自体はオリーブ 100 部に対し, 10 〜 15 部程度と極めて少ないが, 水分含量が 6 割弱と 3 フェーズ方式よりも多く水を含んだ圧搾滓を発生する. しかし, 発生する廃水は, 果実洗浄時のものと, 2 次遠心時の油相への添水から発生するものであり, 3 フェーズ方式のような栄養分が多く含まれた廃水の発生はほとんどない. さらに油の抽出効率において, 圧搾滓に残存している油分も 2 フェーズ方式の方が少なく, 効率的な油分抽出が行える.

両方式のこれらの特性を踏まえて, 3 フェーズ方式と 2 フェーズ方式それぞれから発生する搾り滓（ポマス）の用途も大きく異なったものとなっている. 3 フェーズ方式の搾油滓の主要な用途は, 残油が多く水分が（2 フェーズ方式よりも）少ないことから, 乾燥処理後に溶剤抽出によってオリーブ滓抽出油（ポマスオリーブオイル）の抽出が行われる（写真 5.37, 5.38 参照）. 溶剤抽出後の残渣（抽出滓）については燃料用途に用いられ, 搾油滓の乾燥処理時の燃料としても用いられる. さらにこの燃焼で発生した灰分は肥料に用いられる. 過去には, 抽出滓を燃料として直火乾燥処理を行った搾油滓から溶剤抽出されたポマスオリーブオイルに基準値以上のベンツピレンが検出され, 問題となった事例があった. これは, 燃料に用いた抽出滓の燃焼時に発生した煙に含まれていたベンツピレンが乾燥対象の搾油滓に付着し, 移行したこと

写真 5.35 中型の 2 フェーズ方式デカンター

写真 5.36 最新の大型 2 フェーズ方式デカンター

写真 5.37 搾油工場から抽出工場に運搬され, 屋外に山積みされたオリーブの圧搾粕（ポマス）

写真 5.38 圧搾粕の残油（ポマスオリーブオイル）の溶剤抽出処理工場

写真 5.39　2 フェーズ方式デカンターの搾油滓から
遠心分離されたオリーブ核（ピット）

写真 5.40　ピットが燃料に用いられるボイラー

が原因であった．そのため現在では乾燥処理はキルン等による間接加熱の乾燥方式に変更されている．

　水分含量の高い 2 フェーズ方式の搾油滓は現在主に三つの用途で利用されている．一つは搾油滓をそのまま発酵させてコンポストとし，オリーブ畑などの肥料として利用する方法である．特に原料オリーブの生産から搾油処理まで一貫生産を行う大規模生産者や，共同組合組織などではこの方式が多い．また，搾油滓から遠心分離によって重くて固い核の部分を分離し，これは高熱量源の燃料に活用されている．廃棄物利用による環境保護として，搾油工場のボイラー用燃料などで用いられている（写真 5.39，写真 5.40 参照）．さらに，脱核された残りの滓の部分は家畜肥料用として用いられる．

　2 フェーズ方式と 3 フェーズ方式の総合的な優位性は一概に判断できないが，現在，新規の大規模搾油工場では 2 フェーズ方式の導入が主流である．油分の抽出効率が良いだけでなく，廃水処理負荷の軽減によるランニングコスト低減と，ポマスオイルの需要の減少（搾油滓の抽出前の乾燥工程はエネルギーコストが掛かる問題もある）などから，今後も 2 フェーズ方式が増加していくものと思われる．

5.2.6　タンキング（貯蔵）

　遠心分離後のバージン・オリーブオイルの中に

は微量の水分や，オリーブ果実由来の繊維質などの微細な固形分が混入している．通常，搾油後の油は 1 ～ 2 週間程度タンクに静置し，これらの固形分を沈降させて分離する（写真 5.41 参照）．さらに一定期間を置いた後に，この操作を繰り返す場合もある．そのため原油を保管するタンクは沈降・分離を速やかに進行させるため，縦長の形状をしており，原油を細かく種別するため，あまり大型のタンクは用いられない．

　この操作で静置後のオイルを保管用タンクに移動する際は，沈降した澱を一緒に引かないように，タンク底はテーパーの掛かった形状になっており，引き油の管もタンク底ではなく，タンク底から一定の高さの位置に設置されている（写真 5.42 参照）．中にはタンク内の引き油口の高さを作業の進行に合わせて上下させることが可能なもの

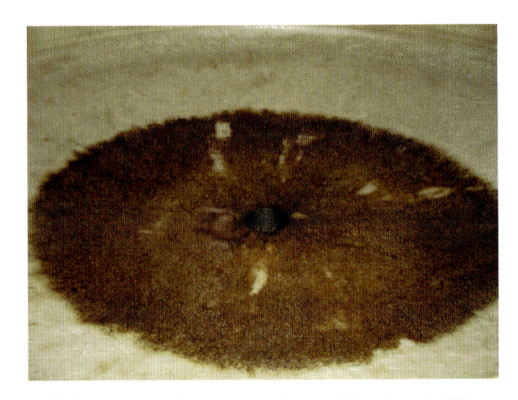

写真 5.41　グラスファイバー製のタンク底に
溜まった澱

もある.

　オリーブオイルは夏の暑さが非常に厳しい地域で生産されることが多いため,保管は屋内タンク

写真 5.42　下部にテーパーが掛かった形状の静置タンク

写真 5.43　オーガニック（Organico）が表示されたタンク

で行われるのが普通である.近年では,ステンレス製で縦長形状の保管用タンクが,エアコンディショニングの行われる建屋内に設置されている.タンクには酸化防止のための窒素充填の設備が付帯されていたり,窒素よりも比重の重いアルゴンガスを使用する生産者もいる.

　保管タンクの仕分けは扱い量とその内容によって異なるが,通常は搾油ロットごと,品種別,オーガニック認定,DOP 認定,エキストラバージンとピュアタイプなどで種別されて保管される（写真5.43 参照）.また,タンクでの保管時には基本的に満注状態を維持するよう配慮されている.一旦引き油を開始したタンク内は短期間で全てを使い切り（タンクから排出し）,量が減った状態での保管や,継ぎ足しなどは基本的に行わない.

　夏場の暑さ対策として,昔は年間の温度変化が少ない地下にタンクを作るといった工夫もされていた.古い工場の多くには床面にマンホールがあり,地下にタイル張りのタンクが設置されていた.現在では地下タンクもステンレス製のものに作り直されている場合もあるが（写真 5.44,5.45 参照）,洗浄性や,作業者の安全性確保などからも現在では新たな地下タンクの設置はほとんど行われていない.

　オリーブオイルはその純粋性が厳しく管理されており,例えば同じオリーブオイルであってもエキストラバージン・オリーブオイルに精製オリーブオイルや,精製オリーブオイルを配合するピュアタイプのオリーブオイルが混入することは許さ

写真 5.44　現在は使用されていないタイル張りの地下タンク

写真 5.45　ステンレス製に作り替えられ,窒素充填も可能となった地下タンク

れない．無論，精製ポマスオリーブオイルや他の種子油などについても同様である．そのため，これらオイルの保管タンクを共用しないだけではなく，工場内の送油もそれぞれ別の配管で行われている．

5.2.7　ろ　　過

静置後のバージン・オリーブオイルにも未だ微細な固形分が残っており，経時的な沈降に伴いオイルの透明度は徐々に上昇する．容器充填された最終製品においてこのような外観変化が起こることを防ぐ目的と，特に風味を中心としたオイルそのものの品質の安定化を図るという目的から，バージン・オリーブオイルには，適宜，ろ過処理が行われる．

一方，「ノンフィルター」が標榜されたエキストラバージン・オリーブオイルも一部で市販されている．これは搾りたての生のままの風味を活かすためのものであり，一般にはその年度の始めに収穫，搾油されたいわゆる「初物」のオイルの強い風味特性を活かすための方法である．このようなノンフィルターオイルは，原料オリーブの品種や品質，使用搾油装置や工程管理，静置タンクでの保持時間などによって充填後の製品に発生する沈降物（澱）の量や外観が異なってくる．また，この澱の部分の水分含量が高い場合，澱が嫌気的な腐敗を起こすことがあり，Fasty（嫌気的な発酵による腐敗臭）や Mudduy sediment（澱との長期接触による異臭）と呼ばれる風味上欠点を発現することがある．このようなリスクを避けるため，近年では搾油後，短期間のうちに流通，消費されることを前提とした商品以外においてはフィルター処理を行う事が増えている．

オリーブオイルのろ過処理の主要な方式には，複数の生産用ろ紙を使用するカートンフィルターと，ろ過助剤を加えて行うプレスフィルターが用いられている．また，充填直前の最終ろ過時にメッシュフィルターやバッグ・フィルター（bag filter）が設置される場合もある（写真 5.46 参照）．

現在のろ過処理の中心はろ過助材を使用するプ

レスフィルター方式である．これはオリーブオイルの製造工程には精製油製造時のような水分の乾燥工程が存在しないため，物理的な吸着による水分の低減，除去が必要となるためである．セルロースパウダーとセライトを混合した濾板をつくり，大規模処理ではプレート型のプレスフィルターが（写真 5.47 参照），中〜小規模では可動式のバーチカルタイプが用いられることが多い（写真5.48参照）．

カートンフィルターは，シャイニングマシーン（油磨き機）とも呼ばれ，専用のろ紙を数十枚重ねてろ過を行う装置で，助剤の類は使用しない（写真 5.49 参照）．このろ過装置にオリーブオイルを通過させることでオイルの輝きを増す（シャイニング）ことが出来る．ろ過処理は，被処理油の状態

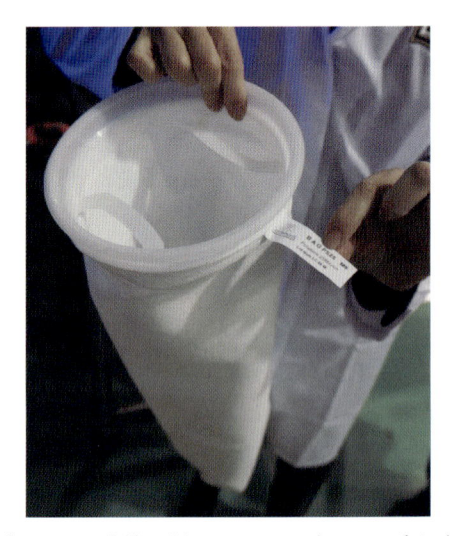

写真 5.46　充填工場でのオリーブオイル受入時に使用されていたバッグフィルター

写真 5.47　オリーブオイル濾過用の大型プレス式フィルター

写真 5.48 移動可能な縦型のフィルター

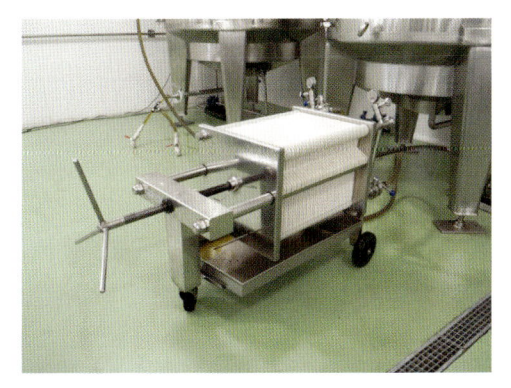

写真 5.49 濾紙を用いるシャイニングマシーン

や処理量によってこのどちらか一方だけで行うか,両方を行うかが決められるが,両方の場合は,プレスフィルターが先に行われる.なお,プレスフィルター処理はその効果が不十分であった場合,この操作が再度行われる場合があるが,空気との接触による酸化の影響を抑えるため不用意なろ過処理の繰り返しは避けなければならない.

オリーブオイル(旧称ピュアオリーブオイル)は,精製オリーブオイルに主にエキストラバージンオイルが混合され,エキストラバージン・オリーブオイルの場合も異なる品種のオイルや,異なる産地のオイルを調合して風味調整を行う場合がある.このような場合は調合の作業終了後にその作業の成否確認と,調合油の品質確認が行われ,その後にろ過処理を行うのが普通である.

5.3 オリーブオイルの精製

5.3.1 精製オリーブオイルの原料油とその用途

IOC 規格において,ランパンテバージンオリーブオイルは,その高い酸度や風味上の欠点などからそのままで食用に供することが出来ず,食用にあたっては事前に精製処理を行うか,工業用途に用いるもの,と定義されている.なお,同規格においてそのままで食用が可能なバージンオリーブオイルにはエキストラバージンにバージン,オーディナリーバージンを加えた3つのクラスが定められている.しかし,現実的にはエキストラバージンに比べて商品価値が著しく低下する下位の2クラスのバージンオリーブオイルが商品として先進国の店頭に並ぶことはほとんどない.エキストラバージン以外のバージンオイルもランパンテバージンオリーブオイルと同様に,精製オリーブオイルの原料として精製処理されるのが通常である.

製造された精製オリーブオイルは基本的に無味,無臭,淡色であり,抗酸化性を示すフェノール化合物やトコフェロールの損失・低下によって酸化安定性は一般的なエキストラバージンよりもかなり劣ったものとなる.このような精製オリーブオイルはそのままの形では販売されず,実際にはエキストラバージン等を少量混合して風味付けを行い,いわゆる狭義の「オリーブオイル」として販売されている.この「オリーブオイル」はかつて「ピュア(タイプ)オリーブオイル」といった名称で販売されていたが,現在の IOC 規格ではこの名称の使用は許されておらず,正式には「Olive oil composed of refined olive oil and virgin olive oil」という内容物そのままの名称が与えられている.なお,IOC の規格上,商品ラベルにおける「オリーブオイル」の名称使用は認められている.

5.3.2 「オリーブオイル(狭義)」の商品

狭義の「オリーブオイル」の商品特性として,製品に生産者の意思・意図を反映させやすいとい

う部分がある．品質にこだわった「オリーブオイル」を販売するのであれば，しっかりとした精製処理が行われた精製オリーブオイルをベースに用いて，そこに良質な風味のエキストラバージンをブレンドすべきである．しかし，IOC 規格において風味づけに（そのままで）食用可能な 3 クラスのバージンオイル全てが認められている．無論，最終製品の分析値は「オリーブオイル」の規格範囲に入らなければならないが，規格内に収まるのであればエキストラバージンよりも価格の安いオーディナリーバージンクラスでも配合使用することが可能である．逆に，使用する精製オリーブオイルの方も，配合するバージンオリーブオイルの品質や配合量に合わせて精製条件をコントロールし，精製後の酸度や色調レベルを落とすことも可能となる．

精製油を主体とした「オリーブオイル」はオリーブオイルの初心者にとってなじみやすい強さの風味であり，揚げ物や炒め物といった加熱調理に使いやすい．しかし，生産者側が単純に「低価格重視の汎用オイル」といった商品コンセプトを「オリーブオイル」に設定した場合，その製品の品質レベルが相当に低いものにもなりうることに留意すべきである．

なお，この「オリーブオイル」のカテゴリーには，マーケティング的な意図から，バージンオリーブオイルの配合量を低めに抑えて全体の風味を弱めた「ライトオリーブオイル」や「エキストラライトオリーブオイル」といった名称の商品もある．

5.3.3　精製処理

オリーブオイルの精製工程の概要は，一般の植物油の精製処理と大きく異なるものではない．その精製工程における処理条件の違いは，「果実の果肉部に含まれており，圧搾や遠心といった物理的処理方法のみで搾られたオイル」の品質特性によってもたらされるものである．

精製食用油の製造時に精製処理で油から除去する主な対象となる物質は，泡立ち，発煙，発臭等の原因物質となるガム質，リン脂質，色素，遊離脂肪酸，異臭成分，酸化油脂の分解・重合物等である．しかし，オリーブはもともと圧搾，静置だけで食用可能なオイルが得られるほど「素性の良い」油脂原料である．そのため，基本的に各精製工程で用いる処理条件は，一般の油糧種子の精製処理よりもマイルドな条件で，精製を行うことが出来る．その実例として，処理原油の品質によっては物理的精製法（フィジカルリファイニング）による精製も可能となる．

5.3.4　化学的精製法（ケミカルリファイニング）

バージンオイルは基本的に果実の圧搾，遠心処理によって得られるため，分離された油分には果実の組織由来の微細な固形分が混入している．精製処理を行うにあたっては，自然沈降だけでなく遠心分離やフィルター処理によって固形分を除去することが大切である．

バージンオリーブオイルはもともとリン脂質の含量が低いが，脱酸処理の前にオイルを 80〜90℃ に加温し，リン酸あるいはクエン酸を加えて撹拌を行い，ガムコンディショニングを行うこともある．

次いで遊離脂肪酸の除去のために苛性ソーダを加えて撹拌し，遊離脂肪酸を脂肪酸石ケンに変換して遠心分離する（写真 5.50 参照）．ランパンテバージンオリーブオイルは IOC 規格上，その酸度は 3.3 ％ を超すが，これを酸価に換算すると 6.6（mgKOH/goil）超となる．実際，落下果実などでは

写真 5.50　アルカリ脱酸によるソーダ油滓の遠心分離装置

酸度がこれより遥かに高いものもあり，このような高酸度の処理原油についてはケミカルリファイニングの方がよい．一方，通常の収穫果実において酸度がエキストラバージン規格の 0.8 をわずかに超える程度のバージンオイル，または風味上の欠点によってエキストラバージンに分類されなかったような比較的品質の良い原油の場合，アルカリ脱酸を行わない物理的精製でも十分に精製は可能である．なお，アルカリを用いた二次脱酸を行うか否かは処理原油の品質と仕上がりの精製油の品質目標によって決定される．脂肪酸石ケンを遠心分離したのち，オイルを湯洗・乾燥し，脱酸オリーブオイルを得る．

次の脱色工程において，ケミカルリファイニングの対象となるようなバージンオリーブオイルは熟度が進んだ果実から得られたオイルが多く，クロロフィル類等の色素は未成熟な果実から得られたバージンオイルよりも減少している．バージンオリーブオイルはその外観のイメージに比べて色素類が少ないため，脱色処理時の吸着剤は活性白土で 1% 前後である．一方，圧搾滓から溶剤抽出で得られるオリーブポマス原油は溶剤による微量成分の抽出効果が働き，一般に原油の色調は紫黒色の非常に濃いもので白土の使用量が 10% を超える場合もある．なお，脱色操作は活性白土中の水分が処理中に揮発するよう減圧下，110 〜 115℃

写真 5.51 脱臭装置が設置された脱臭塔の外観

で行われる．

最終的には真空下でオイルを高温に加熱し，水蒸気を吹き込むことで脱臭操作を行う．脱臭操作の本来の目的は，オイル中に残存する臭気物質を水蒸気とともに共沸させて除去することと，一部の色素類を高温分解して色調を改善することである．脱臭時の温度は 250℃ を超えると不飽和脂肪酸のトランス化が急激に進行するため，脱臭時のオイルの温度（220 〜 240℃程度）と処理時間を厳密に管理して行われる．また，効率的な脱臭のためには脱臭装置内の真空度を高く保てることが望ましいのは言うまでもない（写真 5.51 参照）．

5.3.5 物理的精製法（フィジカルリファイニング）

近年，オリーブ果実の生産者において，産出するバージンオイルがエキストラバージンに区分されるよう生産果実の品質向上に努める傾向が強まっている．そのため，生産されるバージンオイル全体の品質レベルも総合的に底上げが見られている．したがって，精製処理においてもケミカルリファイニングよりもフィジカルリファイニングの比率が高まっている．フィジカルリファイニングは脱臭操作によって遊離の脂肪酸も除去する方法で，アルカリ処理がないため排水処理の付加が小さい．また，全体の工程自体もケミカルより簡潔であるため，スペインのような大量の原油処理には向いている．

一方で，古木や灌漑が十分に行えない農地の生産者はエキストラバージンの生産を諦め，収穫コスト等も抑えてランパンテバージンを生産するケースがある．このような低品質バージンオイルが原料油の場合，アルカリ処理によって脱酸がきちんと行なわれるケミカルリファイニングの方が向いている．

フィジカルリファイニングの場合，遊離脂肪酸を脱臭操作で留去させるため，処理温度はケミカルに比べて若干高めになる．なお，オリーブオイルにおいてウィンタリング処理は行われない．

日本ではオリーブオイルの食経験が短く，大豆

油や菜種油といった食用精製油を用いた料理経験の方が長い．「初めに香りの強いバージンオリーブありき」，といった地中海沿岸諸国とは異なる食文化を有している．オリーブオイルの調味料的な用法ではエキストラバージンに敵うものはないが，繊細な味付けの求められる和食の調理においてはまだまだ「オリーブオイル」の活用法があるものと思われる．「オリーブオイル」の品質管理は決して看過してはならない．

5.4　オリーブオイルの容器，充填

オリーブオイル製造の最終段階として用途や販売対象に合わせて容器への充填が行われる．一般の家庭用商品の容器としてはガラス瓶や金属缶，プラスチック容器などが用いられるが，エキストラバージン・オリーブオイルの場合，着色ガラス瓶の使用比率が著しく高い（写真5.52参照）．これはガラス瓶の完璧なガスバリヤー性に加え，エキストラバージン・オリーブオイルの保存には遮光性が極めて重要なためである．未精製油であるエキストラバージン・オリーブオイルには光増感剤であるクロロフィル類が多く含まれており，光線の存在下で酸化を著しく促進する．

オリーブオイルの主要な構成脂肪酸はオレイン酸であり，高度不飽和脂肪酸のリノール酸や α-リノレン酸の含量は一般の液状植物油の中でも少なく，ヨウ素価100以下の不乾性油に分類される．

写真5.52　着色瓶，金属製スクリューキャップのオリーブオイル商品が多く並ぶイタリアのスーパーの店頭

また，ヒドロキシチロソール等の強い抗酸化性を示すフェノール系化合物を含有しており，脱臭操作によるトコフェロール類の蒸留損失もない．そのため，AOM安定度でみれば通常，エキストラバージンの場合は30時間を越え，液状油の中では極めて安定性が高い油である．

しかし，オリーブオイルはその特有のデリケートな芳香こそが最も重要な商品価値であり，光の存在下で活性酸素の一重項酸素を発生するクロロフィル類の働きを抑制することは極めて重要である．なお，着色瓶の色調にもごく薄い緑色からほぼ黒に近いものまで様々な色度や色調のものがある．ただし，相当に色調の濃い容器であっても完全な遮光効果までは期待出来ない．

海外でのオリーブオイルのガラス瓶への充填作業自体は国内の食用油の一般的な充填工程と大きく変わるところはない．ガラス瓶容器の梱包されたパレットから瓶出しが行われ，その作業が人手による場合は同時に瓶の外観も検査される．次いで充填ラインへの瓶の整列，さらに検査員や自動検査機による瓶内部や瓶口部の検査，瓶を倒立させながらのエアブローによる瓶内異物の除去，オリーブオイルの充填，照明パネル前の目視による異物検査，そしてキャッピングが行われる．この後，適宜キャップシュリンクの取り付けや，ネックシールの貼付が行われ，表，裏のラベリングや賞味期限印字，そして最終的な外観検査の後，ダンボール箱にケーシングされる（写真5.53～5.61参照）．

イタリア，スペインなどでは充填量を重量ではなく容量で管理する場合も多い．ガラス瓶の場合，容器そのものの重量変動の幅が大きいためウェイトチェッカーはケースへの入り数確認の目的程度で設置されている．

なお，EU圏内で製造されたオリーブオイル製品には「0.25Le」のようにアルファベットの小文字「e」が付記されているが（写真5.62参照），これは「estimated sign」と呼ばれ，EU法で容量帯ごとに決められた法定の許容誤差範囲内で容量管理が行われていることを意味する．製品によっては

写真 5.53 パレットで充填工場に運び込まれた
ガラスの着色瓶

写真 5.54 パレットからの瓶出しと目視による
検査，ラインへの瓶出し

写真 5.55 瓶を倒立させながら行う異物除去の
エアブロー

写真 5.56 多充填ヘッドの回転式充填機による
オリーブオイルの充填

写真 5.57 透過光と目視による内容物充填後の
異物検査

写真 5.58 打栓式プラスチック製キャップの
キャッピングマシーン

写真 5.59　キャップへのシュリンク取り付け装置

写真 5.60　シール式ラベルの貼付装置

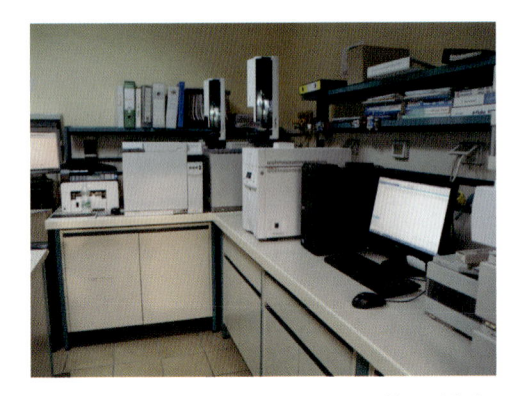

写真 5.61　ガスクロマトグラフィー等，製造者の所有する高度な分析設備

写真 5.62　内容量の後ろに表示された e‐サイン（囲み部上）と，イタリア語によるエキストラバージン・オリーブオイルの説明表記（囲み部下）

許容範囲内で表示容量よりも容量が少ない場合も認められているが，その製造ロット全体での平均値が表示量を下回ることは許されない．

　着色瓶の場合，瓶自体の品質確認や，充填品における異物混入検査が難しい．オリーブオイルの製品製造者には小規模の業者が多く，充填設備に X 線などの高額な自動検査機が設置されている工場は極めて少ない．実際，生産量のごく少ない DOP 認定エキストラバージン・オリーブオイルなどの場合，家内制手工業的な少人数のラインで製造されている場合も多い(写真 5.63～5.65 参照)．また，ノンフィルターオイルの充填では既にオリーブ由来の微細な固形分がオイル中に存在しているので，異物の混入防止については充填後の製品検査以上に搾油以降のオイル製造各工程における品質管理が重要となる．例えば充填工場がオ

リーブやブドウ，オレンジなどの果樹園に近接している場合，工場内での防虫対策が極めて重要になる．防虫対策は一般に専門の害虫駆除業者が発生害虫をモニタリングし，現場のデータを基に策定された防虫プログラムに従って行われている．なお，充填工場内への虫類の侵入防止だけでなく，容器や段ボールの保管方法，木製パレットの消毒処理などにも配慮が必要である．

　ワインと並んで南欧の伝統食品であるオリーブオイルに対しては消費者，製造者ともその商品形態（使用される容器や包材等）に対しては，やや固定的な価値観を有しているように感じられる．そのひとつが濃緑色の着色ガラス瓶であり，もうひとつが巻締め式の金属製キャップ（スクリューキャップ）の使用である．

　金属製キャップを好むのはその外観的な高級感

写真 5.63 一人で1回に2本ずつ充填操作を行う4本ノズルの手動式充填機

写真 5.64 1回に1本ずつ作業する左からキャッパー，ラベラー，シュリンク用ヒーター

写真 5.65 小型のラインで充填されるイタリアのDOPエキストラバージンの実例

写真 5.66 巻締め式の金属製スクリューキャップ（左）と打栓式のプラスチック製キャップ（右）の例

によるものと思われるが，密閉性や開栓性，使用時の注ぎやすさや油だれ防止，廃棄性などキャップ本来の機能は設計の自由度が高いプラスチック製キャップの方が数段優れている．油は水よりも浸透性が強く，基本的に瓶口にはめられたプラスチック製の注ぎ口と，キャップ部のプラスチック製のインナーとの凸凹の嵌合でシール性を保っている巻締めキャップは，瓶口のキャップによって完全な密閉状態を保たれているプラスチックキャップ（開栓時にはリップ部を切り取る）よりも密閉性が劣る（写真5.66参照）．

さらに重要な管理ポイントとして巻締め式キャップは，その使い始めの開栓時に適切な応力での開栓を可能とするため，キャップ取り付け工程において定期的に巻締めトルクを厳密に調整し，管理することが重要になる．これが不十分な場合，開栓時にキャップの空回りや，固過ぎて開栓ができないといった品質不良の発生に繋がる．無論，瓶自体の口のネジ部やキャップ自体の加工精度もこれらの問題に大きく影響する．

現在でもこのオリーブオイルの伝統的商品形態に対する嗜好性は強いものの，市場での存在感をアピールするためデザイン優先の洒落た容器や，奇抜な形状のものが用いられる場合も増えている．瓶全面に塗装を施し，その上に美しいグラフィック印刷がされた容器や，陶器のような表面テクスチャーを演出したもの，ラベル貼付ではなく表示を全て印刷で行ったものなども出現している（写真5.67〜5.69参照）．ラベルを使用しない場合，レーザー光で賞味期限や製造ロットを瓶に直接刻印する手法もある．デザイン性を優先させた容器の場合，キャップには仮キャップが取り付け

写真 5.67　カラーイラストが印刷された白色の塗装瓶（左）と，全くオリーブオイルらしさが感じられないショッキングピンクの塗装瓶（右）

写真 5.69　塗装で梨地（左）や陶器（右）のようなテクスチャーを演出したガラス瓶

写真 5.68　別用途の容器をオリーブオイルに転用したと思われる瓶と缶の製品

写真 5.70　開栓後，使用時にはコルク製の注ぎ口（中央部）に付け替える変わったデザインの容器

写真 5.71　天草高浜焼の美しい磁器が用いられた天草産国産オリーブオイル

られ，開栓後に別添された注ぎ口へ付け替えさせる製品も多い（写真 5.70 参照）．なお，伝統感の演出のためキャップ部分の封蝋も未だしばしば行われている．

また，国産オリーブオイルの中にはそのモニュメント的な意味合いと希少価値から，生産地域の特産の磁器を容器に用いた製品もある（写真 5.71 参照）．

近年ではプラスチック素材の新機能キャップの使用も増えだしている．有名産地の高価格商品は，製品そのままでレストランのテーブルユース用として客席に置かれることも多く，中身のオイルの入れ替えを防ぐ構造の打ち込み式プラスチックキャップが用いられる場合もある．これはもともと高級ウィスキーなどに使われていたキャップであり，粘性の関係でオリーブオイルの場合，傾

けた際の吐出量がやや少なめとなる（写真 5.72 参照）．

瓶容器と並ぶ伝統的容器として金属缶があるが，近年では缶容器入りの製品は海外の量販店の棚からも消えつつある．イタリアのようなオリーブオイルの大量消費国では，一般家庭向けのオリーブオイル商品の容量は 1 L が主流であり，その他では 750 mL や 500 mL のものが多い．このような大きめの容量帯の缶容器ではハンドリング性に問題が出る．しかし，高価格帯商品の場合は一般的に容量はこれらよりも少ないものも多く，500 mL や 250 mL 容量の商品も多い．このようなジャンルではまだ金属缶の商品も散見され，最近ではステンレス製の丸型ボトルを使用した商品も増えている．これは優れた保存性に加え，キッチン内のステンレス製什器類と統一感のある美しい外観によるところが大きいものと思われる．特に中国からの低価格な同容器の輸入が後押しをしている（写真 5.73 参照）．

フランス産の DOP エキストラバージン・オリーブオイルはその生産コストと希少性から高価なものが多く，商品単価を抑えるため未だ 250 mL 程度の小容量の缶容器入り商品も多い．フランス産 DOP はビン容器，缶容器とも高級感と伝統性が上

写真 5.72　プラスチック製の詰め替え防止機能付きキャップが使用された製品

写真 5.73　カラフルなラベルが貼られたステンレス製ボトル入りの製品（左 2 品）

写真 5.74　ローマのオリーブオイル専門店で販売されていた大型の缶容器入りオリーブオイル

手く表現された洒落れたデザインの商品が多い.

　一方, 海外のレストランのキッチンなどで大量に消費される業務用オリーブオイルでは, 現在も 3 L や 5 L の大型の缶容器入り商品も多く使われている (写真 5.74 参照). イタリアではエキストラバージン・オリーブオイルを大型フライヤーに張り込んでフライを行うといった用法がほとんどないため, 日本の斗缶サイズの缶容器入り商品はない. ペール缶と呼ばれる 20 L 程度の容量の丸型の缶容器や, プラスチック容器が一部で使用される程度である.

　イタリアやスペインなどの伝統的なオリーブオイル生産国では, PET 容器に対し保存性の不安感や飲料用容器のようなワンユース容器のイメージが強い. そのため国内消費向けエキストラバージン・オリーブオイルの容器として PET 容器はあまり定着していない. 一方, オリーブオイルよりも安価な大豆油やひまわり油などの植物油用容器には既に PET 容器が広く使われている.

　オリーブオイルを海外からの輸入に頼る欧州以外のオリーブオイル消費国では, PET 容器入り商品の消費量も多く, 日本でもヘビーユーザー層を中心に大容量の PET 容器入り商品の需要が増加している. なお, イタリアやスペインの中規模以上の充填企業では, 容器メーカーから PET 容器のプリフォームの供給を受け, 自社工場内で延伸ブローを行って PET 容器を製造し, 製品製造に使用している企業もある.

　また, 国内でのオリーブオイル充填に用いられる PET 容器には遮光性改善の目的で緑色に着色された容器や (写真 5.75 参照), シリコーン蒸着を行いガスバリヤー性が改善された PET 容器なども用いられており, 商品の保存性向上を図っている.

　オリーブオイルの使用場面の拡大に伴い海外でもその他の様々な容器形態のオリーブオイルが登場している.

　機内食や列車の車内食, フードコートやファーストフードなどでは 5 ～ 15 mL 程度のプラスチック製の小さなボトルやポーションパック入りの商品が料理に添付されることも多い (写真 5.76 参照). また,「数種類のオリーブオイルのアソートの中から使用者がチョイスし, その場の 1 回きりで使い切る商品」というコンセプトの小容量商品 (50 ～ 100 mL 程度) がレストランやプロモーション用途で使われている (写真 5.77 参照). 国内でもコンビニエンス・ストアーやスーパーなどで販売される惣菜や弁当類にポーションパックのオリーブオイルを添付するケースが増えている.

　その他, 環境対応容器として, 紙製の箱型容器に耐油性のあるプラスチック製内袋を組み合わせたいわゆる, バックインボックス (BIB) や, ロール状の型紙からの容器成形, 充填までの設備がユ

写真 5.75　着色 PET 容器を用いたエキストラバージン・オリーブオイルの製品

写真 5.76　駅で売られていたサラダに添付されていたポーション容器入りエキストラバージン・オリーブオイル

ニット化されたテトラパック社製の容器に充填された商品もある．後者は容器成型上，容器内が満注状態となっているため酸化しにくく，さらに容器の構成素材にアルミ箔を含むため遮光力があり，優れた内容物の保存性を示す（写真5.78参照）．

品質保持力に優れたデラミバリアボトル容器は醤油用容器として使用が拡大している．この容器は使用時に内容物を押し出したとき，多層構造になっている容器壁面から最内層が押し出した分だけ壁面から剥離して縮小し，さらに口部の逆流防止ノズルの効果によって最内層への空気の流入が防がれる構造になっている．近年では，オリーブオイルにおいても醤油と同様，食卓に置いて適宜料理に掛けるという使い方が拡大しており，この新容器はオンテーブル用容器としての適性が高い

ものと考えられる（写真5.79参照）．

オリーブオイルの充填業者が搾油業者から買い油をする場合，陸上輸送に用いられる最も一般的な方法はオリーブオイル専用のタンクトラック（タンクローリー）である．タンクトラックの容量にはさまざまな大きさがあるが，一般には2万リッターから4万リッターの大型のものが使用されている．また，一部ではISOタンクコンテナーも用いられている（写真5.80参照）．また，少量のバルクオイルを工場内で保管するような場合は約1トン容量の枠付きプラスチックタンクも使用されている．

船便での海外輸送の場合，かつては金属製ドラム缶（200kg容量）や前出のISOタンクが主体であったが，近年ではフレキシ・タンク（Flexi-Tank）

写真 5.77　オリーブオイル専門店で販売されていた100mL容量の3種類のオリーブオイルセット商品は約20ユーロ

写真 5.78　テトラパック社のテトラアセプティック容器を用いたエキストラバージン・オリーブオイル

写真 5.79　デラミバリアボトルを使用したエキストラバージン・オリーブオイルの製品

写真 5.80　オリーブオイルを輸送するタンクトラックへのオイル積み込み作業

写真 5.81　コンテナの内部に設置されたフレキシタンクの内袋（充填前）

写真 5.82　充填作業の完了したフレキシタンク，開いた後部右扉から黒い構造補強材と中央部にローディング用ノズルが見える

と呼ばれる輸送形態が増加している（写真 5.81, 5.82 参照）．フレキシタンクは 40 フィートの ISO コンテナの内部に，中の空気が抜かれて潰された状態のプラスチック製の袋が収納されたもので大型の BIB とも言える．容量は約 20 トンで充填後の容器空間がほとんどないためオイルの品質保存性に優れ，しかも袋はディスポーザブルであるので異物混入リスクの低減にも有効である．

　バルク品を含め地中海沿岸諸国から日本への船便の輸送は赤道を通過するので，コンテナ内部の温度上昇を抑制するため船内のコンテナ積載位置についても配慮が必要となる．逆に冬場の輸送ではオリーブオイルが低温で固化する場合や，油中の水分凝集が起こる場合があり，受入れ時には溶解や水分除去の設備が必要になることもある．

5.5　オリーブオイルの商品表示

　商品表示は消費者に有用な情報を適切に与えることを主目的としており，基本的には販売に供される国の法規に従った表示を行わなければならない．日本の場合,「エキストラバージン・オリーブオイル」自体の法的な定義付けがなされておらず，そのため食品表示法を基本にして，食品衛生法や JAS 法，景品表示法，計量法，健康増進法等の関連法規に準じて商品の表示が行われている．

　イタリア，スペイン等の EU に加盟するオリーブオイル生産国は，EU として加盟している国際オリーブ協会（IOC）の定める流通規格（Trading Standard）を基に EU で法制化した EU 規格の表示基準に従って表示が行われている．

　基本となる IOC の流通規格（以降「IOC 規格」と表記）においては，一般消費者向けのエキストラバージン・オリーブオイルの製品表示について，以下の項目が規定されている．

1) 名称：「Extra virgin olive oil」の表記
2) 内容量：メートル法による国際単位での内容量の表示
3) 生産者等の名称及び住所：生産，充填，卸売，輸入，輸出，販売の業を行う者の名称と住所
4) 生産国名：生産を行った国名，他国で二次加工がされたと認めうる場合はその加工国名
5) 原料の生産地名：特定の条件を満たす場合，使用原料の生産地名（国名，地方名，地域名）を書くことが出来る
6) 生産地の呼称：特定の条件を満たす場合，生産地の呼称（国名，地方名，地域名）を書くことが出来る
7) 識別記号：生産工場と生産ロットが識別出来る記号や番号等の表示
8) 品質保証期限：月及び年で表示
9) 保管方法：賞味期限の保持に必要な保管条件がある場合，その保管条件

　さらに EU 法では EU 圏内で販売されるオリーブオイルの表示について上記基準を補完する詳細

な記載ルールが定められており，例えば，エキストラバージン・オリーブオイルの場合，その名称が意味するところについて以下の説明文を明記することが規定されている.

「superior category olive oil obtained from olives and solely by mechanical means」，すなわちエキストラバージングレードの規定であるところの「オリーブの実から機械的手法のみによって得られた最上級カテゴリーのオリーブオイル」という表記が必要とされている（写真 5.62 参照）.

また，使用原料に複数の原産地のものがブレンドされた場合，使用原料が EU 圏内の国のみであるのか，EU 圏外の国のみか，あるいはその両方を使用しているのかについての表記が求められており，例えば，3 番目に該当する場合は，「blend of olive oils of European Union origin and not of European Union origin」といった表記を行わなければならない.

この他，よく耳にする「コールドプレス」という表現について，表示用語としては「first cold press」と「cold extraction」の 2 つに分けて規定されている. 搾油時の処理温度は両者とも 27℃以下で管理されるが，前者は旧式のプレス式搾油法で得られたオイルの場合の表記であり，デカンターによる遠心分離では後者の表記を使うとされている.

日本で販売されるオリーブオイルには，商品の裏面あるいは側面に，四角で囲われた部分に前掲の日本の法規に従った「一括表示」欄において主要な情報が収載されている. そこには，名称（品名），原材料名，内容量，賞味期限，保存方法，原産国，製造者・輸入者などが記されている. 日本では内容量が重量表示されるため，容量で管理されている輸入商品においてしばしば切りの悪い数字の内容量（重量）が表示されるのはこのためである（写真 5.83 参照）.

一括表示の枠外にはその商品の風味や製法，原料などの特徴や，用法，使用上の注意書きなどが記載される. なお，現在は栄養成分の表示も義務化されており，商品において「オレイン酸を多く

写真 5.83 国内で販売されているエキストラバージン・オリーブオイルの一括表示の例

含む」のような特定の栄養成分の強調表示が行われる場合は，当該成分の含量についても表示が必要となる.

5.6 オリーブオイルの品質規格

前項で一部触れたが，現在の JAS 規格の食用オリーブ油規格には「オリーブ油」と「精製オリーブ油」の 2 区分しか存在しておらず（表 5.1 参照），また，その格付けの取得や商品への表示は任意となっている. しかも，現在の JAS 規格においては「バージン・オリーブオイル」が機械的な手法のみで得られた未精製油であるという定義や，「エキストラバージン」といった品質グレードに関する規定も定められていない.

1959 年に設立された国際オリーブオイル協会（現 IOC）は，創立の翌年の 1960 年にバージンオリーブについて品質区分を定め，その最上位のものとして「エキストラバージン」という用語が初めて定義された. 現在, IOC 規格では, バージン・オリーブオイルについて 4 つのグレード（カテゴリー）と, バージン・オリーブオイルを原料とする精製オリーブオイル及び精製オリーブオイルとバージン・オリーブオイルをブレンドした狭義のオリーブオイル（現在は IOC の正式な定義としては「Olive oil composed of refined olive oil and virgin olive oils」と表記されている），の計 6 カテゴリーと，オ

表5.1　オリーブオイルと精製オリーブオイルの 2 区分のみが規定されている現在の
　　　　食用オリーブオイルの JAS 規格

（食用オリーブオイルの規格）
第 13 条　食用オリーブオイルの規格は，次のとおりとする。

| 区　　分 | 基　　準 ||
	オリーブオイル	精製オリーブオイル
一　般　状　態	オリーブ特有の香味を有し，おおむね清澄であること	おおむね清澄で，香味良好であること
色	特有の色であること	同左
水分及びきょう雑物	0.30％以下であること	0.15％以下であること
比　　重 $\left(\frac{25}{25}℃\right)$	0.907 〜 0.913 であること	同左
屈 折 率 (25℃)	1.466 〜 1.469 であること	同左
酸　　　　　価	2.0 以下であること	0.60 以下であること
け　ん　化　価	184 〜 196 であること	同左
よ　う　素　価	75 〜 94 であること	同左
不　け　ん　化　物	1.5％以下であること	同左
原材料　食品添加物以外の原材料	オリーブ油以外のものを使用していないこと	
原材料　食品添加物	使用していないこと	
内　容　重　量	表示重量に適合していること	

リーブ滓抽出油（ポマス・オリーブオイル）関連の 3 カテゴリーが規定されている．これらポマス関連のオイルについては「オリーブオイル」の名称を使用し，当該商品をオリーブオイルとして扱うことが禁じられており，本稿での詳説は略する．なお，IOC 規格は各加盟国の法規として制定されることで（EU 加盟国の場合は EU 法）初めてその国で実質的な法的効力を発揮する．

　具体的な IOC 規格の品質規格項目は以下のように分類されている（表 5.2 参照）．

1）純粋性の判断尺度（Purity Criteria）

　オリーブ果実のみを原料としていることの確認を主に，合わせて脱臭等の精製処理が行われたオイルの混入の検出を目的とした項目である．したがって，この範疇の全 8 項目の中にはバージンオリーブオイルをグレード分けするための規格項目はない（注：グレード分けが目的ではなく，検査対象品が該当するグレードによって，基準値の異なる項目はあり）．

　これらの品質規格項目のうち，脂肪酸組成など

は新たな品種や栽培地域の影響による数値変動の知見の蓄積に合わせ，規格値の見直しが定期的に行われている．また，分析技術の進歩に伴い，脂肪酸組成の規格値は現在，小数点以下 2 桁まで定められている．例えばオレイン酸では「55.00 〜 83.00％」，リノレン酸では「1.00％以下」と厳密に規定がなされている．

2）品質の判断尺度（Quality Criteria）

　品質の良し悪しを判定するための規格項目が 10 項目定められている．これらのうちバージンオイルの中から「エキストラバージン」グレードを選別するための規格項目は，官能特性（風味評価），遊離脂肪酸含量，紫外線吸収値，脂肪酸エチルエステル含量の 4 項目が存在する．

　人間の感覚器官で評価する風味評価においてエキストラバージンの判定基準は，「『風味の欠点』の評価点数のメジアン（中央値）が 0 点で，『フルーティーな特性』の評価点数のメジアンが 0 点よりも大きい」と規定されている．この官能検査は 1 名だけの評価者で行うのではなく，規定の能力確認

表 5.2 IOC 規格「Trade Standard Applying To Olive Oils and Olive Pomace
Oils（COI/T.15/NC No 3/Rev. 11 July 2016）」の規格項目一覧

No.　規格項目		意　味
1.	**Scope**	適応範囲
2.	**Designations and Definitions**	名称と定義
2.1.	Olive Oil	広義の OliveOil とは
2.1.1	Virgin olive oils	広義の Virgin olive oil とは
2.1.1.1	Virgin olive oils fit for consumption as they are	消費に適応したバージンオリーブオイル
	（ⅰ）Extra Virgin olive oil	（ⅰ）エキストラバージン
	（ⅱ）Virgin olive oil	（ⅱ）バージン
	（ⅲ）Ordinary virgin olive oil	（ⅲ）オーディナリーバージン
2.1.1.2	Virgin olive oils not fit for consumption as it is (lampante virgin)	そのままでは消費に適応しないバージンオイル（ランパンテバージン）
2.1.2	Refined oilve oil	精製オリーブオイル
2.1.3	Olive oil composed of refined olive oil and virgin olive oils	狭義のオリーブオイル
2.2.	Olive pomace oil	広義のオリーブポマスオイル
2.2.1.	Crude olive pomace oil	オリーブポマスオイル原油
2.2.2.	Refined oilve pomace oil	精製オリーブポマスオイル
2.2.3.	Olive pomace oil composed of refined olive pomace oil and virgin olive oils	狭義のオリーブポマスオイル
3.	**Purity Criteria**	純粋性の確認
3.1.	Fatty acid composition as determined by gas chromatography	ガスクロによる脂肪酸組成
3.2.	Trans fatty aid content	トランス脂肪酸含量
	C18:1T	C18:1T
	C18:2T+C18:3T	C18:2T+C18:3T
3.3.	Sterol and triterpene dialcohol composition	ステロールとトリテルペンジアルコール組成
3.3.1	Desmethylsterol composition	デスメチルステロール組成
3.3.2.	Total sterol content	総ステロール含量
3.3.3	Erythrodiol and uvaol content	エリスロジオールとウバオール含量
3.4.	Wax content	ワックス含量
	C42+C44+C46	C42+C44+C46
	C40+C42+C44+C46	C40+C42+C44+C46
3.5.	Maximum difference between the actual and theoretical ECN 42　triacylglycerol content	ECN42 トリグリの実測値と理論値の差（絶対値）
3.6.	Stigmastadiene content	スチグマスタジエン含量
3.7.	Content of 2-glyceryl monopalmitate	2-モノパルミテート含量
3.8.	Unsapnifiable matter	不ケン化物
4.	**Quality　Criteria**	品質の確認
4.1.	Organoleptic characteristics	官能特性
	- odor and taste	－風味
	- odor and taste（on a continuous scale）	－風味（評価軸評点）
	.median of defect	欠点のメジアン
	.median of the fruity attribute	フルーティーのメジアン
	- color	－色
	- aspect at 20℃ for 24 hours	－20℃ 24 時間保持後の外観
4.2.	Free acidity	遊離脂肪酸含量
4.3.	Peroxide value	過酸化物価
4.4.	Absorbency in ultra-violet	紫外線吸収値
	- 270nm（cyclohexane）/ 268nm（iso-octane）	- 270nm（シクロヘキサン中）/ 268nm（イソオクタン中）
	- Δ K	- Δ K
	- 232nm	- 232nm

（表 5.2 の続き）

	No.　規格項目		意　味
	4.5.	Moisture and vlatile matter	水分及び揮発性物質
	4.6.	Insoluble impurities in light petroleum	石油エーテル不溶分
	4.7.	Flash point	引火点
	4.8.	Trace metals	微量金属
		Iron	鉄
		Copper	銅
	4.9.	Fatty acid ethyl esters（FAEEs）	脂肪酸エチルエステル含量
	4.10.	Phenols content	フェノール化合物含量
5.	**Food additives**		**食品添加物**
	5.1.	Virgin olive oils and crude olive pomace oil:	バージンオリーブオイルとクルードオリーブポマスオイルの場合
	5.2.	Refined olive oil, olive oil, refined olive pomace oil and olive pomace oil:	精製オリーブオイルとオリーブオイル，精製オリーブポマスオイル，オリーブポマスオイルの場合
6.	**Contaminant**		**汚染物質**
	6.1.	Heavy metals	重金属
		Lead（Pb）	鉛
		Arsenic（As）	ヒ素
	6.2.	Pesticide residues	残留農薬
	6.3.	Halogenated solvents	ハロゲン溶媒
		max each solvent	各溶剤最大値
		max sum all solvents	総量最大値
7.	**Hygiene**		**衛生性**
	7.1.	handling	取り扱い
	7.2.	microbiological criteria	微生物関連
8.	**Packing**		**充填**
	8.1	tanks,containers,vats	タンク，コンテナ，桶
	8.2	metal drum	金属ドラム
	8.3	metal tins and cans	ブリキ，缶
	8.4	demi-johons,glass bottles	大瓶，ガラス瓶
9.	**Container filling tolerance**		**容器充填比率**
10.	**Labelling**		**ラベリング**
	10.1	On containers intended for direct sale to consumers	消費者に直接販売目的の容器
	10.2	On forwarding packs of oils intended for human consumption	人の消費に供されるオイルの輸送容器
	10.3	On containers allowing the transportation in bulk of olive-pomace oils	バルクのオリーブポマスオイルの輸送用容器
11.	**Methods of analysis and sampling**		**分析方法とサンプリング**
	11.1	Sampling	サンプリング方法
	11.2	Preparation of the test sample	検体の調製
	11.3-11.24	（each method of analysis）	（各規格項目の分析方法）

検査に合格した 8 〜 10 名のパネル（評価者）によって構成され，認定機関によって認定，登録を受けた評価者チームで行うことが決められている.

3）その他の基準

　食品添加物の使用基準，重金属や残留農薬，ハロゲン系溶剤といった汚染物質，充填，容器，表示などについて大まかな規定がある. この中で，例えば添加物（ろ過助剤のような加工助剤を除く）についてエキストラバージン・オリーブオイルの場合は，使用が一切認められていない.

第6章　オリーブオイルの風味と官能評価

6.1　オリーブオイルの風味に関与する化学成分

　オリーブオイルの近年の著しい市場成長は，その健康への有効性の認知拡大のみによってもたらされたものではなく，芳香を有するその特有な風味が受容され，調味料的な用法が浸透していったことも大きく寄与している．バージン・オリーブオイルは一般的な精製植物油と変わらない熱媒体としての機能も有するが，新鮮なオリーブ果実を搾っただけで得られる未精製油ならではの香りと味わいは，和の各種食材や料理とも意外な相性の良さをみせ，日本の台所や食卓でも欠かせない調味料のひとつになりつつある．本項ではオリーブオイルの「香り」や「味」に加えて「色調」についても解説し，さらに，呈味と関係の深い微量成分，オリーブ・ポリフェノールについても説明する．

6.1.1　オリーブオイルの味
1）ポリフェノールについて
　1990年代前半に提起された「フレンチパラドックス」の主役である，赤ワインに含まれるアントシアニン以降「ポリフェノール」は，現在，食品成分の中で最もその栄養効果に注目を集める存在になった．ほとんどの植物体には様々なポリフェノールが存在し，生体の活動や生命維持に重要な働きをしている．その数は5,000種類以上とも言われているが，同時にポリフェノール自体の化学的な定義も変化し，やや曖昧なものとなっている．ポリフェノールという言葉自体は19世紀末から使われだしたが，本来は分子内に複数のフェノール性水酸基を含む構造の物質の総称である．しかし現在では，フェノール性水酸基が1つしかない単純フェノール類（Simple phenols）やフェノール酸類及びそれらの関連物質などもポリフェノールの範疇で扱われる傾向がある．例えば，チロソールはその分子構造の中にフェノール性水酸基を1つしか持たないが，オリーブ果実やオリーブオイルの代表的なポリフェノールのひとつとして扱われている（図6.1参照）．

2）オリーブ・ポリフェノール
　オリーブのポリフェノールを取り扱う際には，

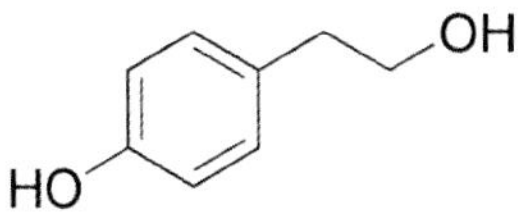

チロソール

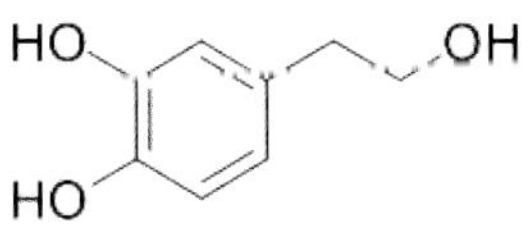

ヒドロキシチロソール

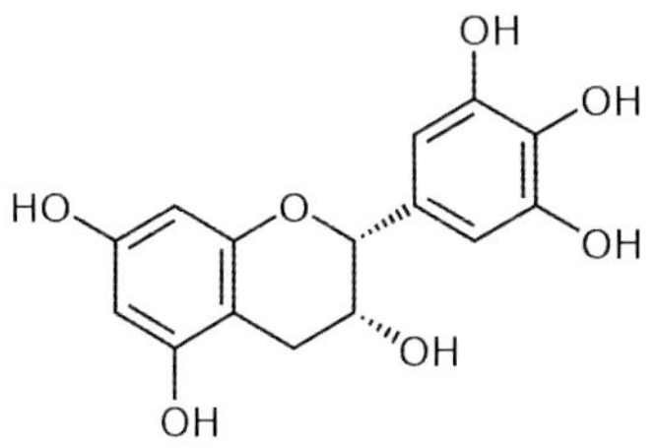

エピガロカテキン（緑茶）

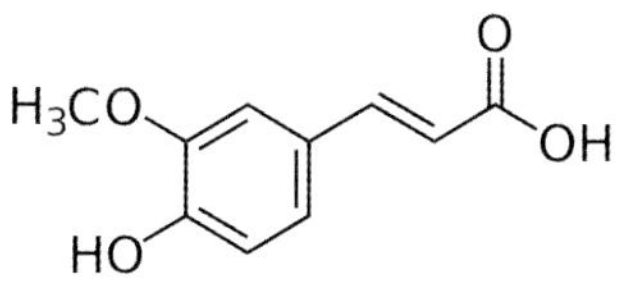

クロロゲン酸（コーヒー豆）

図 6.1　代表的なポリフェノール類

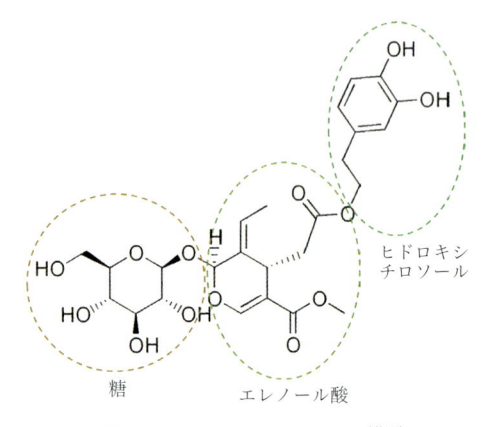

オレウロペイン　　　　　　　　　リグストロシド

図6.2　オレウロペインとリグストロシドの構造式

原料のオリーブ果実に含まれているポリフェノール類がそのままの組成や濃度でオリーブオイルへは移行しないことに注意しなければならない．オリーブ果実に含まれる代表的なポリフェノールとしては，モクセイ科植物に特有のセコイリドイド（Secoiridoids）の構造を持つ「オレウロペイン（Oleuropein）」と「リグストロシド（Ligstrocide）」があげられる（図6.2参照）．これらの物質は，糖とエレノール酸（Elenolic acid），そして単純フェノールの3成分が結合した構造を有している（図6.3参照）．これらは分子構造中に糖を含む配糖体で水溶性が高いため，オイルにはほとんど溶解しない．しかし，搾油時などに分解酵素の β-グルコシターゼの作用によって糖が解離すると，油に対しても一定の溶解性を示す残りの部分のオレウロペイン

ヒドロキシチロソール
糖　　　エレノール酸

図6.3　オレウロペインの構造

アグリコンがオリーブオイルに一部溶解して存在することになる（図6.4参照）．

　オリーブの果実が未成熟な若い段階では果実の保護に重要な働きをするオレウロペインは，一般

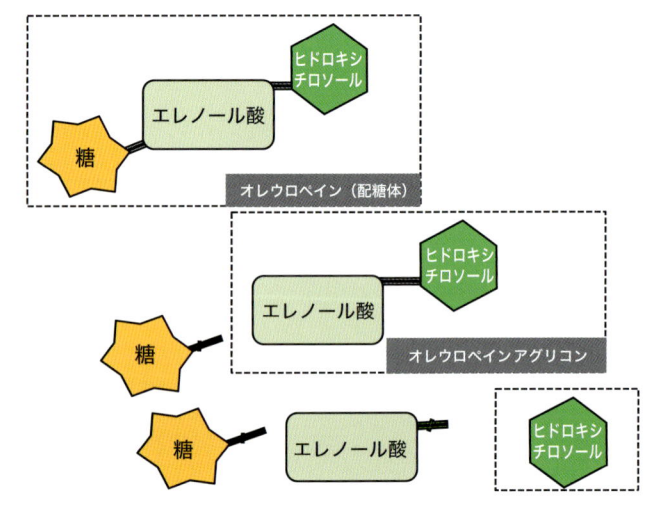

図6.4　オレウロペイン分解の模式図

にオリーブ果実の果皮が緑色から紫色に変色を始める頃にその含量が最大に達し，その後は熟成の進行とともに減少をしていく．この果皮の暗紫色への変化はブドウ果実と同様，ポリフェノール類のアントシアニン色素の蓄積によるもので，熟度の上昇したオリーブ果実を光線による障害などから保護する役目を果たしている．しかし，アントシアニン自身は水溶性で油に溶解しないため，成熟した果実を原料にして搾油されたオリーブオイルにはアントシアンが含まれておらず，赤ワインのような赤紫の色調を呈さない．

また，オリーブオイルはオリーブ果実中の代表的ポリフェノールのオレウロペインを多量に含んでいるという誤解も多い．前述のようにバージン・オリーブオイルに含まれているポリフェノールは果実中の存在形態そのままではなく，酵素の分解反応や溶解度による分配などを経てオイルに移行して存在するため，果実中の含量だけでなく搾油時の処理条件などの影響を受けている．

表 6.1 にはオリーブの果実中に見出されている主なポリフェノール類を示した．また，図 6.5 に示したのは国際オリーブ協会（IOC）の規定するバージン・オリーブオイル中のバイオフェノール（IOC のフェノール化合物に対する呼称）の定量分析法で例示されている高速液体クロマトグラフィーの分析チャートであり，表 6.2 にはそこで同定され

ている 27 の物質（群）を示した．ポリフェノールは比較的複雑な構造の物質が多く，物質の極性の幅も広い．そのためポリフェノール分析時の抽出や分離の操作には細心の注意を払わなければならない．

これらバージン・オリーブオイル中のポリフェノールのうち代表的なものとしては，ヒドロキシチロソール（Hydroxytyrosol），チロソール（Tyrosol），デカルボキシメチル・オレウロペインアグリコン・ジアルデヒドフォーム（3,4-DHPEA-EDA），デカルボキシメチル・リグストロシドアグリコン・ジアルデヒドフォーム（p-HPEA-EDA），リグナン類（Lignans），オレウロペインアグリコン・アルデヒド & ハイドロキシリックフォーム（3,4-DHPEA-EA），リグストロシドアグリコン・アルデヒド & ハイドロキシリックフォーム（p-HPEA-EA）などが挙げられる（図 6.6 参照）．これらの化合物のうち名称からも明らかなように 3,4-DHPEA-EDA 及び 3,4-DHPEA-EA はオレウロペインアグリコンの同属体であり，p-HPEA-EDA 及び p-HPEA-EA はリグストリシドアグリコンの同属体である．なお，オレウロペインやリグストロシド関連物質のバージン・オリーブオイルにおける主要な存在形態は，油への溶解性からこれらのアグリコン構造の同族体である．これらに対してオレウロペインやリグストロシド，ヒドロキシチ

表 6.1 オリーブオイル中の主なポリフェノール

1. 単純フェノール酸と関連物質	2. 単純フェノール	4. ノフホノイド
・シリング酸 ・バニリン酸 ・p-クマル酸 ・o-クマル酸 ・没食子酸 ・コーヒー酸 ・プロトカテク酸 ・フェルラ酸 ・p-ヒドロキシ安息香酸 ・桂皮酸 ・安息香酸 ・シキミ酸 ・4-ヒドロキシフェニル酢酸 ・ホモバニール酸 ・シナピン酸	・ヒドロキシチロソール ・チロソール ・ヒドロキシチロソールアセテート ・チロソールアセテート ・ヒドロキシチロソールグルコシド ・バニリン	・アピゲニン ・ルテオリン
		5. リグナン
		・ピノレジノール ・アセトキシピノレジノール
	3. オレウロペイン同族体	**6. ヒドロキシイソクロマン**
	・3,4-DHPEA-EDA ・3,4-DHPEA-EA ・オレウロペイン-アグリコン ・p-HPEA-EDA ・p-HPEA-EA ・リグストロシドアグリコン ・エレノール酸 ・エレノール酸グリコシド	・ヒドロキシクロマン類
		7. その他
		・オレオカンタール

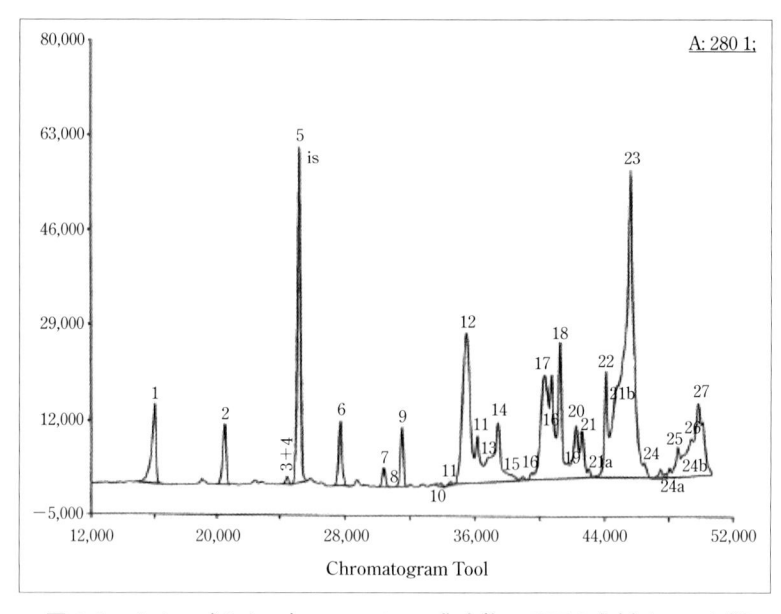

図 6.5　オリーブオイル中のフェノール化合物の HPLC 分析チャート例
（IOC Analysis method より）

表 6.2　図 6.5 の HPLC 分析チャート中のフェノール化合物
（IOC Analysis method より）

Peak No	Biophenots	RRT*	Max. UV abs. nm
1	Hydroxytyrosol	0.62	230-280
2	Tyrosol	0.80	230-275
3	Vanillic acid	0.96	260
4	Caffeic acid	0.99	325
5	Syringic acid (internal standard)	1.00	280
6	Vanillin	1.10	310
7	Para-coumaric acid	1.12	310
8	Hydroxytyrosyl acetate	1.20	232-285
9	Ferulic acid	1.26	325
10	Ortho-coumaric acid	1.31	325
11;11a	Decarboxymethyl oleuropein aglycone, oxidised dialdehyde form	-	235-280
12	Decarboxymethyl oleuropein aglycone, dialdehyde form	1.45	235-280
13	Oleuropein	1.48	230-280
14	Oleuropein aglycone, dialdehyde form	1.52	235-280
15	Tyrosyl acetate	1.54	230-280
16;16a	Decarboxymethyl ligstroside aglycone, oxidised dialdehyde form	1.63	235-275
17	Decarboxymethyl ligstroside aglycone, dialdehyde form	1.65	235-275
18	Pinoresinol, 1 acetoxy-pinoresinol	1.69	232-280
19	Cinnamic acid	1.73	270
20	Ligstroside aglycone, dialdehyde form	1.74	235-275
21;21a;21b	Oleuropein aglycone, oxidised aldehyde nad hydroxylic form	-	235-280
22	Luteolin	1.79	255-350
23	Oleuropein aglycone, aldehyde nad hydroxylic form	1.87	235-280
24;24a;24b	Ligstroside aglycone, oxidised aldehyde and hydroxylic form	-	235-275
25	Apigenin	1.98	230-270-340
26	Methyl-luteolin	-	255-350
27	Ligstroside aglycone, aldehyde and hydroxylic form	2.03	235-275

＊ RRT：rerative retention times

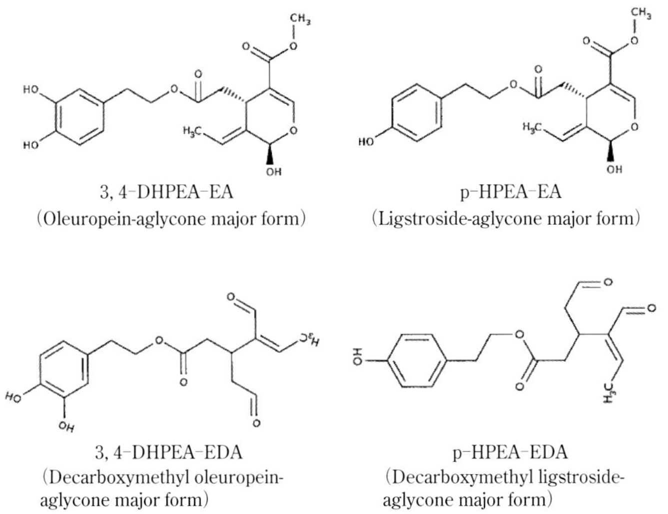

3, 4–DHPEA–EA
(Oleuropein-aglycone major form)

p–HPEA–EA
(Ligstroside-aglycone major form)

3, 4–DHPEA–EDA
(Decarboxymethyl oleuropein-
aglycone major form)

p–HPEA–EDA
(Decarboxymethyl ligstroside-
aglycone major form)

図 6.6 バージン・オリーブオイル中の主なポリフェノール・アグリコン

表 6.3 エキストラバージン・オリーブオイル製品のポリフェノール分析例 ※

	イタリア産エキストラバージン・オリーブオイル		
	製品 A	製品 B	製品 C
Total Polyphenols（Tyrosol 換算）	632	363	410
① Hydroxytyrosol	3	< 3	8
② Tyrosol	4	5	8
③ 3,4–DHPEA–EDA	118	29	91
④ p–HPEA–EDA	111	60	114
⑤ Lignans	121	17	52
⑥ 3,4–DHPEA–EA	110	10	42
⑦ p–HPEA–EA	23	5	10
①〜⑦の合計	490	< 129	325

（単位：mg/kg oil）

（※：同一試験機関が IOC のバイオフェノール分析法で実施した結果）

ロソールやチロソールのような高極性の物質の存在割合は低い（表 6.3 参照）．

3）オリーブオイルの呈味成分

　生の未成熟なオリーブ緑果をそのまま口に入れた場合，舌が麻痺するほど強烈な苦味と渋味を感じ，嚥下することは到底不可能である．また，バージン・オリーブオイルにおいても強度は遥かに低いもののこのような苦味や，喉の奥がひりひりするような辛味を感じ，咳き込んでしまうこともある．これらの原因となっている物質は，オリーブ果実からバージン・オリーブオイルに移行したフェノール系の化合物（ポリフェノール）である．特に苦味に強く関与する物質はオレウロペインア

グリコン由来の 3, 4–DHPEA–EDA であり，この他にも p–HPEA–EDA，3, 4–DHPEA–EA，p–HPEA–EA らが寄与すると言われている．逆にフェノール化合物の中でも苦味への関与度が低いと言われている成分もあり，表 6.4 にそれらを示した．

　苦味に対して辛味の感知はそれよりも遅れて感じられる．辛味については同じく 3, 4–DHPEA–EDA の関与が指摘されているが，オレオカンタール（Oleocantar）も喉の上気道を刺激し咳込みを引き起こす（図 6.7 参照）．近年，オレオカンタールはその栄養効果から注目を集めており，イブプロフェン類似構造による鎮痛効果や，アルツハイマー症の発生予防効果などの可能性について研究

表 6.4　苦味への関与が低いオリーブオイル中のポリフェノール化合物例

・ヒドロキシチロソール	・桂皮酸
・チロソール	・エレノール酸
・バニリン酸	・ヒドロキシチロソールアセテート
・バニリン	・チロソールアセテート
・p–クマル酸	・アピゲニン
・フェルラ酸	・ルテオリン

が進められている．

4) ポリフェノール含量に影響を及ぼす因子

オリーブ果実中のポリフェノール組成や含量に最も大きく影響するのはオリーブの品種，すなわち遺伝的要因である．また，ポリフェノール含量は原料果実の成熟度や，木の生育環境，栽培方法などの農業技術，オリーブオイルの搾油技術などによっても影響を受け，変動する．

図 6.8 にはいくつか代表的な品種について異なる生育地域で得られたエキストラバージン・オリーブオイルのポリフェノール含量を示した．品種によって概ねの含有レベルが決まっており，生育地域によって変動していることがわかる．

表 6.5 には 3 つの品種について 3 段階の熟度の

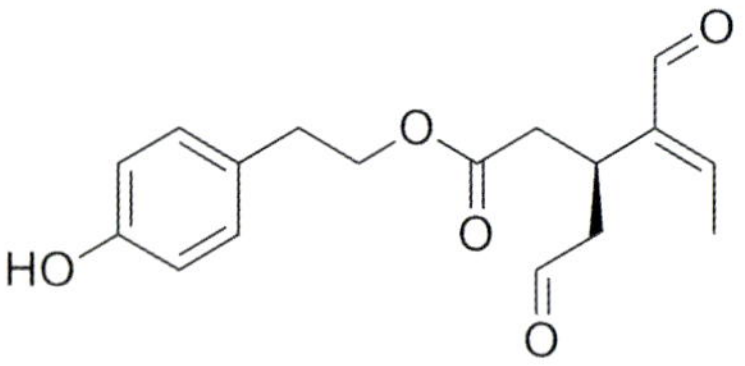

オレオカンタール

図 6.7　オレオカンタールの構造式

果実から得られたバージン・オリーブオイルのフェノール含量と苦味強度との関連性を示した．この例では最初の収穫時期において既にバージン・オイル中のポリフェノール含量はピークに達しており，その後，熟成が進むにつれポリフェノール含量が低下していた．また，このポリフェノール含量と苦味の強さには高い関連性が見られた．

品種名（原産地）	栽培地		フェノール化合物含量　（単位：mg/kg oil）
ピクアル （スペイン）	アンダルシア	664	664
	カタロニア	509	509
	チリ	402	402
マンザニラ （スペイン）	アンダルシア	461	461
	カタロニア	321	321
コロネイキ （ギリシャ）	アンダルシア	411	411
	チリ	318	318
	チュニジア	236	236
レッチーノ （イタリア）	チリ	357	357
	トスカーナ	146–354	146　**354**
	マルケ	308	308
	アンダルシア	302	302
オヒブランカ （スペイン）	カタロニア	273	273
	アンダルシア	187	187
アルベキーナ （スペイン）	アラゴン	347	347
	チリ	309	309
	カタロニア	201	201
	チュニジア	196	196
	アンダルシア	182	182

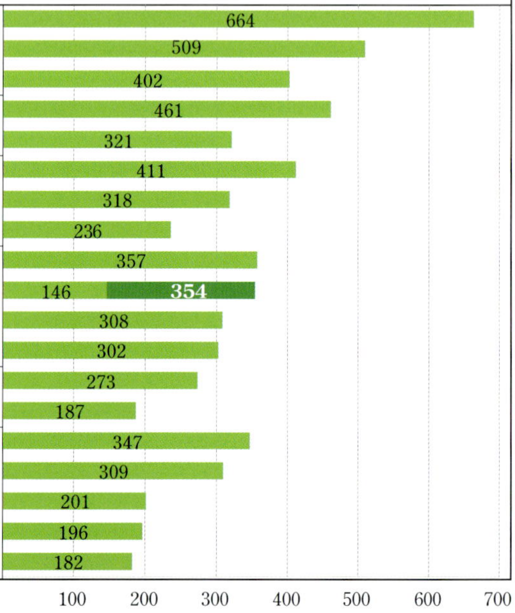

100　200　300　400　500　600　700

図 6.8　オリーブ品種と産地によるポリフェノール含量の違い

（出典：P.Vossen, Handbook of Olive Oil (2nd Ed.), Springer)

表 **6.5** 品種と熟度の違いによるポリフェノール化合物量及び苦味の変化
(D. Škevin et al., Eur. J. Lipid Sci. Technol. 105(2003) 536.541 を加工)

品種	収穫時期	総ポリフェノール (mg/kg コーヒー酸換算)		苦味強度 (Intensity of bitterness)	
		平均± S.D.	幅	平均± S.D.	幅
Leccino	10 月前半	277 ± 81	193–387	2.12 ± 0.81	1.32–3.17
	11 月前半	175 ± 49	112–218	1.18 ± 0.57	0.66–1.92
	11 月後半	130 ± 33	103–177	0.82 ± 0.60	0.18–1.59
Bianchera	10 月前半	382 ± 80	312–497	4.63 ± 1.43	3.06–5.84
	11 月前半	338 ± 116	196–470	3.36 ± 1.61	1.33–4.79
	11 月後半	305 ± 50	257–355	2.73 ± 1.19	1.85–4.49
Busa	10 月前半	265 ± 30	248–300	2.19 ± 0.03	2.16–2.22
	11 月前半	160 ± 60	86–226	0.90 ± 0.53	0.19–1.47
	11 月後半	125 ± 41	91–173	0.79 ± 0.80	0.20–1.96

なお，この苦味強度（Intensity of bitterness）はしばしば苦味の評価に用いられた化学分析による指標で，規定の条件でオイルから抽出された苦味成分等の混合物について 225nm の紫外線吸光度を測定し所定の計算式で算出するが，公定的な指標ではなく，この改良法も提案されている．

近年，オリーブオイルの消費国が世界に拡大するにつれ，オリーブ果実の収穫時期の判断基準として重要性が増しているのは油分含量ではなく，風味の質と健康性の高さである．特に先進国ではオリーブオイルの健康性に対する期待感は高く，その健康性の化学的な裏付けとなるポリフェノール含量に対しても関心は高い．このような状況の変化に合わせて生産者側でも果実が完熟する前の未成熟な状態で収穫する風潮が広がっている．2000 年以前と現在では果実の収穫のピーク時期が 1 〜 2 ヵ月早まっている感がある．

生育環境に関して，降雨量や灌漑の程度は果実のフェノール化合物含量への影響が大きく，供給水分量とフェノール化合物量には負の相関があると言われている．特に収穫期に近い頃の多雨は，「果実に水が入る」という言い方がされるようにその味がボケたものとなり易い．

製造工程において問題となるのは，フェノール化合物自体の酸化分解と，遠心分離時の廃水への流出による損失が挙げられる．フェノール化合物自身も果実の内因性のパーオキシダーゼやポリフェノールオキシダーゼによる酸化が起きるため，これらの酵素活性が上昇する 40℃以上の高温での破砕やマラキシングなどの処理は避けなければならない．また，マラキサー内部の酸素の影響を考慮し，装置内部の窒素置換が可能なタイプや，重力でペーストが隙間なく充満されて酸素と接触しにくい縦型のマラキサーなども実用化されている．

また，良く指摘されるのが搾油処理に用いるデカンターでのフェノール化合物の損失の問題である．特に旧式の 3 フェーズ式デカンターの場合，処理時に果実ペーストとほぼ等量の水を加えてペーストの粘度を下げ，遠心分離を行う．そのため，水溶性の高いフェノール化合物がペーストから分離される廃水区分に溶出しやすくなり，オイルに移行するフェノール化合物の含量も低下する．近年の改良型 3 フェーズデカンターでは添水量を 3 割程度まで減らすことが出来るが，最新の 2 フェーズ式デカンターでは添水ゼロでの操作が可能となっており，ポリフェノール含量向上にはアドバンテージが大きい．2 フェーズ式は分離時の廃水発生量が少なく，廃水処理の負荷を減らすことが出来る一方，水分含量の多い搾油滓が多量に発生するため，搾油滓の用途等も含めてどちらの方式のデカンターを選定するか考える必要がある．

5）オリーブ・ポリフェノールのその他の効果

オリーブ・ポリフェノールの中には強い抗酸化性を有する物質もあり，バージン・オリーブオイルの品質保持にも大きく影響する．スペイン原産のアルベキーナ種などは比較的ポリフェノール含量の低い品種であり，未成熟な状態の緑果から得られるバージンオイルでも，その青々しい香りの割に苦味や辛味の少ないマイルドな味わいのオリーブオイルとなる．しかし，保存性が低いため，保管条件によっては一定の期間を過ぎると急激に品質の低下が進行する場合がある．そのためしばしばピクアルのようなポリフェノールの高い品種とブレンドが行われる．

オリーブ・ポリフェノールは言うまでもなく様々な栄養効果が期待される成分である．その意味で苦味・辛味の強いバージン・オリーブオイルに対しては同時により強い栄養効果が期待され，正に「良薬口に苦し」といった趣がある．ただし，風味的な価値観からいえば，オリーブオイルの苦味や辛味は，芳香とのバランスが取れており，風味の全体調和を調えることこそが重要である．

6.1.2　臭　　い

1）リポキシゲナーゼ経路（Lipoxygenase pathway）と臭いの成分

健康的に生育したオリーブ果実から得られたエキストラバージン・オリーブオイルが発する刈り取ったばかりの草や新鮮な野菜のような青々しい芳香は，実は搾油処理寸前の原料オリーブ果実の香りそのものではない．バージン・オリーブオイルの香りを構成する成分としては数多くの物質が同定されているが，その中でも現在の価値基準から「望ましい・良質な」香りと認識される香りの主要な成分は，主にオリーブ果実の破砕や撹拌といった搾油処理の作業時に発現する酵素反応によって生成するものである．

この反応の開始に関与する重要な酵素がリポキシゲナーゼ（Lipoxygenase：LOX）であり，香りの成分が生成していく一連の反応経路をリポキシゲナーゼ反応経路（Lipoxygenase pathway）と呼ぶ．リポキシゲナーゼは，cis–cis構造の非共役二重結合を有するペンタジエン構造の物質を反応の基質とする酵素であり，大豆特有の青臭い香りの発生への関与でもよく知られている．

図6.9にオリーブのリポキシゲナーゼ反応経路を含む香り成分の生成経路を示した．IOCのオ

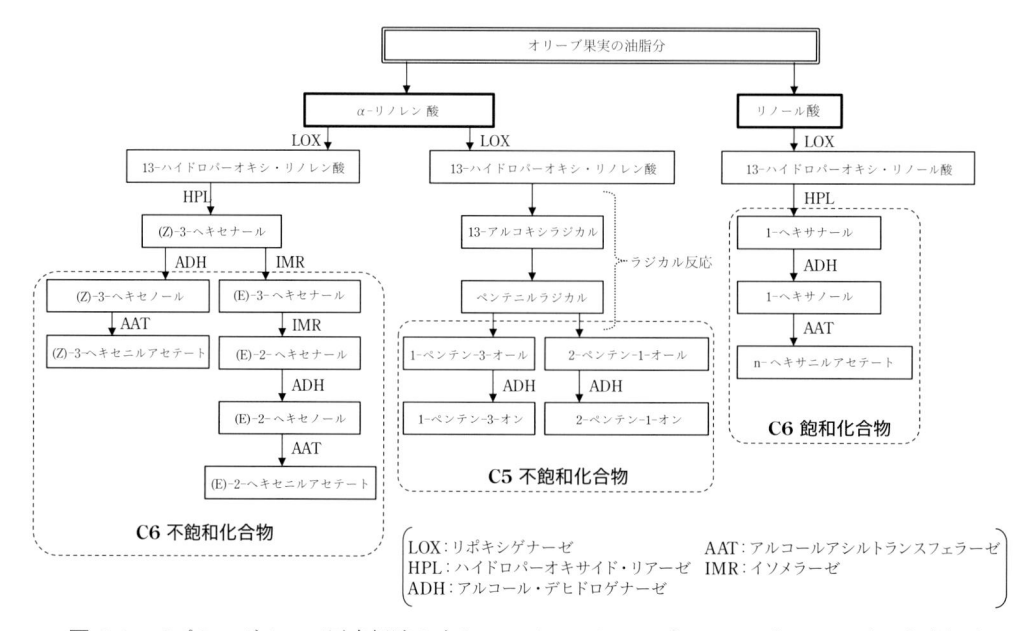

図6.9　リポキシゲナーゼ反応経路を含むバージン・オリーブオイルの青々しい香り生成経路

表 6.6　IOC のオリーブオイル及びオリーブ
　　　　　ポマスオイルの脂肪酸組成の規格
（% m/m methyl esters）

脂肪酸	規格値	
Myristic acid	≦	0.03
Palmitic acid		7.50–20.00
Palmitoleic acid		0.30–3.50
Heptadecanoic acid	≦	0.40
Heptadecenoic acid	≦	0.60
Stearic acid		0.50–5.00
Oleic acid		55.00–83.00
Linoleic acid		2.50–21.00
Linolenic acid	≦	1.00
Arachidic acid	≦	0.60
Gadoleic acid (eicosenoic)	≦	0.50
Behenic acid	≦	0.20[*]
Lignoceric acid	≦	0.20

[*] オリーブポマスオイルの場合 ≦ 0.30

リーブオイルの脂肪酸品質規格では同組成中 1%
以下（表 6.6 参照）と量の少ない α-リノレン酸を基
質としてリポキシゲナーゼ（LOX）が作用して 13-
ハイドロパーオキサイドが生成する．これに本経
路のもうひとつの重要酵素であるハイドロパーオ

キサイド・リアーゼ（Hydroperoxide Lyase：HPL）
の作用で分解が起こり，不飽和 C6 アルデヒドが
生成する．さらにアルコール・デヒドロゲナーゼ
（Alcohol dehydrogenase：ADH），アルコール・アシ
ルトランスフェラーゼ（Alcohol acyltransferase：
AAT）による酵素反応が進み，不飽和 C6 アルコー
ルや不飽和 C6 アセテートなど直鎖不飽和 C6 化合
物群が生成する．また，ハイドロパーオキサイド
の β 開裂とラジカル反応からは炭素数 5 の不飽和
アルコールが生成し，引き続きさらに ADH によ
る酵素反応で C5 不飽和アルデヒドが生じる．一
方，リノール酸からはリノレン酸の前者の酵素反
応と同様の経路で直鎖の飽和 C6 アルデヒド，ア
セテートが生成する．

　このようにリポキシゲナーゼ反応経路で生成す
る C6 系化合物や C5 系化合物がバージン・オリー
ブオイルの望ましい臭い，特に切ったばかりの草
の青々しい香りや，フルーティーな香りの主要成
分と考えられている．代表的な物質には (E)-2-
hexenal や (Z)-3-hexenal, n-hexanal などがあり，

表 6.7　望ましい風味特性に関与する揮発性物質
（出典：Angerosa F., Eur. J. Lipid Sci. Technol. 104 (2002) 639-660）

感覚	関与する揮発性物質（その他の関与物質）	相関係数
苦味 （Bitter）	1-penten-3-one, (及び Polyphenols)	0.80
辛味 （Pungent）	1-penten-3-one, (及び Polyphenols)	0.80
甘味 （Sweet）	Hexanal	0.72
フルーティー （Fruity）	(Z)-2-pentc-1-ol	0.66
草葉を噛んだような （Leaf）	1-penten-3-one, (及び Polyphenols)	0.65
刈ったばかりの草 （Fresh cut grass）	(E)-2-hexenal	0.57
アーモンド （Almond）	(Z)-2-penten-1-ol	0.62
バナナ （Banana）	Hexanal, (Z)-3-hexenyl acetate	0.60
クルミの殻 （Walnut husk）	(Z)-3-hexenyl acetate	0.57
野の花 （Wild flowers）	(E)-2-hexen-1-ol	0.56
トマト （Tomato）	hexan-1-ol, 1-penten-3-one	0.51

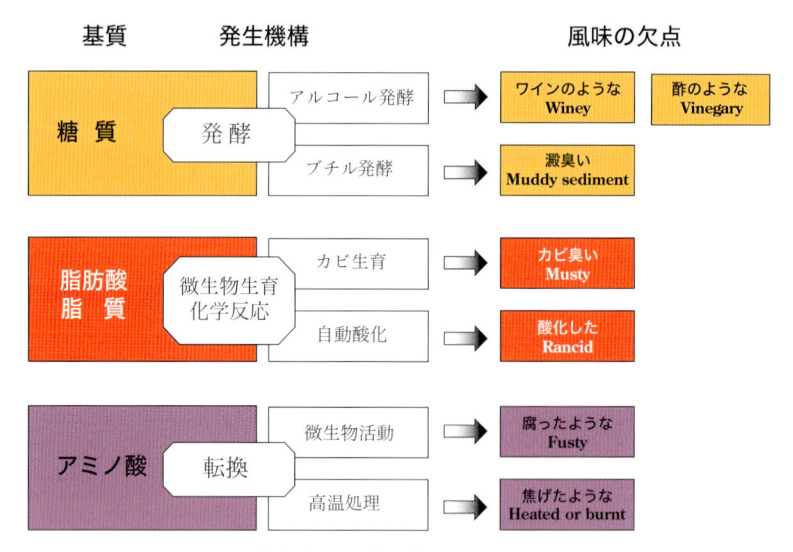

図6.10 代表的な風味の欠点とその発生スキーム

表6.7にそれらを示した.

2）風味の欠点

　現実の搾油現場では健康に成長した果実だけではなく，地面に落ちて汚れていたり，傷がついてしまった果実，病気や害虫の被害を受けた果実といった「不健康で品質の良くない原料」からもオリーブオイルの搾油は行われることがある．また，果実の収穫方法や搾油までの原料保管条件，搾油工程の処理条件，設備管理，搾油されたオイルの貯蔵条件といった人為的要因が不適切な場合もある．これらの原料や環境で搾油されたオリーブオイルには「望ましくない」として感知される臭いが発生する場合がある．この望ましくない傾向の香りをオリーブオイルの官能評価では「風味の欠点（defects）」と呼ぶ．IOC の規定する官能評価方式においては，この欠点がごくわずかでも感知されたバージン・オリーブオイルは化学分析の値がどれだけ優良であっても，バージン・オリーブオイルの最上位グレードである，エキストラバージンとして分類することは許されていない．

　この欠点の風味特性の発生に関与する原因物質の基質には脂質以外に，果実中の糖質やアミノ酸なども利用される．それらを基質とした代表的な風味の欠点の生成スキームと，官能評価で規定されたそれらの評価用語との関係を図6.10にま

表6.8 バージン・オリーブオイルの風味上の欠点発現に関与する主要揮発成分
（Susan Langstaff 氏 ; The Defects Wheel For Olive Oil より抜粋）

風味の欠点	関連する揮発性物質	相関係数
Fusty	2−methl −1−propanol	1.00
	n−octane	0.94
	propanoic acid	0.72
	butanoic acid	0.65
	3−methyl−1−butanol	0.10
	ethyl butanoate	0.03
Muddy sediment	6−methyl−5−hrepten−2−one	1.00
	2−butanol	0.15
	heptan−2−ol	0.01
	1−penten−3−one	0.004
Musty Humid Earthy	ethyl acetate	0.94
	propanoic acid	0.72
	acetic acid	0.50
	1−octen−3−ol	0.05
	(E)−2−heptenal	0.042
	1−octen−3−one	0.01
	heptan−2−ol	0.01
Winey Vinegary Acid Sour	ethyl acetate	0.94
	acetic acid	0.50
	3−methyl butan 1−ol	0.10
Rancid	hexanoic acud	0.70
	heptanal	0.50
	octanal	0.32
	pentanal	0.24
	nonanal	0.15
	hexanal	0.08
	(E)−2−heptenal	0.042
	(E)−2−decaenal	0.01

とめた.

現在,分析技術の進歩に伴い,バージン・オリーブオイルの臭い成分は200以上の物質が分離,同定されている. 臭いの成分は単一物質について評価をする場合でもその物質の濃度によっても異なる印象を与えることや,共存物質が存在する場合も知覚される感覚が異なることが多い. 現在は主に主成分分析といった多変量解析の手法を用いて臭いの成分と知覚との関連性の解明が行われている. 表6.8に各風味欠点に関与する成分の解析例を示したが,主に,炭素数7〜11の一価不飽和アルデヒドや,炭素数6〜10のジエナール,炭素数5の分枝アルデヒドやアルコール,炭素数8のケトン,炭素数6〜9の飽和アルデヒドなどが臭いの欠点に関与すると言われている.

3) 揮発性物質の生成量に関与する因子

オリーブオイルの良質な香りの生成はリポキシゲナーゼ反応経路を主体とするが,その反応度は果実中の酵素濃度と活性に依存する. 前者については遺伝的要因（品種）が大きく,後者は栽培方法や搾油といった技術的要因が影響する.

表6.9は点滴灌漑法（Drip Irrigation）による散水量の影響の実験結果であるが,フェノール化合物は前述の通り水分量と逆比例の関係がみられ,芳香成分は比例の傾向が見られる. 官能評価結果では上記の傾向がより拡大して感知された（図6.11参照）.

搾油の各工程での被処理品の品温はリポキシゲナーゼなどの酵素活性に影響することで芳香成分の生成量に影響する. オリーブ・リポキシゲナーゼの活性の最適温度は15〜25℃で30℃を超えると活性が低下するという報告がある. 生産効率や洗浄性に優れたハンマーミルにも破砕時に起きる発熱による酵素活性低下のリスクがある. また,マラキシング（粉砕後の撹拌処理）やデカンター（一次遠心分離）処理時の品温管理も重要である. オリーブオイルの製法の特徴として,しばしば標榜される「コールドプレス」の上限温度27℃の設定根拠のひとつはこの酵素活性のコントロールにある. また,収穫されたオリーブ果実は,外因性の微生物の繁殖による腐敗の防止の理由からも収穫後はなるべく短時間で搾油工程に投入することが望ましい.

近年のオリーブオイルは果実由来の固形分や水分の除去のためろ過処理を行うことが一般的である. しかし,ろ過処理は酸素との接触機会が増え

表6.9 点滴灌漑法の水分供給量（灌漑条件）の違いによる臭いと味の成分量変化（2004年データを抽出）

（出典：Sevili M. et al., (2007) J. Agric. Food Chem. 55(2007) 6609-6618）

	完全灌漑条件	制限灌漑条件	高度制限灌漑条件
フェノール化合物 (mg/kg Oil)			
Tyrosol	2.3 ± 0.3 a	2.4 ± 0.7 a	3.5 ± 0.9 a
Hydroxytyrosol	7.7 ± 0.8 a	7.4 ± 1.4 a	3.1 ± 0.4 b
3,4-DHPEA-EDA	130.1 ± 25.9 a	291.7 ± 40.3 b	318.5 ± 39.1 b
p-HPEA-EDA	80.2 ± 11.8 a	128.2 ± 25.6 b	129.9 ± 24.1 b
(+)-1-acetoxypinoresinol	4.4 ± 0.8 a	3.8 ± 0.9 a	6.0 ± 2.6 a
(+)-pinoresinol	44.8 ± 6.7 a	49.7 ± 5.6 a	47.28 ± 7.9 a
Oleuropein aglycon (3,4-DHPEA-EA)	114.1 ± 19.2 a	139.6 ± 20.1 a	185.5 ± 23.0 b
揮発性化合物 (μg/kg Oil)			
1-penten-3-one	855.8 ± 55.0 a	869.3 ± 43.0 a	786.0 ± 117.0 a
pentanal	70.1 ± 32.0 a	117.2 ± 23.0 a	137.9 ± 49.2 a
hexanal	492.1 ± 94.0 a	500.1 ± 75 a	372.1 ± 52.0 a
(E) 2-hexenal	33091 ± 3644.0 a	27676.3 ± 2286 b	22632.6 ± 2364.6 c
2-methyl-1-butanol	341.4 ± 43.0 a	308.9 ± 23.1 a	307.5 ± 21.6 a
1-penten-3-ol	615.4 ± 136.1 a	769.0 ± 50.0 a	706.0 ± 124.8 a
1-hexanol	128.4 ± 18.3 a	1126.7 ± 26.0 a	177.9 ± 38.3 b
(E)-2-hexen-1-ol	7915.7 ± 102.1 a	2519.2 ± 42.5 b	1834.0 ± 202.1 c
(Z)-2-hexen-1-ol	562.8 ± 65.2 a	548.2 ± 29.0 a	785.3 ± 114.0 b
(Z)-3-hexen-1-ol	164.9 ± 41.2 a	202.4 ± 25.0 a	137.8 ± 21.8 b

※表中の各物質含量のアルファベット（a, b, c）符号は,危険率5%での有意差を示す

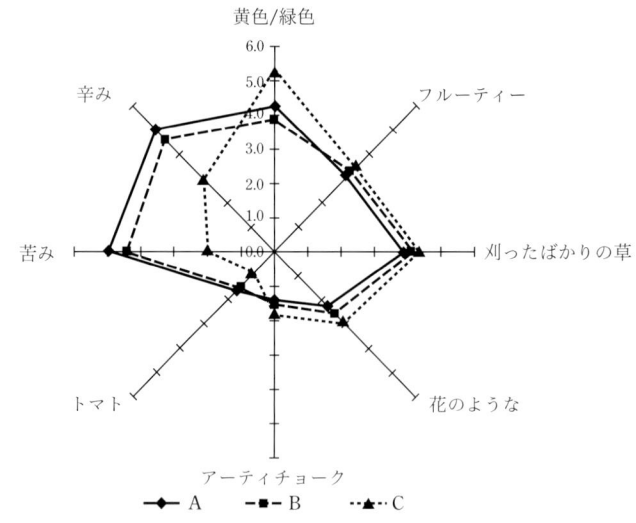

図 **6.11**　点滴灌漑の水分供給量（灌漑条件）の違いと官能評価
（出典：Sevili M. et al., (2007) J. Agric. Food Chem. 55(2007) 6609.6618）

るため，無用なろ過処理は行わない．タンクの構造は縦長で底部にテーパーが掛かっており，固形分を沈降させやすい構造をしている．通常は搾油後，1〜2週間程度静置してある程度沈降が進むと，上澄み部を別のタンクに移し，沈降した澱とオイルの接触を避けるような操作を行う．これは，栄養素に富む沈殿分に微生物が繁殖して腐敗した場合に発生する Muddy sediment や Fusty と呼ばれる欠点の臭いの発生を防ぐためである．

　また，搾油されたバージン・オリーブオイルは翌年の収穫まで，風味等品質の劣化防止に最大限に配慮して保蔵する必要がある．バージンオイルのタンクは温度管理された屋内に設置されるだけでなく，ヘッドスペースを減らした満注状態での保管や，不活性の窒素ガスやアルゴンガス（日本では使用できない）を封入して品質保持を図る場合もある．

6.1.3　オリーブオイルの色調
1）バージン・オリーブオイルの色調
　市販されているエキストラバージン・オリーブオイルは黄金色から濃緑色まで特有の色調を有している．これも製造工程中に脱色や加熱といった

工程を一切含まない未精製のバージンオイルならではの大きな特徴である．

　バージンオイルの風味評価においては，その色調は全く評価の対象外で，香りと味のみで評価される．しかし，商品価値としてはこの色調も無視出来ない部分がある．特に DOP のような伝統的なバージン・オリーブオイルは，その使用品種や収穫時期に一定の制限があるため，その色調も毎年，似た傾向を示すことが多い．IOC の品質規格では一般のエキストラバージン・オリーブオイルについて色調や色度の品質規格を決めていないが，DOP の中にはその色調の特性を数値ではなく形容詞的な表現で規定されているものがある（表6.10 参照）．また，先に述べたようにオリーブの収穫時期が全般に早まる傾向がある現在，オリーブオイルの色調も緑の色味が強くなる傾向がある．

2）色素の成分
　オリーブオイルの色調に関与する主要な色素はクロロフィル類とカロチノイドである．果実の成熟とともに外皮は緑色から紫へ変化するが，この紫色はアントシアニン色素によるものである．ポリフェノールのひとつであるアントシアニンは水溶性が高いため搾油時にはオリーブオイルに溶解

表 6.10 原産地呼称保証制度に認定登録されているエキストラバージン・オリーブ
オイルの規格中の色調表現

認 定 名 （産　地）	規格中の色調表現
トスカーナ IGP　（TOSCANA IGP） （イタリア・トスカーナ州）	緑色から黄金色 （green to golden yellow）
テッラ・ディ・バーリ DOP（Terra di Bari DOP） （イタリア・プーリア州）	緑色から黄色 （green to yellow）
モンティ・イブレイ DOP（Monti Iblei DOP） （イタリア・シチリア州）	緑色 （green）
リビエラ・リグーレ DOP　（Riviera Ligure DOP） （イタリア・リグーリア州）	黄色 （giallo（伊））
モンテ・デ・トレド DOP（Montes de Toledo DOP） （スペイン・アンダルシア州）	黄金色から濃い緑色 （l amarillo dorado hasta el verde intenso（西））

表 6.11 果実の熟成がバージン・オリーブオイル中の色素組成に及ぼす影響
（出典：Criado, M.N. et al., Food Chem. (2007) 1000, 748-755）

色　素	原料果実の果皮の色調					
	緑色	明緑色	赤色小斑点	変色時	紫色	黒色
Chlorophyll a	31	24	4.6	2.1	0.82	0.40
Chlorophyll b	5.1	3.8	0.94	0.35	0.09	0.03
Peophytin a	8.7	4.9	2.3	0.88	0.04	tr
Pheophorbide a	1.7	0.25	0.07	0.02	0.01	nq
Chlorophyll a/Chlorophyl b	*6.0*	*6.5*	*4.9*	*6.0*	*8.8*	*13*
Total chlorophylls	**46**	**33**	**7.9**	**3.4**	**0.97**	**0.43**
Neoxanthin	1.3	1.0	0.38	0.14	0.08	0.02
Violaxanthin	2.1	1.6	1.0	0.60	0.11	0.03
Antheraxantin	2.2	2.0	1.0	0.58	0.29	0.23
Lutein	8.1	6.5	3.1	2.1	1.3	0.71
all−trans−β−carotene	4.2	2.4	1.0	0.98	0.42	0.28
Violaxanthin monoesterified	0.14	0.08	0.05	0.02	0.01	nq
Neoxantin esterified	0.26	0.22	0.10	0.06	0.02	0.02
Cis−α−carotene	tr	tr	tr	tr	tr	tr
Provitamin A（レチノール換算 μg/kg oil）	**697**	**400**	**167**	**164**	**70**	**47**
Total carotenoids	**18**	**14**	**6.7**	**4.5**	**2.3**	**1.3**
Total pigment	**64**	**47**	**15**	**7.8**	**3.2**	**1.7**
Chlorophylls/Carotenoids	*2.5*	*2.4*	*1.2*	*0.7*	*0.4*	*0.3*

（単位：mg/kg oil）

せず，オリーブオイルの色調には反映しない．葉緑素・クロロフィルも品種によって果実中の含量が大きく変化するが，果実の熟成によっても色素類の含量が減少してオリーブオイルの緑黄色が低下する（表6.11 参照）．

クロロフィルは光の存在下では活性酸素のひとつの一重項酸素を発生し，オリーブオイルの酸化を促進し，暗所においては抗酸化的に作用する．また，クロロフィル色素自体の分解はバージン・

オリーブオイルの緑の色調の低下に繋がる．バージン・オリーブオイルの保管には遮光への対策が極めて重要である．

6.2　オリーブオイルの風味の官能評価

6.2.1. オリーブオイル官能評価の特性

風味的には無味無臭を志向して販売に供される精製植物油群とは異なり，オリーブオイルはその

風味自体が商品価値を大きく左右する．しかし，オリーブオイルに限らず官能評価によって食品の風味を定量的，定性的に評価することが極めて難しいのは言うまでもない．評価者一人一人には味覚や嗅覚の感知能力，即ち生体の機能に差があり，加えて異なった食経験や嗜好を有している．

このような「ヒト」という評価装置を用いる官能評価では，評価用語や評価尺度の校正に大変な労力が必要とされる．科学的論理に基づいた数々の評価手法や評価結果の解析方法が開発され官能評価の精度の向上が図られてきたが，現在でも完全といえる評価方式の確立された食品は存在しない．

オリーブオイルはそもそも油という「臭いの成分」が溶解しやすい物質であって，舌で感じる「味」や口中の「食感（テクスチャー）」よりも遥かに嗅覚で感知される「臭い」の方が評価において比重が高い．オリーブオイルの官能評価方法の開発行為自体は比較的近年の取り組みであったため，既に開発され確立された官能評価技術を活用し，関連組織間で横断的な検証が行われた．そのため，他の食品と比べてその評価の手順や判定基準は極めて詳細かつ広範に渡って取り決められたものとなった．さらに，この評価方法については継続的な見直しと改善が行われている．

6.2.2　オリーブオイル官能評価方法の変遷

国際オリーブオイル協会（IOOC，現在の国際オリーブ協会（IOC））はオリーブ関連の情報調査や技術開発，それらの情報の発信や技術の普及，そして国際品質規格の設定による流通品の品質の保障や向上などにより，適正な国際取引の拡大推進を目指し，1959年に国際連合の貿易開発会議（UNCTAD）の下に設置された国際政府間機関である（図6.12参照）．

1960年にはこの活動主旨に準じ，初めてオリーブオイルの国際的な品質基準が策定された．この際，バージン・オリーブオイルのグレード分けという品質基準も導入され，「エキストラバージン」という用語が初めて公式なものとなった．以降，品質規格については規格値の見直しや規格項目の改廃が継続的に検討されている．

例えば品質関連の規格項目（Quality Criteria）においてエキストラバージン・オリーブオイルの遊離脂肪酸含量（酸度）は，初期の規格では1%以下と規定されていたが，現在では0.8%以下とより厳しい値に変更されている．また，オリーブの栽培地域の世界的な拡大に伴い，その純粋性を確認する特性値（Purity Criteria）に関する規格値，例えばステロール組成などについては，栽培地の環境特性の影響によるステロール組成の変動実態を考慮し，規格が見直されている（表6.12参照）．

化学的な分析と異なり，官能評価は個々の評価者の能力や体調，評価の物理的環境などさまざまな不確定要素を含んでいる．IOCは精度の高い官能評価方法の開発について，70年代から80年代にかけて加盟諸国と連携して検討を行い，ようやく1987年に最初の官能評価方法を設定した．な

図 **6.12**　IOCのシンボルマーク（左）と，マドリッドの本部前のノアの方舟に因む鳩のモニュメント

お，当時はこのIOC規格自体には法的な拘束力がなかったが，1991年に同法がEU規則（EU regulation 2568/91）に取り込まれた時点で，オリーブオイルにおいて初めて法的効力を有する国際的な官能評価法となった．当時の評価方式は「良質」と判断される風味特徴をそれぞれ6段階の強度で評価を行なう「Profile Sheet」と，バージン・オリーブオイルをその品質グレード分けをするための「Grading Table」の2種類の評価が決められていた（図6.13, 6.14参照）．Profile Sheetでは「オリーブ果実のフルーティーさの」強度評価以外に，代表的な良質な風味特性6項目と，自由記載するそれ以外の特性の計7項目についての評価と，風味の欠点についての7項目（自由記載項目を含む）の

表6.12　IOC Trade Standards におけるオリーブオイルのステロール組成規格

Desmethylsterol composition	規格値（% total sterols）
Cholesterol	≦ 0.5
Brassicasterol	≦ 0.1 *
Campesterol	≦ 4.0 **
Stigmasterol	< campesterol in edible oils
Delta-7-stigmastenol	≦ 0.5 **
Apparent beta-sitosterol beta-sitosterol + delta-5-avenasterol + delta-5-23-stigmastadienol + clerosterol + sitostanol + delta 5-24-stigmastadienol	≧ 93.0

（COI/T.15/NC No3/Rev.11）

＊：オリーブポマスオイルの場合0.2以下

＊＊：以前は単に「≦ 4.0/ ≦ 0.5」であったが、現在は規格値外の場合の判定のための付帯条件が付けられている

PROFILE SHEET

OLFACTORY-GUSTATORY-TACTILE NOTES

Attributes	Intensity of Perception					
	0	1	2	3	4	5
Olive fruity(green or ripe)						
Apple						
Other ripe fruit						
Green (leaves, grass)						
Bitter						
Pungent						
Sweet						
Other allowable attribute(s)						
(Specify......)						
Sour/Winey/Vinegary/Acid						
Rough						
Metallic						
Mustiness/humidity						
Fusty						
Rancid						
Other unallowable attribute(s)						
(Specify......)						

0：何も感じない　3：中程度
1：ほとんど感じられない　4：強い
2：僅かに感じられる　5：非常に強い

図6.13　EU - regulationの旧評価シート（Profile sheet）

GRADING TABLE

DEFECTS	CHARACTERISTICS	OVERALL MARK: POINTS
None	Olive fruity Olive fruity and fruitiness of other fresh fruit	9 8 7
Barely Perceived	Weak fruitiness of any type	6
Perceived slightly	rather imperfect fruitiness, anomalous odours and tastes	5
Perceived with average intensity	Clearly imperfect, unpleasant odours and tastes	4
Perceived clearly and with extreme intensity	Totally inadmissible odours and tastes for consumption	3 2 1

図6.14　EU - regulationの旧評価シート（Grading table）

評価が行なわれた. 現在の評価様式では3項目（フルーティーさ, 苦味, 辛味）に集約されてしまったが, 良質な特性についてその特徴を具体的な評価用語を指定し, 点数付けすることはそのオリーブオイルの風味個性の表現法として有効なものであった. 一方の Grading Table は風味の欠点と特性から総合して判断する1〜9点の評価を付けるものであり, エキストラバージン・グレードに判別されるためには総合点6.5点以上が条件となっていた. この方式は2002年まで採用されていたが, その後, Profile Sheet に一本化された現方式とほぼ同様の評価方法に変更された. この方法は風味欠点の検出を要項とする方式であるが, 前述のようにオリーブオイルの風味個性の評価は脆弱化した. 2016年12月時点での最新の評価方式は, 風味の欠点の評価用語が一部見直された（図6.15参照）.

Figure 1

PROFILE SHEET FOR VIRGIN OLIVE OIL
INTENSITY OF PERCEPTION OF DEFECTS

Fusty/muddy sediment ＿＿＿＿＿＿＿＿＿

Musty/humid/earthy　　　＿＿＿＿＿＿＿＿＿
Winey/vinegary
acid/sour　　　　　　　　＿＿＿＿＿＿＿＿＿
Frostbitten olives
(wet wood)　　　　　　　＿＿＿＿＿＿＿＿＿

Rancid　　　　　　　　　＿＿＿＿＿＿＿＿＿
Other negative
attributes:　　　　　　　＿＿＿＿＿＿＿＿＿

　　　　　　　Metalic□　Dry hay□　Grubby□　Rough□
Descriptor:　Brine□　Heated or burnt□　Vegetable water□
　　　　　　　Esparto□　Cucumber□　Greasy□

INTENSITY OF PERCEPTION OF POSITIVE ATTRIBUTES

Fruity　　　　　　　＿＿＿＿＿＿＿＿＿＿＿
　　　　　　Green□　　Ripe□
Bitter　　　　　　　＿＿＿＿＿＿＿＿＿＿＿
Pungent　　　　　　＿＿＿＿＿＿＿＿＿＿＿

Name of taster:　　　　　　　Taster code:
Sample code:　　　　　　　　Signature:
Date:
Comments:

図 6.15　2017年末時点の IOC の評価シート
（COI/T.20/Doc.No15/Rev.9 2017）

6.2.3. 官能評価の目的

IOC のバージン・オリーブオイルの品質グレードは現在4段階に分けられており, そのうち最も厳しい品質基準に合格したものにエキストラバージン・オリーブオイルの呼称が許されている. 規格項目のうち官能評価基準におけるエキストラバージンは「風味上の欠点の評価値のメジアンが0点で, フルーティーな特性の評価値のメジアンが0点より大きいもの」と規定されている. すなわち,「風味上の欠点」が存在するか否かがバージン・オリーブオイルの品質判定結果を左右するということである. したがって官能評価においてはこの「風味上の欠点」の有無とその強度を的確に判定することが最も重要な目的となる（風味上の欠点については「6.1.2 の臭いも」参照のこと）.

表6.13に現在の評価用紙中の欠点の評価用語を載せた.

また, DOP（伊）— Protected Designation of Origin（英）や IGP（伊）— Protected Geographical Indication（英）などの原産地呼称保証制度に認定された地域特産品的エキストラバージン・オリーブオイルには風味上の個性が規定されているものがある. このようなバージン・オリーブオイルの製品において規定の風味特性が表現されていることを評価するのもテイスティングのもうひとつの目的である. 例えば, トスカーナ IGP エキストラバージン・オリーブオイルの場合, その風味特徴においてアーモンドやアーティチョークの香りを有する旨が IGP の登録規格に記されている. これら DOP, IGP の具体的な官能評価方法は IOC 規格においても通常のエキストラバージン・オリーブオイルの官能評価方法とは別途で定められている（COI/T.20/Doc. no.22 Nov.2005）. なお, 表6.14に DOP オリーブオイルの風味特徴の表現（評価用語）の一覧表を載せた. これらの評価用語の本規定における定義が, 一般的な概念とは全く異なるものも含まれており注意を要する. 例えばトマト（Tomato）は,「典型的なトマトの葉の臭い」であり,「トマト果実の臭い」ではない（注：ただし, トマトの香りの定義は見直されるものと思われる）.

表 **6.13**　IOC 評価シート中の風味の欠点（Defects）の表現と意味

欠点の表現	意　味
Fusty/muddy sediment	山積みされた果実や，嫌気的な発酵が進みやすい条件に保管された果実から得られた油に特有の臭い / 地下タンクや桶に沈殿した澱と接触して嫌気的な発酵が進んだ臭い
Musty/humid/erathy	湿気の多い所での保管されて大量のカビや酵母が発生した果実や，土，泥のついたままの未洗浄な落下果実から得られた油に特有の臭い
Winey-vinegary	発酵が進み，ワインや酢，酸を思い起こさせる臭い
acid-sour	主に，適切な洗浄が行われていない圧搾用マットに残ったオリーブやオリーブペーストの好気的な発酵の進行により発生した酢酸や酢酸エチル，エタノールの臭い
Frostbitten olives	木の上で霜害にあった果実に特有な臭い
Rancid	酸化の強いプロセスに曝された臭い
Other negative attributes（その他）	Metalic（金属を想起させる香り） Dry hay（乾いた干し草の臭い） Grubby（オリーブミバエに食害された果実の臭い） Rough（糊のようにまとわりつく様な感触） Brine（塩漬けされた実から得られた油の臭い） Heated or burnt（マラキシング時などに過剰または不必要に長い時間の加熱によって生じる臭い） Vegetable water（発酵の進んだ果汁水との長時間の接触によって生じる臭い） Esparto（新しいエスパルトマットで搾ったオイルの臭い） Cucumber（ブリキ缶に充填されたオイルに生じる臭い） Greasy（ディーゼル油やグリース，鉱物油のような臭い）

表 **6.14**　DOP エキストラバージン・オリーブオイルの風味特徴の表現（評価用語）
（COI/T.20/Doc. no.22 November 2005）

香りの感覚の表現	意　味
Almond	新鮮なアーモンドのような臭い
Apple	新鮮なリンゴのような臭い
Artichoke	アーティチョークのような臭い
Camomile	カモミールの花のような臭い
Citrus fruit	柑橘系の果実（レモン，オレンジ，ベルガモット，マンダリン，グレープフルーツ）のような臭い
Ecualyptus	典型的なユーカリの葉のような臭い
Exotic fruit	外来種の果物（パイナップル，バナナ，パッションフルーツ，マンゴー，パパイヤ等）のような臭い
Fig leaf	典型的なイチジクの葉のような臭い
Flowers	フローラルとも表現される一般に花の臭いのような複雑な臭い
Grass	典型的な刈り取ったばかりの草のような臭い
Green pepper	乾燥グリーンペッパーのような臭い
Green	典型的な熟す前の果物のような複雑な臭い
Greenly fruity	外皮の色が変わる以前か最中に収穫されたオリーブ果実由来のオイルの典型的な臭い
Herbs	ハーブのような臭い
Olive leaf	新鮮なオリーブの葉のような臭い
Pear	新鮮な洋梨のような臭い
Pine Kernel	新鮮な松の実のような臭い
Ripely fruity	完全に熟した時に収穫されたオリーブ果実由来のオイルの典型的な臭い
Soft fruit	典型的なソフトフルーツ（クロイチゴ，ラズベリー，ビルベリー，クロフサスグリ，アカフサスグリ）のような臭い
Sweet pepper	新鮮な赤ピーマンやシシトウガラシのような臭い
Tomato	典型的なトマトの葉のような臭い
Vanilla	バニリンとは異なる天然の乾燥バニラのパウダーや鞘のような臭い
Walnut	脱殻されたクルミのような臭い

写真 **6.1**　2014 年のイタリアの大不作（トスカーナ州ルッカ近郊）

エキストラバージン・オリーブオイルの製品供給者にとっては，風味の欠点がないことを確認することは当然だが，その製品の風味特徴を年間で，または毎年度でなるべく均質化することも重要な品質管理項目となる．そのためには産地や品種の異なるエキストラバージン・オイルの原油をブレンドすることで風味の均質化が図られる．近年，地中海沿岸諸国のオリーブオイル生産地においても異常気象が頻発しており，商品特性としてその生産地域や品種を過度に限定してしまうと風味の調整幅を著しく狭めてしまうことに繋がりかねない．これは特に DOP や IGP などの元々が生産量の少ないエキストラバージン・オリーブオイ

ルにおいては深刻な問題である．高品質で高付加価値商品の代表であるトスカーナ IGP エキストラバージンも，歴史的な不作と言われた 2014 年にはその大減産の影響で原料確保が著しく困難となった（写真 6.1 参照）．

6.2.4. パネルおよび評価に必要な器具

IOC の規定には，オリーブオイルの官能評価時に使用する各種器具や施設，環境などについての詳細な規定がある．

まず，評価に使用するテイスティング・グラスは図 6.16 に示した規定の寸法で蓋付きの透明なブルーやブラウンの着色グラスを使用する．蓋が入

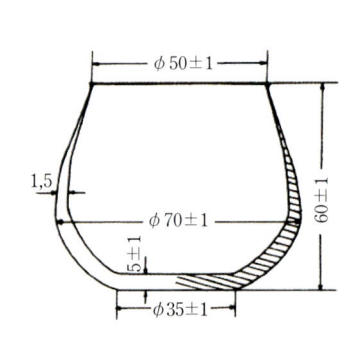

図 **6.16**　IOC に規定されているテイスティング用グラス

（COI/T.20/Doc. No 5/ Rev.1）

手出来ない場合はガラス製の時計皿等でもよい．着色グラスの使用はオリーブオイルの色調という事前情報によって評価者に先入観を与えることを防ぐためである．近年，赤色のグラスやより臭いを効率的に嗅ぎやすい形状のグラスへの変更が検討されている．なお，グラスは使用前に臭いや汚れを完全に洗浄除去した清浄なものを使用し，また，保管時にも臭い移りしないよう保管する場所に細心の注意を払わなければならない．

　オリーブの収穫，搾油は通常，晩秋から冬に行われるため，被評価品のオイルの温度が冷たい場合がある．評価するオリーブオイルの温度は28±2℃と規定されているため，精密な温調の可能な

写真 6.2　IOC に規定されているグラスウォーマーの実例

ウォーマーを使用する場合もある（写真 6.2 参照）．評価を行う環境は室温が 20 ～ 25℃の静かな場所で，ほかの評価者の挙動や評価結果に影響を受けないようにパネルは 1 人ずつ仕切られたブース内で評価を行う．この評価ブースの基本的なレイアウトや寸法についてもガイドラインが示されている（図 6.17 参照）．

　無論，評価施設内には不必要な飲食物や煙草の持ち込みは禁止され，室内に建材やペンキ等の臭気がしないことも必須である．評価者自身も，香水や化粧品，手の洗浄に用いる石鹸等の香気が影響しないよう配慮しなければならない．評価者は評価開始の 30 分前以降は喫煙やコーヒー，ガムなどの飲食も避けなければならない．評価者の体調管理も大切で，評価者自身が体調の不良により評価の遂行に不安を覚える場合は評価チームのリーダーにそのことを伝え，評価への参加の可否判断を仰がなければならない．

　評価は適度な空腹感を伴い，評価者の感覚が最も鋭敏になる午前 10 時～ 12 時に行う事が望ましい．また，評価の繰り返しによる感覚器官の疲労を防ぐため，一つのセッション内で実施する検体数は 4 検体以内とし，次のセッション開始までは少なくとも 15 分以上の間隔を設ける．

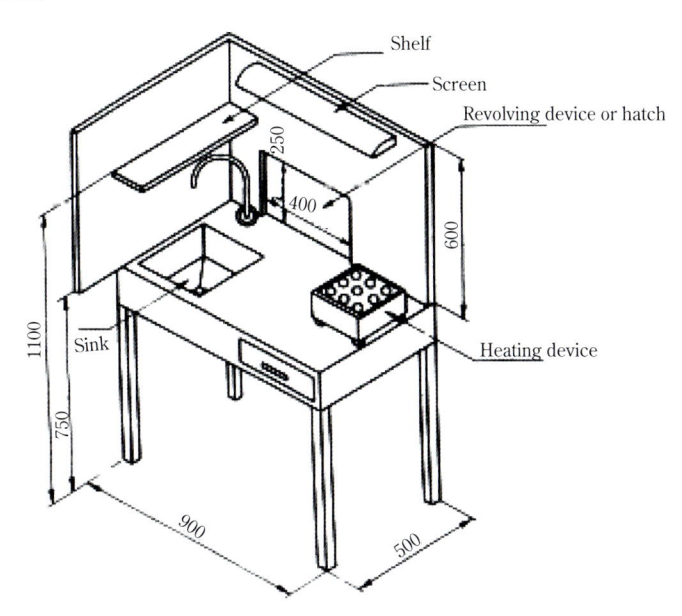

図 6.17　IOC に規定されているテイスティング用ブースのレイアウト例

各検体の評価後，次の検査を行う前に感覚を元の状態へ戻すため，リンゴのスライスを嚙み，これを吐出した後に常温の水か炭酸水で漱ぐ．これを「口の中の油を切る」と表現することがあるが，その他にプレーンなクラッカーやラスク，プレーンヨーグルトなどを食する場合もある（写真6.3参照）．

評価結果は規定の評価用紙（図6.15参照）に記入するが，近年ではパソコンやタブレットなどの情報処理端末機に評価結果を直接入力し，その後のデータ集計や統計処理作業が迅速化されている場合も多い（写真6.4参照）．

6.2.5. パネルの選定及び教育，訓練

オリーブオイルの官能評価は，風味の識別能力検査に合格した8名〜12名の評価者（パネル）のチームで行うことが規定されている．この評価パ

写真6.3　テイスティング（コンテスト）に使用される各種備品の実例
（りんご，ナイフ，クラッカー，炭酸水，パソコン，記入用紙など）

ネルは日本語でいうところの「鑑定士」であり，イタリア語では Assagiatore，スペイン語では Catador といい，ソムリエ（Sommelier）とは呼ばれない．パネルの選定のためには，規定のパネル数よりさらに大きな候補者の母集団を確保し，その中から補欠要員を含めたパネルメンバーを選定しなければならない．パネルの選定においては官能評価の能力だけでなく，積極的に評価へ参加する自主性や責任感，また，評価能力を高めようという向上心などを有していることも大切な要件である．そのため，パネルの選定にあたっては，先ず，候補者に対し，質問票による意思確認が行われる．

パネルリーダーによって参加意思の確認された候補者に対しては，引き続き能力検査が実施される．まず，「Fasty」，「Winey」，「Rancid」，「Bitter」の4つの風味傾向がそれぞれ単独で顕著なサンプル4品を準備し，これらの希釈品（無臭の流動パラフィンや精製油で調製する）を用いて評価対象グループの閾値の測定を行う．この閾値を基準に，濃淡を計12段階に振ったサンプルを調整し，ここから1つ抜いたサンプルを元の濃度位置に戻すといった検査を繰り返し，各風味特性の強弱が正確に判定できる能力を有したパネルを選びだす．

これらのパネル選定や，その後のパネルの教育，訓練，さらに実際の官能評価試験の実施を指揮するのが官能評価パネルチームのリーダー（パネルリーダー）である．パネルリーダーはオリーブオイルに関する専門的な知識や実務経験を有しており，実際の官能評価手法やパネル選定方法に習

 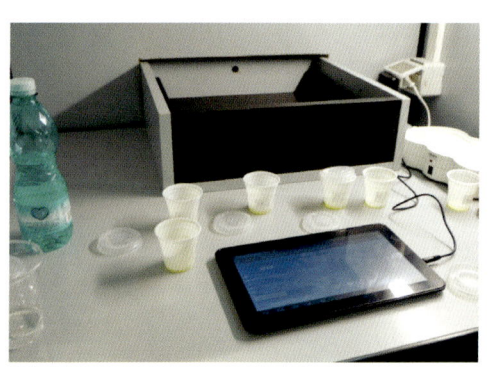

写真6.4　タブレットを配置したテイスティングブースの実例

熟し, さらに評価パネルを適宜召集して計画的な教育訓練を実施し, 記録を取るなど, この評価チームが検査能力を保有することを保証し, 維持しなければならない.

6.2.6 具体的な評価方法

実際の官能評価は評価用紙 (図6.15参照) に従い, 「Fruity (フルーティーさ)」と風味の欠点の各項目について嗅覚で感じられた感覚強度と, 味覚で感じられる「Bitter (苦味)」と「Pungent (辛味)」を評価する. ここでいう嗅覚とは鼻から直接に嗅いだ臭い (たち香: Orthonasal olfaction) に加えて, 口中に含んだ後に鼻に立ち上がってくる臭い (あと香: Retronasal olfaction) の2経路からの臭いの感知を意味する. 具体的な評価は以下の手順で実施する.

①評価品を専用のグラスに約15mL注ぎ, 蓋をする

②ウォーマーを使用する場合は, 28±2℃に設定してフタをした状態でグラスごと加温する

③グラスを手のひらに包んで少し傾けながらグラス自体を緩やかに回す. これによってオイルの温度が上がり, さらにグラスの壁面にオイルが広がることでグラスの中に香り成分が立ち込めやすくなる

④蓋を容器から僅かに浮かし, その隙間に鼻を近づけてゆっくりと臭い (たち香) を嗅ぐ. この際, 蓋を開け過ぎないことと, 臭いを30秒以上続けて嗅がないよう注意する. 臭いの嗅ぎ方は, 鋭く吸って嗅ぐ方法もある. なお, 評価の判定がしづらい場合はこの操作を繰り返して行う

⑤オイルを3mlほど口に入れ, 苦味と辛味の強度を評価するため, 口中に広げながら舌の奥や横などにもオリーブオイルを十分行き渡らせ, これらの味覚を評価する

⑥オイルを舌の上に集めて, 歯の隙間から短く勢いをつけて空気を吸い込み, オイルとよく混ぜる. その際に発生する香気を鼻に抜く要領で臭い (あと香) を感じとる

⑦④の段階においても辛味を感じることがあるが, 最後に少量を飲み込み, 喉で感じる辛味を評価する

⑧各評価で感じられた強度を評価用紙の評価軸の適当と思われる位置にチェックを付ける. 評価軸に点数は振られていないが10cmの長さであり, 1cmを1点として0.1cmまで読み取り小数点1桁までの評点とする (例えば5.7cmであれば5.7点)

⑨評価が完了したら水や炭酸水で口を良く漱ぐ. リンゴのスライスを噛んで口を戻す操作を行う場合, リンゴは飲み込まず吐き出すこと

⑩全員の評価終了後, パネルリーダーは各パネラーの回答を集計し, 最も強い欠点とフルーティーさのそれぞれの強度についての変動係数が20%を超えないことを確認する. バラつきの幅に問題があると判定された場合, パネルリーダーは再度, そのサンプル評価を指示する.

6.2.7. 評価用紙と評価用語

図6.15の評価用紙の上部は風味の欠点の記入欄である. 各評価軸の風味欠点に該当する風味が感知された場合, その強度を記入する. なお, 複数の欠点が検知される場合はそれらの各評価軸に評価を記入する. また, 評価軸にない特性の欠点の場合は, その他の欠点の特性の中から該当するものを選び「その他の欠点」の評価軸にその強度を記入する. 欠点が極めて強烈な評価品の場合はその旨をパネルリーダーに申し出て, パネルリーダーはそのサンプルへの対処を判断して指示をする.

評価用紙の下部3項目は望ましい特性値で, 香りの「フルーティー」, 味覚の「苦味」「辛味」を評価する. 「フルーティー」とは健康で新鮮なオリーブ果実を原料としたバージン・オリーブオイルから発せられる臭いであって, 例えばリンゴやバナナなどのような一般的な果実を想起させる香りではない. その強度とともに, 未成熟な果実由来のものか, 熟した果実由来のものなのかを判断し, 「Green」か「Ripe」を選択する. 苦味と辛味

表 **6.15**　　バージン・オリーブオイルの官能評価における判定基準

バージン・オリーブオイルの区分	官能評価における判定基準
エキストラバージン・オリーブオイル Extra virgin olive oil	風味の欠点のメジアンが0で，かつ「フルーティー」が0より大きいもの
バージン・オリーブオイル Virgin olive oil	風味の欠点のメジアンが0を超えるが3.5以下で，かつ「フルーティー」が0より大きいもの
オーディナリーバージン・オリーブオイル Ordinary virgin olive oil	風味の欠点のメジアンが3.5より大きいが6以下のもの，または，欠点のメジアンが3.5以下で，かつ「フルーティー」が0のもの
ランパンテバージン・オリーブオイル Lampante virgin olive oil	風味特性の欠点のメジアンが6より大きいもの

はバージン・オリーブオイルの風味評価においてマイナスのポイントではなく，良好な特性として評価する．未成熟な果実から得られたバージン・オリーブオイルはグリーン・フルーティーさとともにこの二つの特性も強くなる傾向がある．

6.2.8. 評価の判定

　バージンオリーブオイルの官能評価の最終的な評価判定は全パネラーの評価点の平均値ではなく，メジアン（中央値）を算出し，これを表6.15に示したバージン・オリーブオイルの四つのカテゴリーの判定基準に照らし合わせて判断をする．なお，風味の欠点が複数検出された場合，最も強度の強い欠点のメジアンで判定する．評価結果からのメジアンや標準偏差の算出は，IOCのホームページで提供されている処理プログラムによって容易に行うことができる．

　最新の評価方式では，オプションとしてバージンオリーブをその風味の良い特性の強度区分によって3タイプに分類する基準も追加された．3タイプとは，ロバースト（Robust），ミディアム（Medium），デリケート（Delicate）で，それぞれ，評点が6点を超えるもの，3～6点のもの，3点未満のものが該当し，その評価点の風味特性にこれらの形容詞を付加した表現，例えばグリーンなフルーティーさが3点から6点のものは「Medium green fruity」，辛味が6点より大きいものは「Robust pungent」といった表現も可能である．なお，「バランスのとれた（Well balanced oil）」や，「マイルドなオイル（Mild oil）」の表現も追加された．

写真 **6.5**　イタリア，スペイン，ギリシャ，チュニジア，トルコ，シリアの他，ヨーロッパやアフリカ，中近東，北・南米，アジアなどからも審査員が参加する BIOL コンテスト

6.3 オリーブオイルのコンテスト

オリーブオイルもワインのように風味の良さや，容器のデザイン性などを競いあうコンテストが開催されており，近年では開催する地域や国も広がっている．一般にオリーブオイルの国際コンテストの審査は，オリーブオイルのテイスティングにおいて，パネルリーダーレベルの知識や経験を有する審査員が中心となって行われる．近年のオリーブオイル生産や消費地域の拡大に伴い，審査員も世界各国から召集される傾向がある（写真6.5参照）．

それぞれのコンテストで用いられる評価基準は同一ではなく，独自の基準で採点・評価が行われるケースが多い．これはコンテストの評価が出展されたオリーブオイルの順位付けを目的に行われるものであり，IOC の評価方式のように風味の欠点を探し出し，バージン・オリーブオイルのクラス分けをすることを目的としたものではないからである．

審査を風味の強度によってクラス分けして行う場合もあるが（図6.18参照），最終的には全体の1位，2位，3位を決める場合が多い．前者が各クラスごとの「ベスト・オブ・クラス」であるのに対し，後者は出展品全体の「ベスト・オブ・ショウ」などと呼ばれる．

なお，「ゴールドメダル獲得」や「シルバーメダル獲得」といった表現がされる場合は，通常，出展品の評価点が各コンテストで規定されている各ランクの評価点範囲，例えば「75点以上85点未満の評点のものをシルバークラスとする」といったレンジに入ったものに与えられるものである．

近年のコンテストの上位入賞品は，未成熟なうちに収穫され，明瞭な青々しい香りと，強めの苦味，辛味を有する風味傾向のオイルが高評価を得る傾向がある．一般に，審査員は自国産のオイルを高く評価し易い性質を有しているが，上記のような性格のオイルを選択するのはおおむね共通である．

ただし，これらの強い風味のオリーブオイルも，それが度を越したものや，アンバランスなものは逆に評価が下がる傾向もある．重要なことは風味に繊細さが感じられ，香りの強度と苦味と辛味の強度が全体的に程よく調和していることである．風味において通常は見られないような特殊な風味傾向，例えば，「ピーチのような香り」とか，「バニラのような臭い」といった風味の傾向が混じり込んだいわゆる「複雑な風味」のオリーブオイルの評価は，審査員のその特徴的な風味特性に対する嗜好によって評価が大きく分かれる場合が多い．

オリーブオイルはオリーブ果実のフレッシュジュースとも言えるものであるため，当然，風味の鮮度は非常に重要な評価ポイントとなる．この意味では，コンテストの審査時期に最も近いタイミングで収穫され，搾油されたオイルの方が有利になると考えられる．実際のコンテストは各地域の新穀による製品が出そろうタイミング，例えば北半球では2月以降に開催されるのが通常であるが，既述のように近年は未成熟な青々しい香りのオリーブオイルの評価が高くなる傾向が強いた

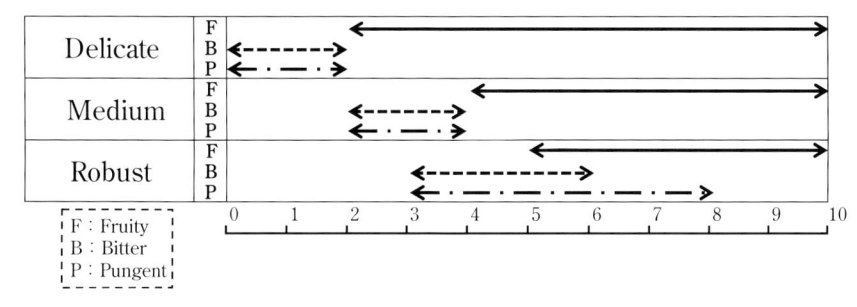

図 6.18 ロサンジェルス国際 ExV オリーブオイル・コンペティションでの3クラス分けにおける各風味特性値の評点範囲

Biol
International
Olive Oil Competition
（1985 ～）

LEONE D'ORO
DEI MASTRI OLEARI
（1987 ～）

Orciolo d'Oro
Olive Oil Competition
（1993 ～）

Ercole Olivario
Olive Oil Competition
（1993 ～）

Sol d'Oro
International Extra
Virgin Olive Oil
Competition
（1994 ～）

Los Angeles International
Extra Virgin Olive Oil
Competition
（2000 ～）

Mario Solinas
Quality Award of the
International Olive Council
（2000 ～）

SIAL Olive d'Or
Competition
（2004 ～）

図 6.19　世界の代表的なオリーブオイル・コンテストの例
（カッコ内は初回の開催年）

め，コンテスト間近の 1 月，2 月に完熟状態のオリーブ果実から得られたオイルでは，いくら新しくても高評価はなかなか得られない．近年ではその年の新穀が出始める 11 月や 12 月において，新穀のヌーボーオイルを対象としたコンテストが開催されることもある．

　また，言うまでもなく，北半球と南半球では収穫時期は半年異なるため，例えば 3 月開催のコンテストでは南半球のオリーブオイルは製造後，6 ヵ月以上経過しており極めて不利な立場となる．そのため，3 月と 9 月のように年 2 回に分けてコンテストを開催するケースも多い．しかし，過去にはこの不利な条件で優勝を勝ち取ったチリ産のオリーブオイルのような例もある．図 6.19 に開催歴史の古いコンテストの一部を紹介した．

第7章 オリーブオイルの構成成分

オリーブオイルを構成する化学的成分については各章において適宜説明してきたが，改めて本章において体系的に解説する．なお，臭い成分や，フェノール化合物（オリーブポリフェノール），色素類については第6章を参照されたい．

7.1 オリーブオイルの主要成分

オリーブオイルも一般の植物油脂と同様，トリアシルグリセリン（トリグリ）を主要成分とする．トリグリを構成する脂肪酸の組成は表6.6に示したIOC規格のように，酸化安定性の高いオレイン酸（(9Z)-Octadec-9-enoic acid）が通常7〜8割を占めている．JAS規格におけるヨウ素価規格（IOC規格ではヨウ素価は規格化されておらず，脂肪酸ごとの含有比率の幅を規定している）は75〜94と100を切っており，不乾性油に分類される．

トリグリ分子種の組成でも，トリオレイン（OOO）が最も多く，40-59%を占める．次いで，POOが12-20%，OOLが12.5-20%（O：オレイン酸，P：パルミチン酸，L：リノール酸）で続き，これら3種が主要なトリグリ分子種である．その他，POLは5-5.7%，SOOが3.7%（S：ステアリン酸）となっている．オリーブオイルもグリセリンの2位に結合する脂肪酸は，通常，不飽和脂肪酸であり，IOC規格では2-モノパルミテート値がオリーブオイルの純度確認目的の規格項目に加えられている（表5.2参照）．なお，この2-モノパルミテート値はオイル中に元々存在していた量ではなく，オイルに1,3-特異性リパーゼ酵素を反応させて分解，生成した2-モノグリセリド中の2-モノパルミテート比率を測定するものである．

オリーブオイルの高い酸化安定性や，冷蔵庫保管時に結晶析出や固化すると言った物性はこのようにオレイン酸に偏った脂肪酸組成とトリグリ分子種の組成が大きく影響している．一方，近年ではオレイン酸が発揮する生理機能の方がよりクローズアップされている．

またオリーブオイルには，生合成系の不全によるだけでなく，オリーブ果実の過成熟や，外的要因による果実の損傷時に起きる酵素的加水分解によって生じる遊離脂肪酸，並びにジグリセリド，モノグリセリドなども存在している．遊離脂肪酸の含量（オレイン酸換算の重量%）は酸度（Acidity）として，オリーブオイルの品質の重要指標とされている．なお，これらグリセリド関連区分は通常，全体の97〜99重量%を占めている．

7.2 オリーブオイルの微量成分

一般の植物油と比較して，バージン・オリーブオイルの組成において特徴的なのは，グリセリド区分以外の不ケン化物中に存在する微量成分の多様性にある．バージン・オリーブオイル特有の芳香の元となる様々な化学構造の揮発性成分をはじめ，抗酸化性で注目を集めるフェノール化合物，トコフェロール，その他スクワレンやフィトステロール，クロロフィルなどの色素類など様々な物質が存在し，同時にこれらの化合物は極性の幅も広いという特徴がある．これらは正に「新鮮な果実」から，「物理的，機械的な手法のみ」で搾り取られただけの，「未精製」オイル，言い換えれば「油性のフレッシュジュース」ならではの特性であろう．

なお，同じバージン・オリーブオイルを原料としていても，最終製品化までに脱酸，脱色，脱臭といった精製工程を経る精製オリーブオイルにおいては，微量成分含量の大幅な低下が起こり，一部成分では化学的構造の変化も生じる．

圧搾滓からの溶剤抽出油（ポマスオイル）では，

溶剤による抽出効率の向上もあって，逆にワックス分のようにバージン・オリーブオイルよりも含量が高くなる成分もある．ただし，ポマスオイル原油（溶剤を除去しただけのオイル）を食品として利用するためには脱臭を含む精製処理が必須であり，この工程では含有微量成分の減少が起きる．今回，本章においてはバージン・オリーブオイル中の微量成分を中心に解説し，精製や溶剤抽出工程中の挙動については詳細な説明を割愛する．

1）炭化水素

オリーブオイル中の代表的な炭化水素には，ステロール合成の前駆体となるトリテルペン化合物のスクワレン（Squalene）がある（図7.1参照）．バージン・オリーブオイル中のスクワレン含量は通常2,000–7,000 ppm程度で，これは一般の植物油の中でも極めて高く，オリーブオイルは重要なスクワレンの供給源となっている．その他にはプロビタミンAである β-カロテン（もしくは β-カロチン，β-carotene）が含まれるが，含量は一般には0.2–1 ppm程度である（表6.11参照）．

なお，オリーブオイル中には例えばベンゾ [a] ピレン（Benzo [a] pyrene）やアントラセン（anthracene）のような多環芳香族炭化水素（PAH）

の存在を指摘している報告もある（図7.2参照）．しかしこれは，溶剤抽出の前処理工程において水分を含む搾油滓を直火で乾燥する場合，熱源の燃料の燃焼時に発生した煙からオイルに移行したものと考えられている．

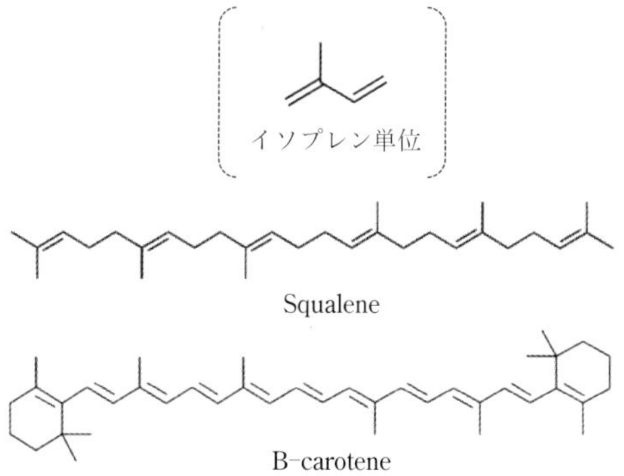

2）トコフェロール

バージン・オリーブオイルには100–300 ppm程度のトコフェロールが含まれている．総量的には多い部類ではないが，その組成は最も生理活性の強い α-トコフェロール（α-tocopherol）が90%近くを占めている（図7.3参照）．また，オリーブオイル中のリノール，α-リノレン酸等の多価不飽和脂肪酸（PUFA）の含量は，IOC規格値からも全脂肪酸中20%程度が上限であり，ビタミンE/PUFA比率は，1.5～2程度となって植物油の中でも高い値を示す．

3）ステロール（4 α-desmethylsterols）

バージン・オリーブオイル中には多くの通常ステロール類が含まれており，その代表的なものとしては β-シトステロール（β-sitosterol）や，Δ-5-アベナステロール（Δ-5-avenasterol），カンペステロール（Campesterol），スチグマステロール（Stigmasterol）などがある（図7.4参照）．このうち

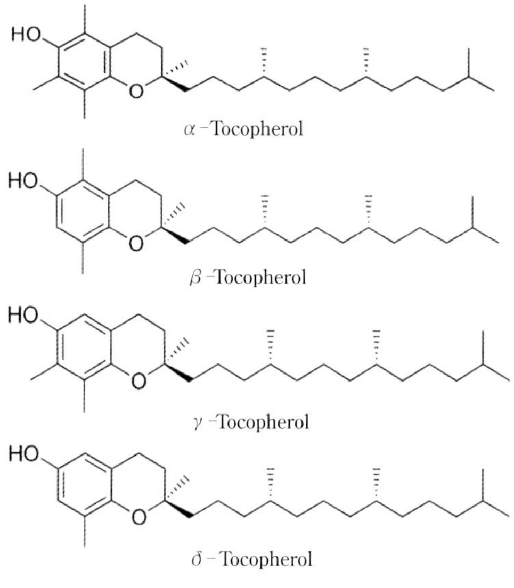

イソプレン単位

Squalene

B-carotene

図7.1 テルペン類のイソプレン単位とオリーブオイル中の炭化水素

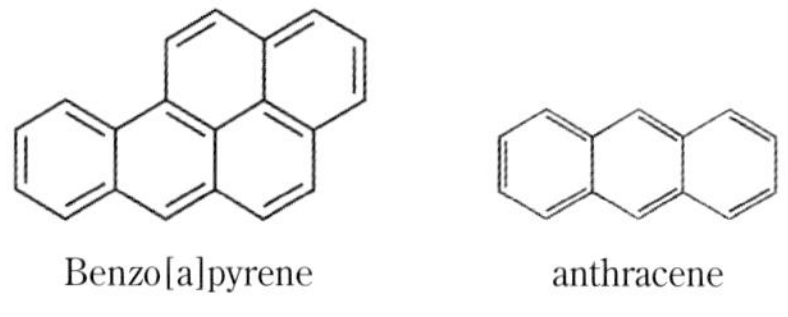

Benzo[a]pyrene　　　anthracene

図7.2 ベンゾ [a] ピレンとアントラセンの構造式

α-Tocopherol

β-Tocopherol

γ-Tocopherol

δ-Tocopherol

図7.3 トコフェロールの4異性体の構造式

β–sitosterol はオリーブオイルのステロール区分中 9 割以上を占める主要なステロールである．IOC 規格のステロール組成（表 6.12 参照）では，見かけ上の β–シトステロール含量（分析時のガスクロマトグラフにおいて真の β–シトステロールのピークの近辺に出現する小さなピークの 5 種類のステロールと合わせて算出したもの）が 93％以上と規定されている（図 7.5 参照）．バージン・オリーブオイルには通

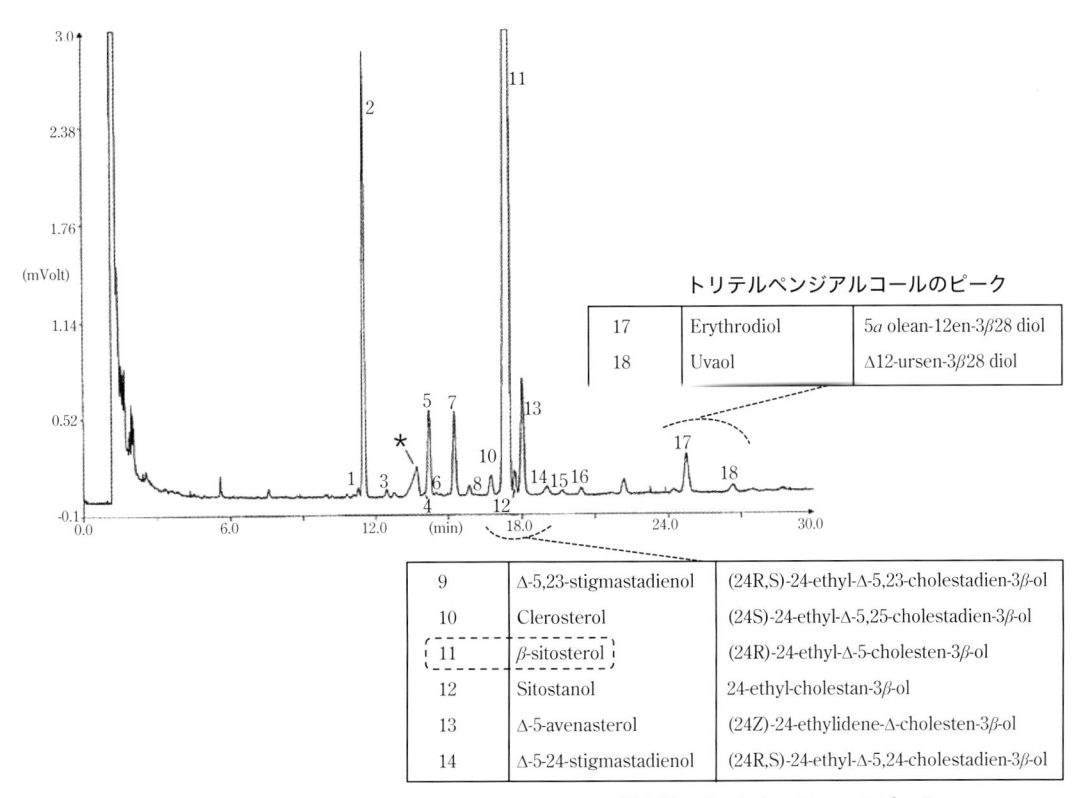

図 **7.4**　オリーブオイル中の主なステロール類

トリテルペンジアルコールのピーク		
17	Erythrodiol	5a olean-12en-3β28 diol
18	Uvaol	Δ12-ursen-3β28 diol

見かけのβ−シトステロールピーク		
9	Δ-5,23-stigmastadienol	(24R,S)-24-ethyl-Δ-5,23-cholestadien-3β-ol
10	Clerosterol	(24S)-24-ethyl-Δ-5,25-cholestadien-3β-ol
11	β-sitosterol	(24R)-24-ethyl-Δ-5-cholesten-3β-ol
12	Sitostanol	24-ethyl-cholestan-3β-ol
13	Δ-5-avenasterol	(24Z)-24-ethylidene-Δ-cholesten-3β-ol
14	Δ-5-24-stigmastadienol	(24R,S)-24-ethyl-Δ-5,24-cholestadien-3β-ol

図 **7.5**　ランパンテバージンオリーブオイル中のステロール分析例（IOC 分析法より）

常, 1,000 ～ 2,000 ppm 程度のステロールが含まれているが, IOC 規格でバージン・オリーブオイルの規格値は 1,000 ppm 以上と規定されており, 上限値は示されていない.

4）4 α-メチルステロール（4 α-methylsterols）

近年の分析技術の進歩により, オリーブオイル中にステロール代謝の中間物質である 4α-メチルステロールが多品種検出されている（図7.6 参照）. なお, これらの総量は 100-300 ppm 程度と少なく, IOC 規格中でも規格の対象物質になっていない.

5）4,4-ジメチルステロール（トリテルペンアルコール）

ジメチルステロール（4,4-dimethylsterols）と総称されるが, 多くはトリテルペンのアルコールである. 多様な物質が存在するが代表的なものとしては, β-amyrin, cycloartanol などがある（図7.7 参照）. 含有量は 1,000-1,500 ppm 程度で, ジメチルステロールの組成はオリーブの品種識別への応用

が注目されていた. 現在, α-メチルステロール同様, IOC 規格には規格化されていない.

6）トリテルペンジアルコール

Erythrodiol と Uvaol がトリテルペンジアルコールの代表的なもので（図7.8 参照）, ステロールの分析時に同時に分析チャートに出現し, 測定される（図7.5 参照）. 溶剤で抽出されやすいため, 精製ポマスオイルや（狭義の）オリーブポマスオイルのように溶剤抽出油を含むものは「（ステロール組成中）＞4.5％」, 含まないバージン・オリーブオイルや精製オリーブオイルでは「≦4.5％」との IOC 規格がある.

7）ヒドロキシトリテルペン酸

Erythrodiol のアルコール部分がカルボキシル基化したオレアノール酸（Oleanolic Acid）や, マスリン酸（Maslinic Acid）など（図7.9 参照）ヒドロキシトリテルペンの酸類及びそのエステル体が存在する. エキストラバージン・オリーブオイル中の濃度は 100-200 ppm だが, ランパンテバージンや

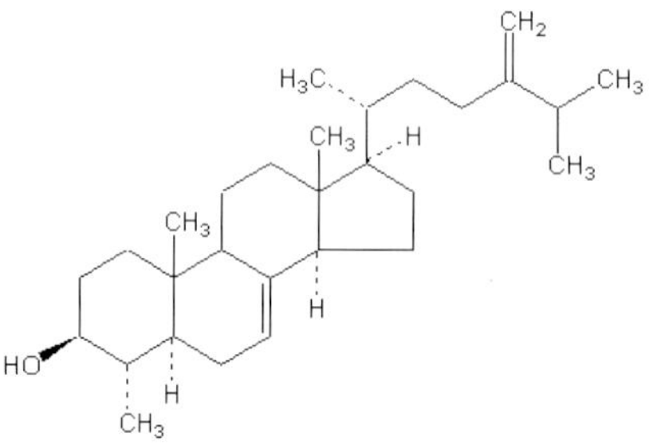

Gramisterol

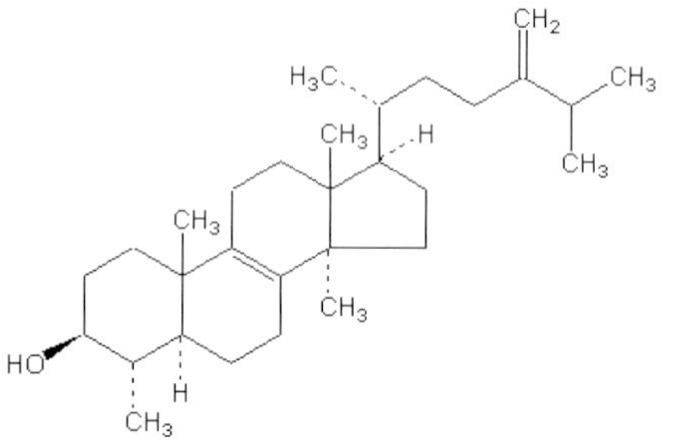

Obtusifoliol

図 7.6　オリーブオイル中の主な 4α-メチルステロール類

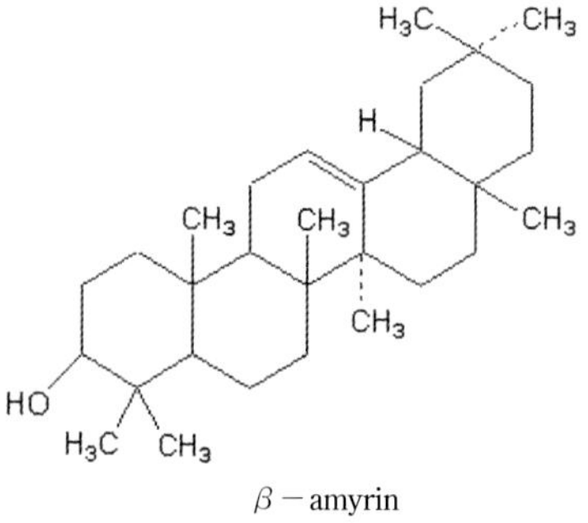

β－amyrin

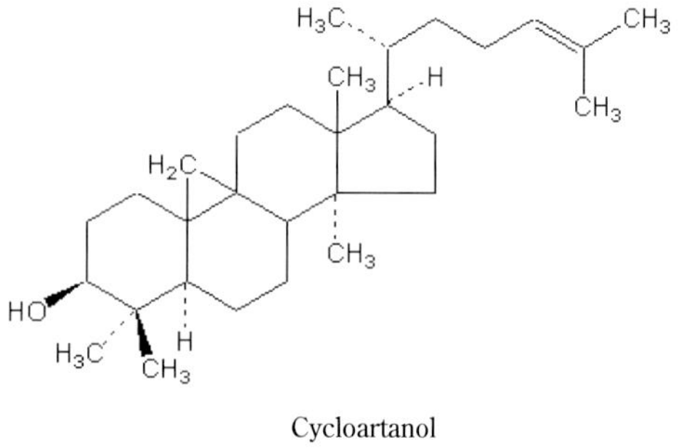

Cycloartanol

図 7.7　オリーブオイル中の主な 4,4-ジメチルステロール類

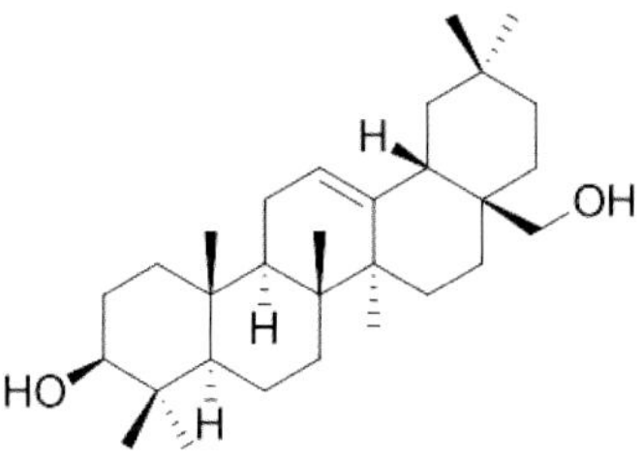

Erythrodiol 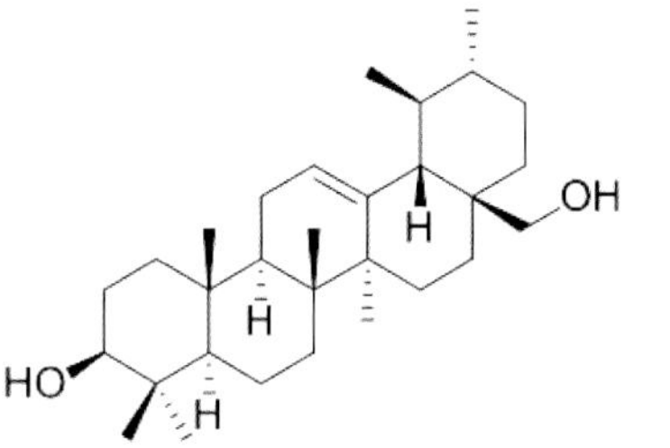　　　　　　　Uvaol

図 **7.8**　オリーブオイル中の主なトリテルペンジアルコール

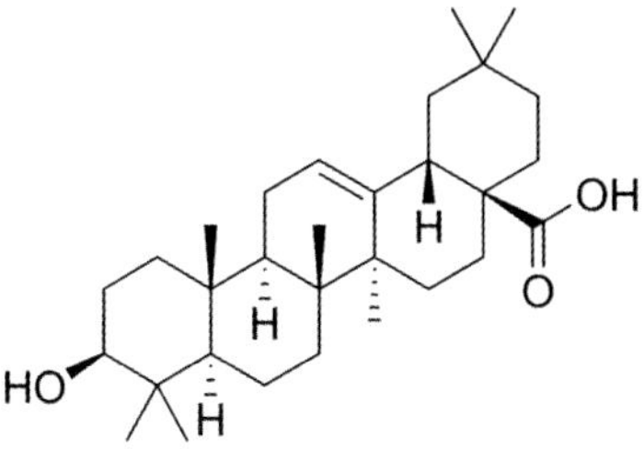

Oleanolic acid 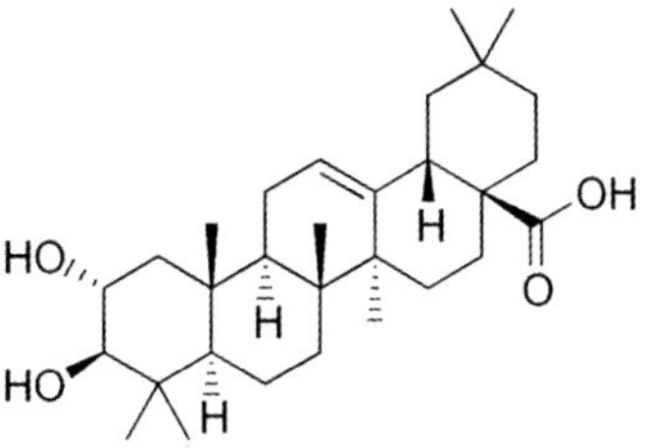　　　　　　Maslinic acid

図 **7.9**　オリーブオイル中の主なヒドロキシトリテルペン酸

ポマスオイル中の含量が高い. ヒドロキシトリテルペン酸の一部の物質はその生理活性や酸化安定性への関与に関心が持たれている.

8）高級アルコール及びワックス

　炭素数 22, 24, 26, 28 といった直鎖の飽和アルコールおよびそのエステル体であるワックス類がオリーブオイル中に存在する. バージン・オリーブオイル中の高級アルコールは通常, 200 ppm 以下だが溶剤抽出油には 2,000-4,000 ppm と一桁違う多い量が含まれている.

　また, 高級アルコールとパルミチン酸, オレイン酸とのエステルで, 炭素数 36 から 46 のワックスもバージンオイルと溶剤抽出油では含量が大きく異なる. 高級アルコール及びワックスはその高い含有量からポマスオイル（溶剤抽出油）の検出に有効と考えられるが, 特にワックスは脱臭処理後でも減少率が低いため（多く残留するため）, 現在のIOC 規格においてエキストラバージン・オリーブオイルは「炭素数 42, 44, 46 のワックスの合計値が 150 ppm 以下」との規定がある. これに対して,（狭義の）オリーブポマスオイルでは「350ppm

より大」である.

9）その他

　オリーブオイルのリン脂質含量は 100 ppm 程度以下で低い. そのためバージン・オリーブオイルをフライ調理に使用してもリン脂質由来の発煙や泡立ちの問題が発生しない.

　また, エクストラバージン・オリーブオイルの水の溶解度は 500 ppm 程度と考えられている. しかし, その製造工程において加熱や減圧といった水分低下に繋がる処理が存在していないバージン・オリーブオイルには溶解度を超えた水分が微細粒子として分散して存在する場合が多い. 105℃乾燥法で測定する IOC 規格の水分含量の規格（規格では「水分及び揮発成分量」となっている）も 0.2%（2,000 ppm）以下となっている. オリーブオイルの場合, フェノール化合物等の極性の高い微量成分が存在するため, 通常の精製油よりも分散状態が安定するものと思われるが, 保管温度の低下による水分析出や, 時間の経過による水分の凝集・沈殿の発生がしばしば見られる.

文　　献

第 1 章〜第 7 章まで次のような書籍類を参考に
いたしました。

① Richard Blatchly et al.: The Chemical Story of Olive Oil From Grove to Table. ROYAL SOCIETY OF CHEMISTRY, 2017.

② FLOS OLEI 2016, 2017 a guide to the world of extra virgin olive oil. marco oreggia, 2015, 2016.

③ Giovanni Zucchi: OLIVE OIL DOESN'T GROW ON TREES The Art of Blending: Superior olive oil's secret ingredient. logo fausto lupetti editore, 2015.

④ Carlos Falco, Marques de Grinon: Il grande libro dell'olio d'oliva Una storia millenaria. MONDADORI, 2014.

⑤ Claudio Peri: The Extra-Virgin Olive Oil Handbook. WILEY Blackwell, 2014.

⑥ Eminio Monteleone, Susan Langstaff: Olive Oil Sensory Science. WILEY Blackwell, 2014.

⑦ Ramon Aparicio, John Harwood: Handbook of Olive Oil Analysis and Properties Second Edition. Springer, 2013.

⑧ TRISTAN D. MARTIN: OLIVE OIL GLOBAL COMMERCE, COMPETITION AND CONSUMPTION. nova publishere, 2013.

⑨ Pierluigi Villa: coltivare l'Olivo LE VARIETA, LE FORME ALLEVAMENTO, LE CURE DALL'IMPIANTO ALLA PRODUZIONE DELL'OLIO. De Vecchi, 2012.

⑩ 香川県小豆島　オリーブ植栽 100 周年記念事業実行委員会：オリーブ植栽 100 周年記念誌. SHODOSHIMA OLIVE SINCE 1908 100th anniversary, 2009.

⑪ Paola Fioravanti: OLIO DI OLIVA XXTRAVERGINE di Paola Fioravanti. IMMAGIKA design, 2008.

⑫ Dimitrios Boskou: Olive Oil Chemistry and Technology Second Edition. AOCS PRESS, 2006.

⑬ APOSTOLOS(PAUL) K. KIRITSAKIS, Ph.D. et al.: OLIVE OIL FROM THE TREE TO THE TABLE SECOND EDITION. FOOD & NUTRITION PRESS, INC., 1998.

⑭ International Olive Oil Council: the olive tree the oil the olive. IOOC, 1998.

第8章　オリーブオイルの健康増進効果と地中海食

はじめに

オリーブオイルは油脂として人類が最も古くから使ってきた食用油脂である．この油脂に健康増進効果があると注目されるようになったのは，産業先進国での疾病構造の変化がはじまった，ここ60年余り前なのである．生活習慣，特に食生活習慣の歪みが動脈硬化を促進させ，動脈硬化に基づく虚血性心疾患（狭心症，心筋梗塞など）を招くことになることが明らかになってきた．こうした状況の中，数千年の歴史があるオリーブオイルが現代人の心・血管を動脈硬化から守る油脂であることのエビデンスが集積されている．

8.1　地中海食とは

地中海食は西欧文明の故郷である地中海文明が育んできた伝統食で，2010年国連教育科学文化機関（ユネスコ）によって世界無形文化遺産に登録され，ある意味では西欧の食の原点があるともいえる．この食事法について，欧米で医学的な関心が集まり始めたのは1970年に入ってからである．当時，米国や北欧の人々の間に，裕福であるための疾病が目立ち始めていた．それが，肉や乳製品など動物性脂肪を摂取し過ぎた結果、ということに気づいた．それでも米国や北欧の多くの人たちは，穀類や豆，野菜を多く摂り，オリーブオイルを油脂として使う地中海沿岸地域の食生活を，経済的に貧しいがためのものと認識し続けていた．

大きな注目を集めるきっかけとなったのは，南イタリアのカンパーニャ州チレント（Cilento）地方に長期間滞在し，食生活を体験した米国ミネソタ大学の疫学の Ancel Keys 教授が，1975年，南イタリア料理の素晴らしさをまとめた「How to Eat Well and Stay Well : The Mediterranean Way」という本を出版したことによる．肉や動物性脂肪を多量に摂取する危険性を説き，健康食としての南イタリア料理を讃美したこの本は，栄養学者の間で注目を集めた．地中海型食事法（地中海食）という言葉が使われるようになったのは，この本からである（図8.1）．

Keys 教授はこの本の出版に先立つこと20年前から，同僚らとともに7ヵ国を対象とした大規模な疫学調査を行っていて，その成果をまとめたのが，有名な7ヵ国研究である（図8.2）．研究成果で，動物性脂肪の摂取量が少ない地中海沿岸の諸国では，北欧や米国に比べ，当時から問題になっていた虚血性心疾患の発症が1/3以下となっている事実をつきとめた[1]．さらに，ここで動物性脂肪の摂り過ぎが，虚血性心疾患の大きな危険因子である血清総コレステロール値を上昇させたとした[2]．また，飽和脂肪酸摂取量が多い地域ほど，心

図 8.1　How to Eat Well and Stay Well: The Mediterranean Way

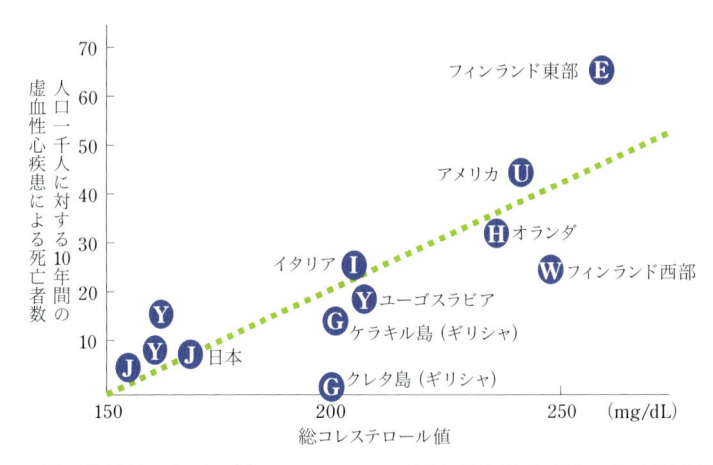

図 8.2　7 ヵ国の各地域における総コレステロール値と虚血性心疾患による死亡率との関係

筋梗塞の死亡率が高いことを明らかにし，地中海沿岸地域では飽和脂肪酸摂取量が少なく，心筋梗塞の死亡率が低いと推定した[2]．

　実際のところ，北欧の人に地中海食を 6 週間にわたって食べさせてみると，明らかに血清総コレステロール値が下がったことを確認した．この食事では脂肪量そのものは，北欧の食事と変わりなかったが，脂質の質的な差が顕著だった．すなわち地中海食で摂る油脂は，オリーブオイルや魚の油が中心で不飽和脂肪，ことに一価不飽和脂肪酸であるオレイン酸，n–3 系多価不飽和脂肪酸であるエイコサペンタエン酸が多く，一方，北欧料理で摂る油脂は，バターや肉の脂が中心で飽和脂肪が多く占めていた．

8.1.1　脂肪酸の面からみたオリーブオイルの栄養学的特性

　地中海食では食材を炒める，揚げる，漬け込む，また食材にそのままかけて味を引き立たせる際にもオリーブオイルを使うため，総摂取エネルギーに占める脂質の割合が 40％近くになる．オリーブオイルは約 75％を一価不飽和脂肪酸であるオレイン酸で占めるため（表 8.1），地中海食は高一価不飽和脂肪食となる．

　オレイン酸は oleic acid と英語では表記する．oleic はオリーブのラテン語 olea europaea に語源があり，オレイン酸はオリーブオイルに多い脂肪酸であることに名称の由来がある．オリーブの樹はモクセイ科に属する永年性の常緑樹で，何千年も前から地中海沿岸に自生していて，栽培されている植物のうちで最も古いものの 1 つとされている．地中海沿岸一帯ではオリーブの樹は「果樹の女王」と呼ばれ，神聖な樹木として崇められてきた．その実から搾った油は地中海沿岸の人々にとって最も身近な油であり，日常生活，特に食卓にはなくてはならない食用油として使われてきた長い歴史がある．しかし，第二次世界大戦後の経済の急成長と共に，種子から油を抽出し，大量生産ができる菜種油，ひまわり油などの種子油が先進諸国でもてはやされた．オリーブオイルは経済発展から取り残された地中海沿岸の貧しい地域で使われる油であるといった固定観念が戦後しばらく続いた．しかし，近年，先進諸国で動脈硬化に基づく疾病が急増するなかでオリーブオイルの効用が注目されている．

　オレイン酸は炭素原子間の二重結合を $CH_3(CH_2)_8$ と $(CH_2)_8COOH$ が結合している一価の不飽和脂肪酸であり，C18:1　n–9 の略号で表される（図 8.3）．比重は 25℃で 0.89，融点は 16.3℃．二重結合が 1 カ所であり，そのため二重結合がない飽和脂肪酸よりは融点は低い．二重結合が 2 カ所以上ある多価不飽和脂肪酸より融点は高く，そのため多価不飽和脂肪酸に比べて酸化されにくい化学的性質がある．なお，自然界に存在する一価不飽和脂肪酸はほとんどがオレイン酸である．

　体内ではブドウ糖からアセチル CoA に代謝さ

表 8.1 食品中の脂肪酸組成〔総脂肪酸総量 100g あたり脂肪酸（g）〕

	飽和脂肪酸			不飽和脂肪酸				
				一 価	多 価			
	ラウリン酸	ミリスチン酸	パルミチン酸	オレイン酸	αリノレン酸	イコサペンタエン酸	ドコサヘキサエン酸	リノール酸
	C12:0	C14:0	C16:0	C18:1 n-9	C18:3 n-3	C20:5 n-3	C22:6 n-3	C18:2 n-6
和牛肩ロース	Tr	2.6	23.5	52.1	0.1	0	0	2.8
豚肩ロース	0.1	1.4	24.6	43.3	0.5	0	0.1	10.3
サフラワー油	0	0.1	6.8	13.5	0.2	0	0	75.7
ゴマ油	0	0	9.4	39.8	0.3	0	0	43.6
大豆油	0	0.1	10.6	23.5	6.6	0	0	53.5
オリーブ油	0	0	10.4	77.3	0.6	0	0	7.0
ヤシ油	46.8	17.3	9.3	7.1	0	0	0	1.7
パーム核油	48.0	15.4	8.2	15.3	0	0	0	2.6
バター	3.7	12.0	29.6	24.6	0.7	0	0	2.6
マーガリン	0.1	0.3	16.2	41	2.7	0	0	32

（文部科学省科学技術・学術審議会資源調査分科会報告．五訂増補日本食品標準成分表—脂肪酸成分表編より）

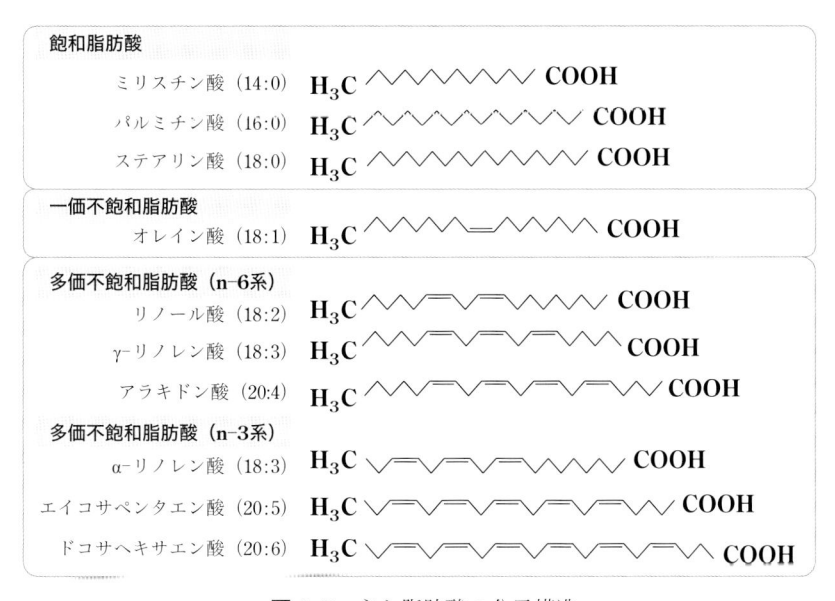

図 8.3 主な脂肪酸の分子構造

れ，アセチル CoA からオレイン酸合成が行われる脂肪酸合成経路（アセチル CoA →マロニル CoA →パルミチン酸→ステアリン酸→オレイン酸）があり，したがってオレイン酸は必須脂肪酸ではない（図 8.4）．

オレイン酸は植物のみならず動物に広く存在する脂肪酸である．植物油の中でもオリーブオイルは果実油で，脂肪酸成分としてオレイン酸が 75% も占めているのでオリーブオイルを油脂として使うとオレイン酸は効果的に摂れる．大豆油，サフラワー油，コーン油は種子油であり，リノール酸が主体で，オレイン酸は効果的には摂れない（表 8.1）．オレイン酸を多く含む油への評価の高さ，需要の多さから油分にオレイン酸を多く含む作物の品種改良を行い，高オレイン酸品種のサフラワーやナタネから搾油した食用油が出回っており，その食用油でもオリーブオイルと同じようにオレイン酸を効果的に摂れる．

オリーブオイルでの脂肪酸構成は，このオレイン酸が約 75% を占め，約 10% を飽和脂肪酸，残り

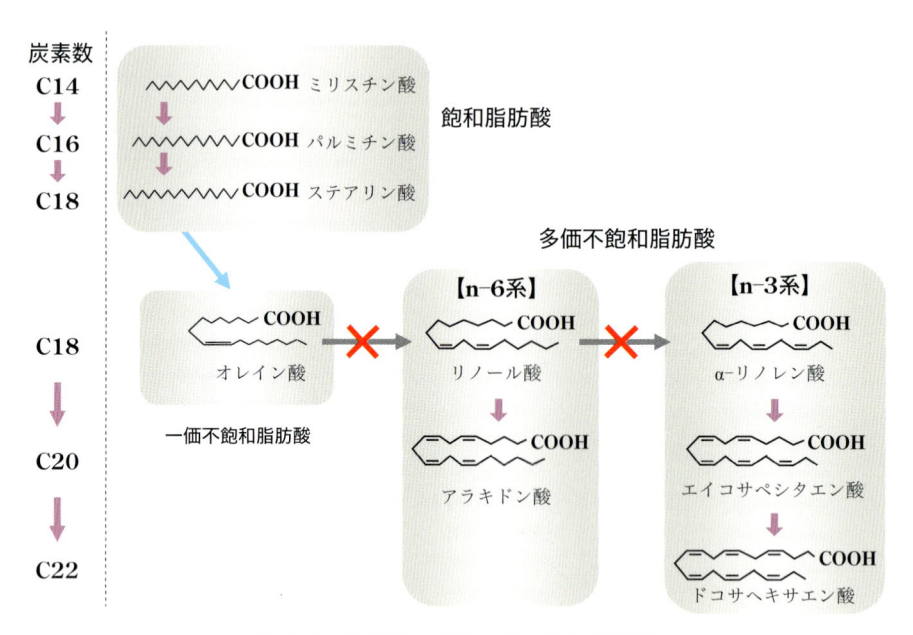

図 8.4　脂肪酸の種類とその生合成経路

をリノール酸，αリノレン酸などの多価不飽和脂肪酸が占める．このような脂肪酸構成は植物油の中で最も人の母乳に近い．地中海沿岸地域では昔から離乳食としてオリーブオイルを多用していたことからも，人乳と近いことが窺える．また，オリーブオイルには脂肪酸の分子内に二重結合が多く酸化を受けやすい多価不飽和脂肪酸が少ないこと，さらに，α-トコフェロールをはじめ抗酸化物質が多いことから，酸化に対する強い抵抗性があり，加熱しても酸化されにくい特徴がある．

　食用油脂は油脂以外にステロール類，ビタミンなどの微量成分を含んでおり，食用油脂の官能的特性を決定するだけでなく生物学的特性に重要な役割を持つ．オリーブオイルはオリーブの実を種皮，種ごと圧搾してその油性成分を採るため，自然の色と香りがあり，油以外の多種多様の微量成分が混入している．それに対し，種子油は化学的に油が抽出され精製されるものが多く，透明で，無味，無臭といった利点がある反面，これらの微量成分は少ない．オリーブオイルを油脂として使うと，オレイン酸を主とした脂肪酸のほかに，そのオリーブオイルの微量成分を摂ることになる[3,4]．微量成分には多種多様の抗酸化物質があり，脂質異常症で問題となる動脈硬化の進展を抑

制する働きがある．その成分のなかでも注目されているのがポリフェノールである[5]．オリーブオイルの効果的な使い方は伝統的な地中海食にみることができる[5]．

8.2　心臓・血管障害疾患への効果

8.2.1　動脈硬化進展抑止の観点からの地中海食の有効性

　7 ヵ国研究は約 12,000 人を対象に 15 年間にわたって実施されたが，この疫学調査が始まって 5 年間で動脈硬化に基づく虚血性心疾患による死亡率はギリシャが最も低く，フィンランドが最も高いことがわかった．血中の総コレステロール値の平均はギリシャで 204 mg/dL，フィンランドで 261 mg/dL であったが，一日あたりの総摂取脂質量は両国ともほぼ同じで総摂取エネルギーの 37％程度であった．摂取した脂質を分析すると乳脂肪，肉の摂取量が多いフィンランドでは飽和脂肪酸の摂取は総摂取エネルギーの 21％を占めていたのに対し，油脂としてオリーブオイルを使うギリシャでは 8％しか占めていなかった．一方，オレイン酸の総摂取エネルギーに占める割合はフィンランドでは 13％に対し，ギリシャでは 25％にも達

表 8.2　高飽和脂肪食，高一価不飽和脂肪食による健常人の糖・脂質代謝への影響

	高飽和脂肪食（n=83）(脂質 37E%, S：M：P=17：14：6E%)				高一価不飽和脂肪食（n=79）(脂質 37E%, S：M：P=8：23：6E%)			
	開始前	3ヵ月後の変化	△%	P 値	開始前	3ヵ月後の変化	△%	P 値
インスリン感受性(SI)	4.13	−0.42	−10.3	0.0318	4.76	+0.10	+2.1	0.5175
血清インスリン(mU/L)	7.15	+0.25	+3.5	0.4662	6.03	− 0.35	−5.8	0.0490
初期インスリン反応 (mU/L)	36.6	+3.3	+9.0	0.0289	37.8	+3.8	+10.1	0.1392
血漿グルコース(mmol/L)	5.19	+3.33	±0.0	0.9950	5.18	−0.03	−0.6	0.4126
コレステロール(mmol/L)	5.40	+0.14	+2.5	0.0176	5.43	−0.15	−2.7	0.0122
トリグリセリド(mmol/L)	1.24	−0.11	−9.1	0.0154	1.14	−0.13	−11.1	0.0009
LDL-コレステロール (mmol/L)	3.66	+0.15	+4.1	0.0060	3.66	−0.19	−5.2	0.0006
HDL-コレステロール (mmol/L)	1.24	+0.04	+3.8	0.3646	1.33	+0.04	+3.4	0.1386

Vessby B et al. Diabetologia (2001) 44: 312–319

していた．多価不飽和脂肪酸の摂取量は両国とも約4％と変わらなかった[6]．この大規模な長期にわたる疫学研究から飽和脂肪酸の代わりに，一価不飽和脂肪酸であるオレイン酸を脂質として摂ると，総コレステロール値は低下し動脈硬化症の進展抑止につながることが示された．

　高一価不飽和脂肪食の血清脂質に及ぼす影響についての研究は 1980 年代に精力的に行われた．Jacotot らはベネディクト派修道僧の協力を得て，脂質の摂取量を総摂取エネルギーの36％とし，脂質の大部分を飽和脂肪酸，一価不飽和脂肪酸（オレイン酸）あるいは多価不飽和脂肪酸（主に n-6 系）としたときの血清脂質の推移を 6 ヵ月にわたって観察した[7]．飽和脂肪酸は LDL コレステロール値を上昇させたが，一価，多価不飽和脂肪酸は LDLコレステロール値に変化を与えなかった．また，一価不飽和脂肪酸は HDL コレステロール値を上昇させた．Mattson らは虚血性心疾患の患者を対象に総摂取エネルギーの 40％を脂質とし，飽和脂肪酸の多い食事（脂質の 50％），一価不飽和脂肪酸の多い食事（脂質の 73％），多価不飽和脂肪酸（主に n-6 系のリノール酸）の多い食事（脂質の 73％）の3 種類の食事を 4 週間にわたって摂取させ，比較

した[8]．その結果，高一価不飽和脂肪食では高飽和脂肪食に比べて総コレステロール，LDL コレステロール値は下がったが，HDL コレステロール値は変わらなかった．n-6 系多価不飽和脂肪酸であるリノール酸の多い高多価不飽和脂肪食では高飽和脂肪食に比べて総コレステロール，LDL コレステロール値は下がったが，HDL コレステロール値も下がった．一方，中性脂肪値にはほとんど変化はみられなかった．種子油に多いリノール酸の摂取量が多いと LDL コレステロールは低下するが，動脈硬化に抑止的に働く HDL コレステロール値も下げてしまうことが問題となった．

　高一価不飽和脂肪食が脂質代謝およびインスリン感受性に及ぼす影響についての大規模な研究が北欧，イタリア，オーストラリアの有力な施設で行われた[9]．健常者162人を対象に無作為割付で脂肪酸組成の組成を異なる食事を 3 カ月間摂取させた．総脂肪摂取エネルギーは総摂取エネルギーの37％と同等とし，脂肪酸組成が飽和脂肪酸（S）：一価不飽和脂肪酸（M）：多価不飽和脂肪酸（P）が17：14：6の高飽和脂肪食群，S：M：Pが8：23：6 の高一価不飽和脂肪食群に分けた．オリーブオイルを油脂として用いると自ずと高一価不飽和脂

肪食となり，油脂として乳脂肪を用いると自ずと高飽和脂肪食となる．インスリン感受性はミニマルモデル法で検討しその指標 SI（インスリン感受性）は高飽和脂肪食群で−10％と有意に低下したが高一価不飽和脂肪食群では＋2％と有意な変化は見られなかった．血清脂質では総コレステロール，LDL コレステロールは高飽和脂肪食群で有意な上昇，高一価不飽和脂肪食群では有意な低下がみられたが，HDL コレステロールは変化なく両群間で差はみられなかった．一方，中性脂肪値は両群とも低下したがその低下の割合は高一価不飽和脂肪食群で高かった（表 8.2）．また，総摂取エネルギーに占める脂質の割合が 37％を超える脂肪食ではインスリン感受性は改善がみられなかった．

　動脈硬化進展抑止の観点からは脂質代謝については LDL コレステロール，中性脂肪を下げ HDL コレステロールを下げないことが求められるが，高一価不飽和脂肪食は高飽和脂肪食に比べて有利

に働くことが示された．

　一方，インスリン感受性についても高飽和脂肪食では低くなること，高一価不飽和脂肪食では変化が見られなかったことから，インスリン抵抗性を招かせないという観点からも高一価脂肪食は有利であることが示された．インスリン感受性が低下し，インスリン抵抗性が高まると，糖尿病状態，動脈硬化を進展させることが知られている．

　オレイン酸のインスリン感受性に及ぼす影響については，インスリン抵抗性を示す自然発症 2 型糖尿病動物である OLETF ラットを用いた私どもの研究ではラード，オリーブオイル，サフラワー油，エイコサペンタエン酸エチル（EPA-E）それぞれの摂取がインスリン感受性に及ぼす影響をみたところオレイン酸が多くを占めるオリーブオイルは飽和脂肪酸を多く含むラードに比べてインスリン感受性は悪化させなかったが，n–3 系多価不飽和脂肪酸である EPA-E 摂取では明らかに改善がみ

---

1. **オリーブの果実から搾り取った油性のジュース**；自然食品，自然の芳香と食味
   脂肪酸の他にも多種類の微量成分

2. **各種の脂肪酸をバランス良く含んでいる**；母乳の脂肪酸構成に近似
   ★ 一価不飽和脂肪酸であるオレイン酸を最も多く含む食用油脂
   ★ 飽和脂肪酸が少ない
   ➡ 血液中の LDL コレステロール値を下げるが，HDL コレステロールを下げない．

3. **酸化されにくい油**；加熱しても過酸化脂質の生成が少ない．
   「人にやさしい自然食品」
   「血管を動脈硬化から二重に守る油脂」

図 8.5　オリーブ油の特徴

表 8.3　動脈硬化疾患抑止に向けた脂質栄養

脂質の摂取量よりも脂質の内容とバランスが重要
飽和脂肪酸はなるべく少なく（総摂取エネルギーの 7％以下）して血中 LDL コレステロールを下げる．
一価不飽和脂肪酸および n-3 系多価不飽和脂肪酸の摂取は血清脂質やインスリン作用の面で都合のよい効果をもたらす．
多価不飽和脂肪酸の n-6/n-3 比をなるべく低くして血栓性疾患を予防する．
トランス型脂肪酸，過酸化脂質の摂取を最小限に抑える．

られた[10].

これまでの研究成果から，オリーブオイルの特徴をまとめると図 8.5 のようになる.

また，動脈硬化進展抑止に向けた脂質栄養全般にわたっては表 8.3 にまとめた. 地中海食はこれらすべてを満たす. 魚食が多く，種子油が少ないことから多価不飽和脂肪酸の n–6/n–3 比はおのずと低くなる. 今，問題視されている動脈硬化と関連するトランス脂肪酸，過酸化脂質の量も極めて少ない.

8.2.2　虚血性心疾患での地中海食の有用性

虚血性心疾患にオリーブオイルを油脂として使う地中海食がその進展抑止に効果があることを科学的根拠をもってはじめて証明したのが Lyon Heart Study である. フランスのリヨン市を中心に行われた臨床研究で，急性心筋梗塞発作を起こした患者を，再発作を防ぐべく食事療法として地中海食を指導して 5 年の長期にわたって調査した. その結果，動物性脂肪の多いリヨンの通常の食事（郷土食）を食べ続けたグループに比べ，急性心筋梗塞の再発作の割合は地中海料理を食べ続けたグループは明らかに低かった（表 8.4, 図 8.6）. この研究データから地中海食は虚血性心疾患の予防やその進展抑止に効果があることが明らかになった[11].

その後，オリーブオイルには虚血性心疾患を予防する効果を示す研究データが蓄積され，2004 年米国食品医薬品局（FDA）はオリーブオイルには虚血性心疾患を予防する一定の効果があることを認め，商品ラベルに効能をうたうことを許可した. これまでの研究データを分析して 1 日スプーン 2 杯分のオリーブオイル（約 23g）を摂ると虚血性心疾患の発病のリスクが抑えられるとした. 動物性

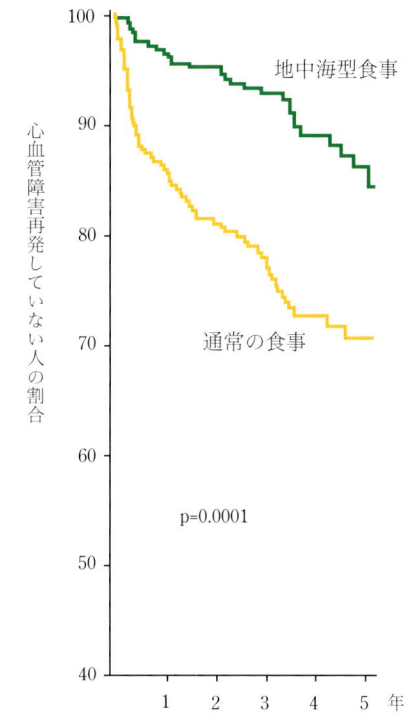

図 8.6　地中海型食事群と対照群での 5 年の追跡調査にみる心血管障害再発の割合
（de Lorgeril, M. et al. Circulation. 1999; 99: 779–785.）

表 8.4　地中海型食事と通常の食事の栄養分析

	通常食	地中海型食事	P
総摂取エネルギー kcal	2088 ± 490	1947 ± 468	0.033
〈% エネルギー〉			
総脂肪	33.6 ± 7.80	30.4 ± 7.00	0.002
飽和脂肪	11.7 ± 3.90	8.0 ± 3.70	0.0001
多価不飽和脂肪	6.10 ± 2.90	4.60 ± 1.70	0.0001
オレイン酸	10.8 ± 4.10	12.9 ± 3.20	0.0001
リノール酸	5.30 ± 2.80	3.60 ± 1.20	0.0001
α-リノレン酸	0.29 ± 0.19	0.84 ± 0.46	0.0001
アルコール	5.98 ± 6.90	5.83 ± 5.80	0.80
タンパク質 g	16.6 ± 3.80	16.2 ± 3.10	0.30
食物繊維 g	15.5 ± 6.80	18.6 ± 8.10	0.004
コレステロール mg	312 ± 180	203 ± 145	0.0001

mean ± SD

脂肪の代わりにオリーブオイルを摂取すると虚血性心疾患のリスクを減らせる．ただし総摂取エネルギーを超えない範囲でという条件付きである．虚血性心疾患が多く，死亡原因の第1位にランクされている米国のお墨付きを得たことになる．

8.2.3　エキストラバージンオリーブオイルと動脈硬化進展抑制

オリーブオイルは，オリーブの実そのものを果皮，種も一緒に単なる圧搾という操作で採っている．そのためオリーブオイルには果皮，種にある抗酸化物質が溶けこんでおり，aトコフェロールだけでなくポリフェノールをはじめとした多種多様の抗酸化物質を含んでいる．全く化学的な抽出をしないで採ったエキストラバージンオリーブオイルではこれらの多種多様の抗酸化物質を，特に多く含んでいる．地中海食の良き伴侶である赤ワインをみても，ブドウの実を果皮も種も一緒に発酵させて製造するためアントシアニン系の色素をはじめ多種多様の抗酸化物質を含んでいる．

動脈硬化を予防するには悪玉とも呼ばれている血液中のLDLコレステロールを低下させ，動脈内皮下に沈着したコレステロールを取り除くように働く，善玉と呼ばれている血液中のHDLコレステロールを上げることだけでなく，悪玉の中の悪玉と呼ばれている酸化LDLコレステロールの産生を抑えることが重要である．酸化されたLDLは動脈内皮下に容易に取り込まれ動脈壁内にコレステロールを運ぶことになる．多種多様の抗酸化物質は動脈硬化の元凶であるこの酸化LDLの産生

をいろいろなステップで抑える（図8.7）．

また，最近の研究では，HDLコレステロールは量だけでなく，HDLが血管壁内に沈着したコレステロールを，肝臓に逆転送をするなどの機能が動脈硬化を抑止する観点から重要であることが明らかになってきている．

地中海食に関する最新の研究では，オリーブオイルをふんだんに使う伝統的な地中海食は心血管障害の高リスク者のHDLの機能を改善することをランダム比較試験で明らかにし，オリーブオイルに含有している多種多様の抗酸化物質が，HDLの酸化の状態を改善させることでHDLの機能が改善したことが示唆された，としている[12]．

脂肪酸の組成でオレイン酸が多く，また，多種多様の抗酸化物質を豊富に含むオリーブオイルは動脈をコレステロールの害から二重に守ることになる．

最近,健康増進志向から本来,オリーブオイル,赤ワインは食事の，あるいは料理の伴侶であるはずであるが，サプリメントとしての需要が高まっている．そのために抗酸化物質含有量の多い製品が開発されている．ただし，オリーブオイルをそのままストレートでどれぐらい飲んだら健康増進効果があるかについてはいまだ未知数である．

疫学的調査からも地中海食は長寿食としての優位性が確かめられている[13]．ヒトは血管と伴に老いる．血管をいつまでも弾力性に富ませ，その内腔を狭くしないこと，即ち，動脈硬化の進展を遅らせることが長寿に繋がる大きな要因である．

8.3　糖尿病，肥満症への効果

8.3.1　糖尿病

糖尿病は血液中のブドウ糖濃度（血糖値）の高い状態が持続している病態で，主な病型（図8.8）は1型，2型で，いずれの病型でも，血糖コントロール状態が悪いまま放置されることによって血管障害を引き起こし,その障害は全身に及ぶ（図8.9）．人工透析に至る腎臓障害，失明に至る眼の障害，いずれも糖尿病が原因の第1位，2位にランクさ

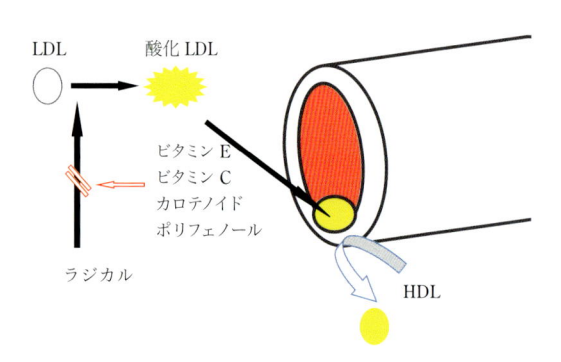

図8.7　動脈硬化の成り立ち

1 型糖尿病は，

- 何らかの原因で膵臓に存在するインスリンを分泌する細胞が破壊され，インスリンを分泌することができないため発症する．
- 幼少時〜10代で発症することが多いが，成年期以降にも発症する．
- 生命の維持に，毎日のインスリン注射が欠かせない．

2 型糖尿病は，

- 体内でインスリンの働きが悪くなっていたり，食べた分だけ膵臓で充分なインスリンを分泌することができないため発症する．
- 血縁に糖尿病がいるなど，糖尿病を発症しやすい素因に加齢，ストレス，アルコールや生活習慣（運動不足，過食など）などの要因が加わり発症する．
- 食事療法，運動療法で血糖コントロールが可能だが，不可能の場合は薬物療法が必要となる．

図 8.8　糖尿病での病型

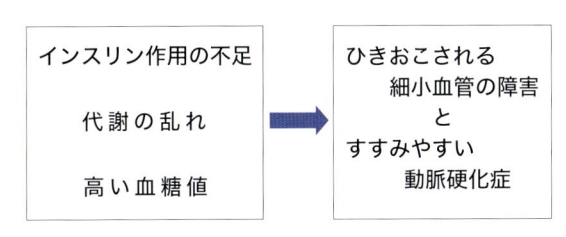

図 8.9　「糖尿病は血管の病気」

れている．高血糖はインスリンの作用不足によってもたらされ，糖尿病は予備群を含めると 2 千万人に上ると言われ，まさに国民病であり，その予防を含めた生活習慣の是正に向け，対策が検討されてきている．

8.3.2　糖尿病での食事療法

糖尿病に勧められる食事には血糖値のコントロールがしやすく，血管障害を促進させない食事内容が求められる．このことは米国糖尿病学会での食事療法の勧告での変遷（表 8.5）をみてもよくわかる．糖尿病の治療に経口血糖降下薬，インスリン注射などの薬物療法が普及し，血糖コントロールが容易になってきた 1971 年以降では，糖尿病の食事療法は単に血糖値を下げるためだけの食事療法よりは，合併しやすい血管障害を抑止する食事内容に重きがおかれてきている．1986 年の勧告では摂取エネルギーの 55 〜 60％は糖質とし，

タンパク摂取量は腎臓に負担にならないよう 12 〜 20％にとどめ，脂質は 30％以下に，特に動脈硬化を進展させる飽和脂肪は 10％以下に抑えるよう勧告した．このような高糖質，低脂質食を勧めた背景にはこれらの栄養素の配分が，体重の適正化，血糖値およびコレステロール値をコントロールする面で好都合であるということであった．しかし，高糖質，低脂肪では血糖コントロールが難しくなる場合や，中性脂肪値が上昇し HDL コレステロール値が低下するといった心血管障害のリスクファクターを増やすことが指摘されてきた．一方，脂質でも一価不飽和脂肪の多い高一価不飽和脂肪食（地中海食）はインスリン分泌にも負担が少なく食後高血糖を抑え，またコレステロール値，中性脂肪値をコントロールしやすく脂質代謝の面でも有利である成績が出されるようになった．

表 8.5　米国における糖尿病食事療法の勧告にみるその変遷

	三大栄養素の配分		
	糖質（%）	タンパク質(%)	脂質（%）
1921 年以前		飢餓療法	
1921 年	20	10	70
1950 年	40	20	40
1971 年	45	20	35
1986 年	＜60	12 〜 20	＜30 †
1994 年	＊	10 〜 20	＊, †

＊治療目的に合わせて配分を決める.
†飽和脂肪は 10％以下

American Diabetes Association
Diabetes Care (2000) 23(Suppl. 1) : s 43–s 46

8.3.3　糖尿病での高一価不飽和脂肪（オレイン酸）食

　米国の糖尿病臨床研究で有力な 4 施設で，高糖質食，高一価不飽和脂肪食（表 8.6）での糖尿病患者の糖・脂質代謝への影響を見た研究が行われた[14]．対象はスルフォニル尿素薬 glipizide を内服している 2 型糖尿病患者 43 名で高糖質食（総摂取エネルギーの 55％を糖質），高一価不飽和脂肪食（総摂取エネルギーの 25％をオレイン酸，すなわち地中海食）のいずれかを無作為に 6 週間食べさせ，その後，食事をもう一方に変えて，さらに 6 週間経過を観察した．各食事摂取 42 日目の血糖値の日内変動は朝食前，夕食前では差は見られないものの，その他の各時点では高一価不飽和脂肪食は高糖質食に比べて有意に血糖値が下がっていて，平均して 12％の低下がみられた．一方，インスリンの日内変動は高一価不飽和脂肪食では平均して 9％低下

していた（図 8.10）．高一価不飽和脂肪の方がインスリン分泌に負担をかけずに血糖コントロール状態を良好にするには有利であることが窺える．また，血清脂質レベルは LDL, HDL コレステロールに差はないものの中性脂肪値は高一価不飽和脂肪食で有意に低下がみられた．こうした臨床研究から高一価不飽和脂肪食（地中海食）の利点をまとめ

表 8.6　高糖質食 vs 高一価不飽和脂肪食(地中海食)
　　　 2 型糖尿病患者の糖・脂質代謝への影響

2 種の食事のエネルギー組成		
	高糖質食	高一価不飽和脂肪食
タンパク質（%）	15	15
糖質（%）	55	40
ショ糖	10	10
脂肪（%）	30	45
飽和	10	10
一価不飽和	10	25
多価不飽和	10	10

Garg A et al. :JAMA(1994) 271:1421-1428

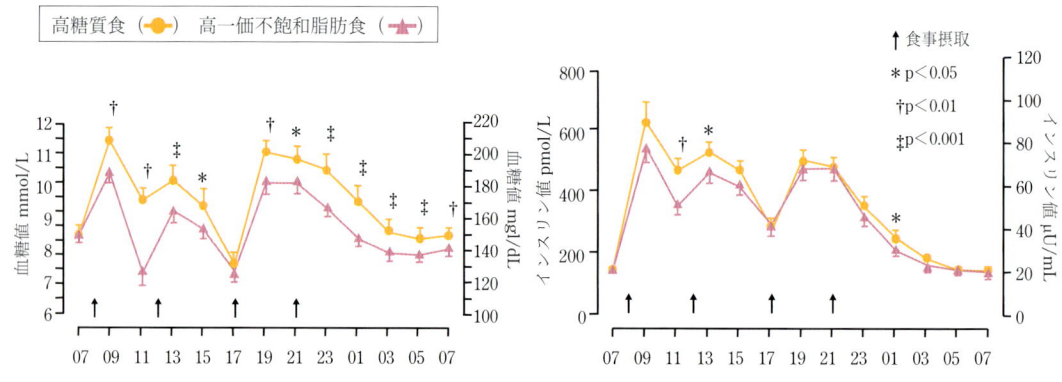

図 8.10　高糖質食および高一価不飽和脂肪食摂取 42 日目の
　　　　各食事下での血糖値，インスリン値の日内変動

Garg A et al, JAMA (1994) 271: 1421–1428

ると次のようになる．

> ・インスリン抵抗性を悪化させない
> ・インスリン分泌に負担増とならない
> ・HDL コレステロールに影響を与えずに
> 　LDL コレステロールを低下させる
> ・中性脂肪を低下させる

　以上の臨床研究の成績を踏まえ 1994 年の勧告では三大栄養素の配分は，タンパク質を 10 〜20 ％とし，残り 80 〜 90 ％を糖質と脂質からとし，特に飽和脂肪については 10 ％以下となるべく少なくし，多価不飽和脂肪 10 ％程度，残り 60 〜70 ％を糖質と一価不飽和脂肪から摂取し，これらの配分は各患者の治療目標に合わせて決めることが勧告された．

　また，糖尿病患者が経腸流動食を摂取する際には高一価不飽和脂肪食の栄養学的特性が発揮できる（表 8.7）．一般に，経腸流動食は摂取後の吸収が速く，食後高血糖を来たしやすい．通常の経腸栄養剤と高一価不飽和脂肪経腸栄養剤（表 8.8）をそれぞれ飲用して比較検討してみた[15]．健常者では通常の経腸栄養剤に比較して高一価不飽和脂肪の経腸剤は飲用後の血糖上昇は若干抑えられる一方，インスリン分泌への負担が有意に軽減されて

いた（図 8.11）．2 型糖尿病患者では，通常の経腸栄養剤に比較して高一価不飽和脂肪の経腸剤は飲用後の血糖上昇は明らかに抑えられ，インスリン分泌への負担も有意に軽減されていた（図 8.12）．実際に経管栄養中の 2 型糖尿病患者に，これらの経腸栄養剤を使って 24 時間の血糖持続モニター装置で血糖値を比較検討してみると，高一価不飽和栄養剤では，通常の栄養剤に比べて明らかに摂取後の血糖上昇が抑えられ，24 時間にわたって血糖値の変動幅が少なかった[16]（図 8.13）．

　糖尿病の薬物療法が進歩した現在においても，血糖コントロールと同時に血管合併症を抑え込むには食生活を中心とした生活習慣の改善が重要である．糖尿病に勧められる食事は血糖コントロールしやすい，血管合併症のリスクファクターとなる血清脂質，インスリン抵抗性への好影響が期待

表 8.7　糖尿病患者における経腸栄養管理での問題点とその対策

「標準的経腸栄養剤では栄養管理が困難」

血糖コントロールの急激な悪化
血清脂質，特に中性脂肪値の上昇

「糖尿病患者用の経腸栄養剤の開発」

糖質を低 Glycemic Index の糖質とする
脂質の一部を一価不飽和脂肪酸で置換する

表 8.8　経腸栄養剤にも高一価不飽和脂肪（地中海食）栄養剤

成分：1 缶 250mL あたり	高 MUFA® 栄養剤（グルセルナ®）	一般的栄養剤（エンリッチ®-SF）
エネルギー（kcal）	255	250
タンパク質（g）	10.4（16.4％）	8.8（13.7％）
脂質（g）	13.9（49.3％）	8.8（30.8％）
脂肪酸組成		
パルミチン酸（16:0）	4.8％	11.8％
ステアリン酸（18:0）	4.8％	2.4％
オレイン酸（18:1）	69.7％	26.5％
リノール酸（18:2）	18.2％	56.8％
α - リノレン酸（18:3）	1.6％	1.3％
糖質（g）	20.0（31.5％）ショ糖不使用	34.3（53.4％）
食物繊維（g）	3.5（2.8％）	2.7（2.1％）

※ MUFA = monousaturated fatty acid（一価不飽和脂肪酸）

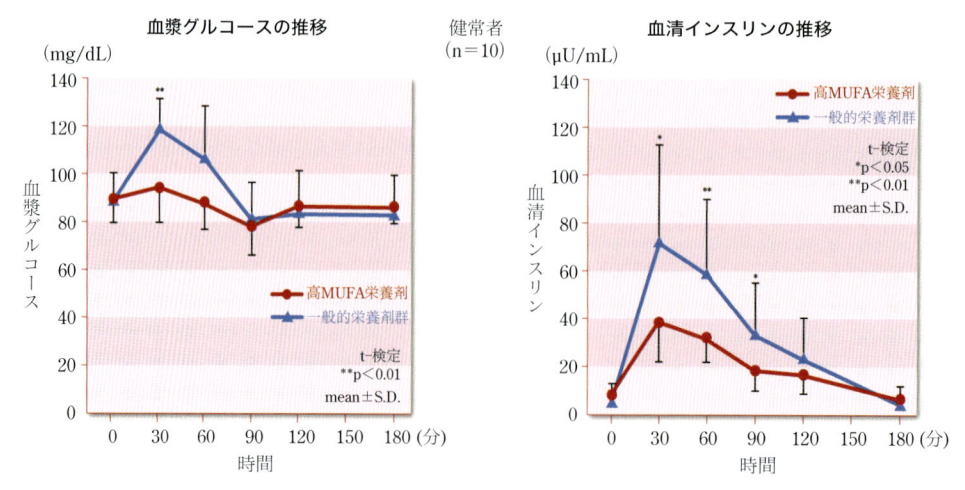

図 8.11　健常者を対象に高 MUFA 栄養剤，一般的栄養剤それぞれ 250 mL 飲用した際の血漿グルコース値（血糖値），インスリン値の経時的推移（文献 2 より引用）

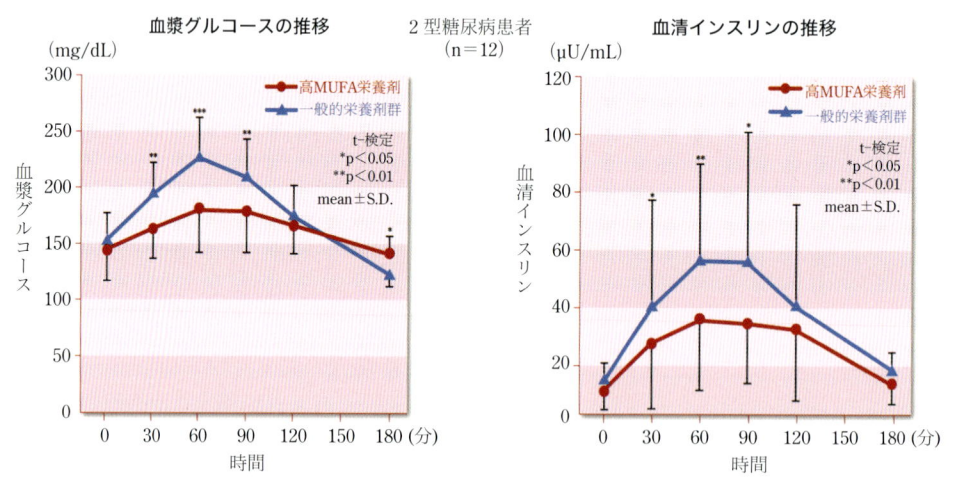

図 8.12　2 型糖尿病患者を対象に高 MUFA 栄養剤，一般的栄養剤それぞれ 250 mL 飲用した際の血漿グルコース値（血糖値），インスリン値の経時的推移（文献 2 より引用）

される食事内容が求められる（図 8.14）．血糖コントロールに関しては，食前よりも食後の高血糖の方が血管合併症と関係が深い（図 8.15）ことから食後高血糖を抑える食事の内容，特に糖質の量と質が重要となる．血清脂質，インスリン抵抗性に関しては摂取する脂質の量と質に重きが置かれる．

　地中海食は高一価不飽和脂肪食であるという点だけでなく，オリーブオイルを油脂として調理に使うため，食物繊維の多い緑黄色野菜，低 Glycemic Index（GI）の玄米などの全粒穀類，豆類などの摂取量がおのずと増加，また，調理に砂糖を使わない，などの特徴が相俟って食後高血糖を

抑制しやすいため，次のような点で糖尿病食としても勧められる．

- ・地中海食は高一価不飽和（オレイン酸）脂肪食となる
- ・地中海食では食物繊維を多く含む食品を多用する
- ・地中海料理ではショ糖（砂糖）を調理に使わない
- ・地中海食での炭水化物の摂取は低 Glycemic Index（GI）である

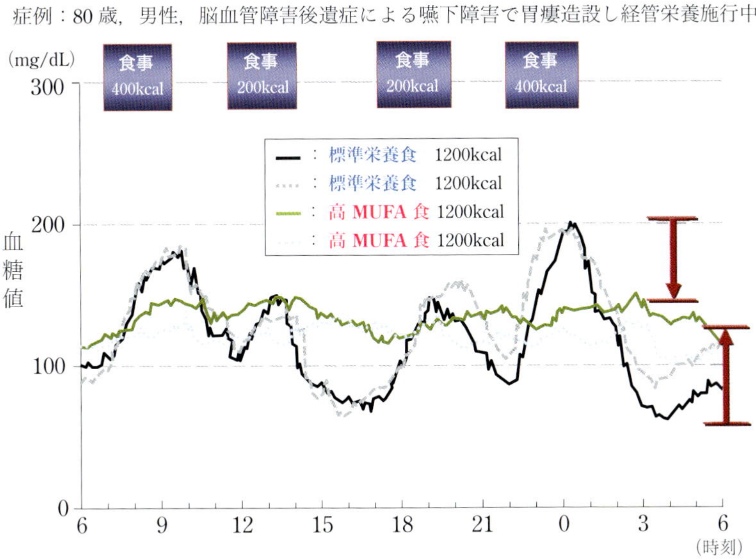

症例：80歳，男性，脳血管障害後遺症による嚥下障害で胃瘻造設し経管栄養施行中

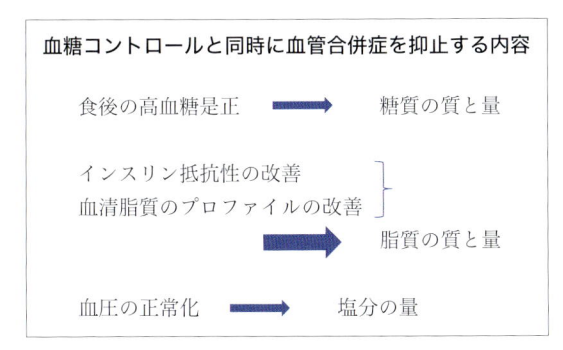

図 8.13 経管栄養中の糖尿病患者での高 MUFA 食（地中海食）の効果

血糖コントロールと同時に血管合併症を抑止する内容

食後の高血糖是正　→　糖質の質と量

インスリン抵抗性の改善
血清脂質のプロファイルの改善　}
　→　脂質の質と量

血圧の正常化　→　塩分の量

図 8.14 糖尿病での勧められる食事

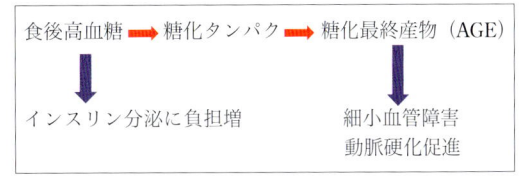

図 8.15 食後高血糖を抑えることが重要

地中海食が糖尿病の予防あるいは治療食としての有用性が高いことについての研究成果が次々と出され，たとえ高脂肪であっても勧められる食事法であるとの地位が欧米では確立されている[18-19]．

8.3.4　糖尿病での勧められる多価不飽和脂肪摂取

糖尿病での多価不飽和脂肪酸摂取は，その過剰摂取に対する安全性が不明であることから，総摂取エネルギーの約 10% を上限とされている．多価不飽和脂肪酸は生体内では合成できず，しかも n-3系，n-6系ともにお互いに交換する代謝経路がないため n-3系，n-6系多価不飽和脂肪酸を各々

どのくらい摂取したかによって生体の機能は大きく変わる．n-3系エイコタペンタエン酸（EPA），n-6系のアラキドン酸から，それぞれ反対の生理作用を持つプロスタグランディン（PG），トロンボキサン（TX），ロイコトリエン（LT）が産生される（図 8.16）．n-3系をより多く摂取すると TX については血小板凝集能をもたない TXA3 が産生され，血小板の強力な凝集能をもつ TXA2 の産生が減り血小板凝集能は抑えられることになる．糖尿病では動脈に血栓を生じることによって引き起こされ生命を直接脅かす心筋梗塞，脳梗塞などの合併症が多いため，n-6 に比べて n-3 を積極的に摂ることが勧められる．

実際，糖尿病患者が EPA を長期に摂取するとどのような効果がみられるかについて調べてみた．

EPA をエパデール®（持田）1.8 g を毎日内服し 12 ヵ月にわたって経過をみたところ血糖コントロールには影響はなかったが，総コレステロール

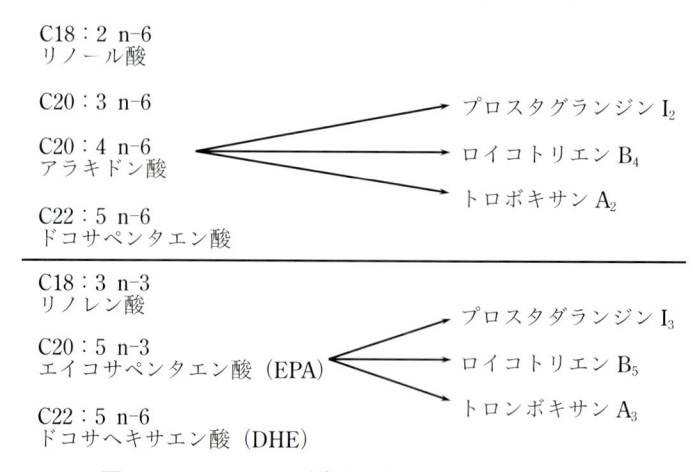

C18：2 n–6
リノール酸

C20：3 n–6

C20：4 n–6
アラキドン酸 ────→ プロスタグランジン I₂
　　　　　　 ────→ ロイコトリエン B₄
　　　　　　 ────→ トロボキサン A₂

C22：5 n–6
ドコサペンタエン酸

C18：3 n–3
リノレン酸

C20：5 n–3
エイコサペンタエン酸（EPA）────→ プロスタダランジン I₃
　　　　　　 ────→ ロイコトリエン B₅
　　　　　　 ────→ トロンボキサン A₃

C22：5 n–6
ドコサヘキサエン酸（DHE）

図 8.16　n–6，n–3 系多価不飽和脂肪酸の代謝経路

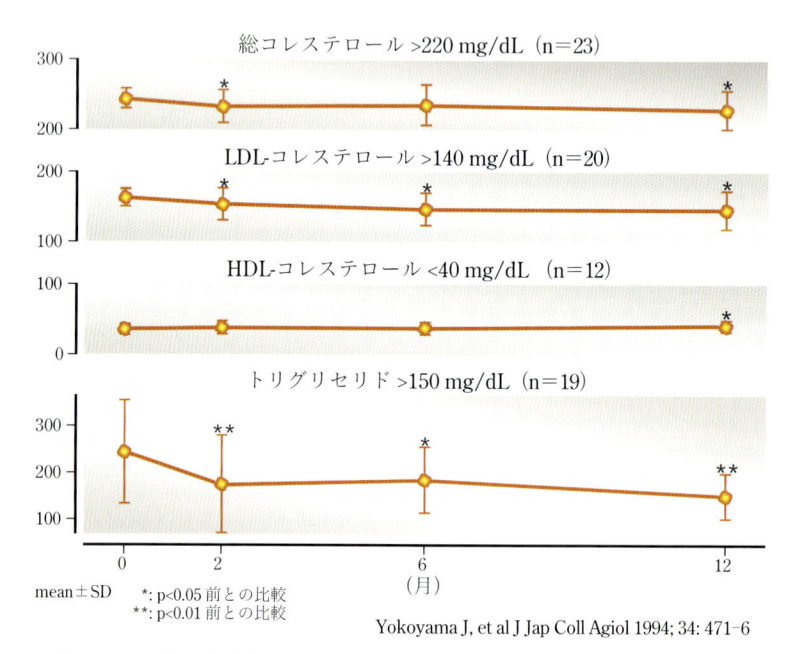

総コレステロール >220 mg/dL（n＝23）

LDL-コレステロール >140 mg/dL（n＝20）

HDL-コレステロール <40 mg/dL（n＝12）

トリグリセリド >150 mg/dL（n＝19）

mean±SD　　*: p<0.05 前との比較　　　（月）
　　　　　　**: p<0.01 前との比較

Yokoyama J, et al J Jap Coll Agiol 1994; 34: 471–6

図 8.17　糖尿病患者の血清脂質値に及ぼす EPA 1.8 g/ 日摂取の効果

表 8.9　糖尿病患者での血小板凝集能亢進，粘着能亢進に対する EPA 1.8 g/ 日摂取の効果

血小板機能			n	前	2 ヵ月後	6 ヵ月後	12 ヵ月後
凝集能	ADP 凝集	>75%	25	85.9±7.1	77.3±12.1*	74.7±12.8**	78.6±9.6*
	Collagen 凝集	>75%	30	85.7±6.8	75.6±11.2**	73.5±11.8**	77.1±11.8*
粘着能		>50%	37	64.2±9.9	54.9±18.0**	50.1±17.8**	53.1±19.0**

mean ± SD
*: p<0.05 前との比較
**: p<0.01 前との比較

Yokoyama J, et al J Jap Coll Agiol 1994; 34: 471–6

表8.10 糖尿病患者でのエイコサペンタエン酸
（EPA）摂取の効用

・**血清脂質の改善**
　　トリグリセライド低下
　　LDL コレステロール低下
　　HDL コレステロール上昇
・**血小板凝集能，粘着能の低下**

値 220 mg/dL 以上，LDL コレステロール値 140
mg/dL 以上，HDL コレステロール値 40 mg/dL 以
下，中性脂肪値 150 mg/dL 以上を呈していた患者
ではそれぞれの血清脂質値が改善した（図 8.17）．
また，血小板凝集能，粘着能が亢進していた患者
では，それぞれが低下した（表 8.9）[20]．糖尿病での
EPA 摂取の効用について表 8.10 にまとめた．

　魚から EPA を効率よく，また，酸化されやすい
EPA を損なうことなく摂れる魚料理（図 8.18）は

地中海料理に手本がある．

　n–6：n–3 比を最適にするためには（表 8.11）使
う油脂を n–6 系のリノール酸の多い種子油の代わ
りにオリーブオイル（n–9 系のオレイン酸が主体）を
使うとおのずとリノール酸の摂取量が減り達成さ
れやすい．油脂としてオリーブオイルを使い，EPA
を多く含む背の青い魚（鰯，鯖など）の料理が多い
地中海食では容易に n–6：n–3 比を最適にするこ
とができる（表 8.14，8.15）．

　糖尿病の病態ではインスリン抵抗性が問題とな
るが，EPA の摂取はインスリン抵抗性を示す自然
発症 2 型糖尿病ラット，OLETF での成績でも EPA
の摂取は飽和脂肪酸，リノール酸の摂取と比べて
インスリン抵抗性の病態を明らかに改善させた
（図 8.19）[21]．表 8.12 に糖尿病での勧められる脂質
栄養についてまとめた．

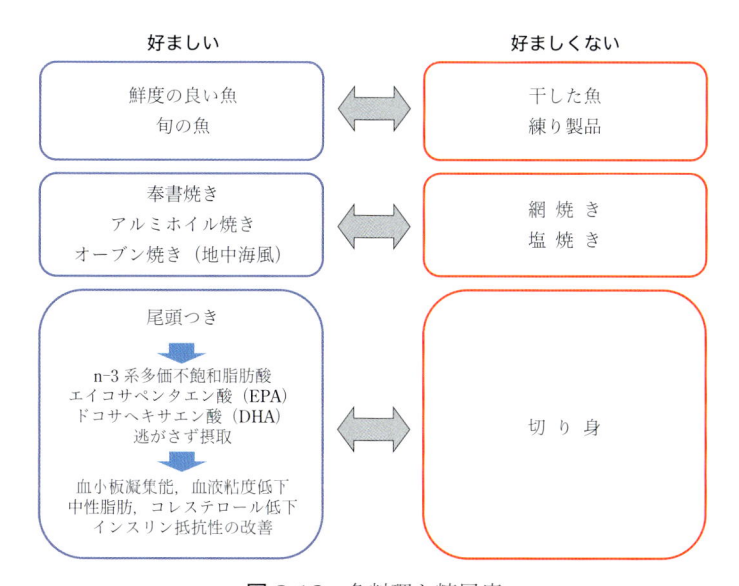

図8.18 魚料理と糖尿病

表8.11 n–6 系と n–3 系多価不飽和脂肪酸の最適な摂取比率とするには

・現代の日本での食生活では，**n–6：n–3 は 4：1 程度が一般
　的に勧められるが若年層では 7：1 ぐらいになっている**
・**糖尿病では 2：1 に近づけるように指導する**
・**そのためには**
　（1）調理に使う油脂をリノール酸（n–6）が多い種子油（サラダ油など）
　　　の代わりに，オレイン酸（n–9）が多いオリーブ油を使う
　（2）種子油を多用するスナック菓子，市販のドレッシング，フライドポ
　　　テトなどの揚げ物を控える
　（3）魚（旬の魚，背の青い魚）をよく食べる

8.3.5　糖尿病の食事会での地中海料理の有用性

私どものクリニックでは外来通院中の糖尿病患者を対象に，地中海料理のフルコースを料理し提供した食事会を定期的に開催してきた．そこでは地中海料理への満足度，美味しさについてのアンケート調査を行うとともに，食事前と食事開始後2時間目の血糖値を測定して，食後高血糖が抑えられているかについて評価した（表8.13）．この食事会はこれまで13回開催し，そのうちの2回分のコースメニューと，それぞれの栄養所要量，血糖値に及ぼす効果について示した（表8.14，15，図8.20，21，22，23）．これまでの食事会での喫食率はほぼ100％で，美味しい，満腹・満足感が得られたとの回答が大多数を占めた．食後血糖値は各患者の病態，治療法は異なっているが，食後血糖値の上昇は抑えられていることを患者自身は実体験ができた．

　実際の食事会でのデータから，地中海食は栄養素の面から低糖質，高一価不飽和脂肪食であり，食後高血糖是正に有利である．脂肪酸割合（S：M：P）比がおよそ1：4：1であり，血清脂質のプロファイルにも好影響が長期にわたり期待できる．食味，満足感が得られやすく，地中海食は我国においても糖尿病の食事療法として受け入れやすく，勧められる食事法であることが確かめられた[23]．

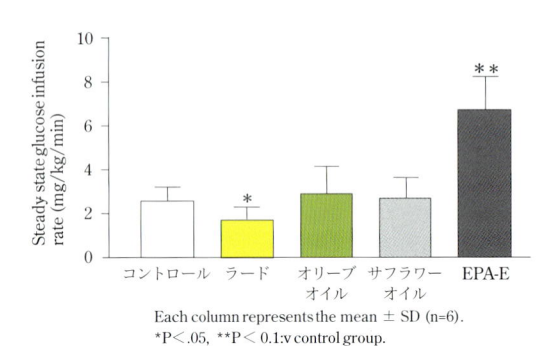

Each column represents the mean ± SD (n=6).
*P<.05, **P< 0.1:v control group.

図 8.19　各種の脂肪酸摂取とインスリン抵抗性
− OLETF ラットでの euglycemic insulin-glucose clamp の検討−
Mori Y, Yokoyama J, et al, Metabolism(1997) 46:1458-1464

表 8.12　糖尿病で勧められる脂質栄養

脂質の摂取量よりも脂質の内容とバランスが重要
・飽和脂肪酸はなるべく少なく（総摂取エネルギーの7％以下）してインスリン抵抗性を減弱させるとともに血中 LDL コレステロールを下げる
・一価不飽和脂肪酸および n-3 系多価不飽和脂肪酸の摂取は血清脂質やインスリン作用の面で都合のよい効果をもたらす
・多価不飽和脂肪酸の n-6/n-3 比をなるべく低くして，糖尿病に合併しやすい脳梗塞，心筋梗塞といった血栓性疾患を予防する
・トランス型脂肪酸，過酸化脂質の摂取は糖尿病での動脈硬化を促進することになり，その摂取量を最小限に抑える

表 8.13　地中海食のコース料理の概要

・**南イタリアの伝統食で構成**
　前菜，パスタ料理，魚介または肉料理，デザートの献立
・**エネルギー**　650 ～ 790kcal
・**たんぱく質（P）　脂質（F）　炭水化物（C）**
　割合比　P：F：C ≒ 20：40：40
・**飽和脂肪酸（S）一価不飽和脂肪酸（M）多価不飽和脂肪酸（P）**　割合比　S：M：P ≒ 1：4：1
・**飽和脂肪酸比率**　7.5％± 1.9（平均± SD）

図 8.20 地中海食コース料理①

表 8.14 地中海食コース料理①の栄養量

	エネルギー	タンパク質	脂質	炭水化物	食物繊維総量	食塩相当量	飽和脂肪	一価不飽和脂肪	多価不飽和脂肪	n-3系	n-6系
	kcal	g	g	g	g	g	g	g	g	g	g
野菜スティック	52	0.6	4.1	3.5	1.3	0.4	0.55	2.96	0.32	0.03	0.28
レンズ豆のスープ	248	9.9	10.3	28.7	7.7	1.5	1.36	7.24	0.92	0.10	0.82
ライ麦パン（全粒粉パン）	95	3.0	0.8	19.0	2.0	0.4	0.32	0.21	0.16	0.01	0.15
トマトといわしのオーブン焼き	230	15.4	15.5	5.8	0.8	0.9	3.51	7.22	2.64	1.48	1.05
洋なしのワイン煮	110	0.4	0.1	20.5	2.4	0.0	0.01	0.08	0.09	0.00	0.09
計	735	29.4	30.8	77.4	14.2	3.2	5.75	17.70	4.12	1.62	2.39

```
栄養素割合　PFC比　18% 42% 40%
脂肪酸割合　S：M：P　1.4：4.3：1.0
n-3系：n-6系　　　　1：1.5
飽和脂肪酸エネルギー比　6.9%
```

1型2人/2型6人 ・ 血糖降下剤3人 インスリン療法4人*
食前血糖値 140 mg/dL±55（平均±SD）
食後血糖値 144 mg/dL±36（平均±SD）

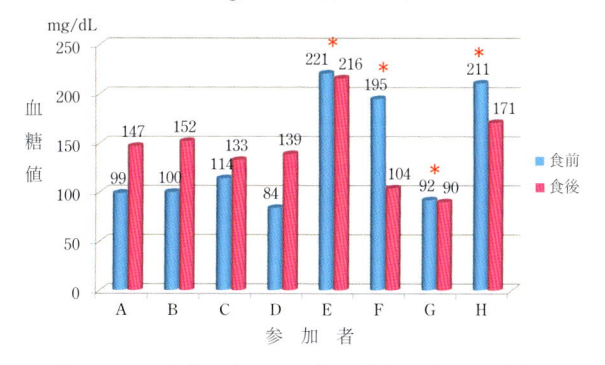

図 8.21 地中海食コース料理① 摂取前後の血糖値

図 8.22　地中海食コース料理②

表 8.15　地中海食コース料理②の栄養量

	エネルギー	タンパク質	脂質	炭水化物	食物繊維総量	食塩相当量	飽和脂肪	一価不飽和脂肪	多価不飽和脂肪	n-3系	n-6系
	kcal	g	g	g	g	g	g	g	g	g	g
グリル野菜	69	2.1	1.9	12.6	3.3	0.3	0.25	1.21	0.19	0.03	0.16
あさりのリングイネ　トマト味	303	11.4	7.3	45.5	2.5	2.2	1.08	4.56	1.04	0.08	0.95
シチリア風カジキ　マグロ　ソテー	321	18.9	21.2	12.0	2.4	1.0	3.37	13.57	2.10	0.93	1.16
マチェドニア	45	0.3	0.1	9.4	0.8	0.0	0.01	0.01	0.02	0.01	0.01
計	739	32.8	30.5	79.4	9.1	3.5	4.71	19.34	3.35	1.06	2.28

```
栄養素割合　PFC比　　19% 38% 43%
脂肪酸割合　S：M：P　1.4：5.8：1.0
n-3系：n-6系　　　　1：2
飽和脂肪酸エネルギー比　　6.9%
```

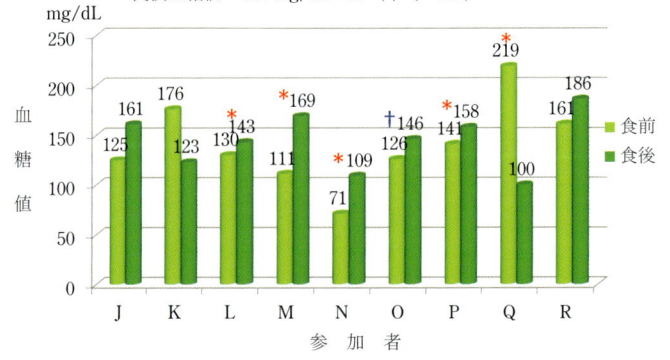

血糖降下剤 3 人　インスリン療法 5 人 *　食事療法単独 1 人 †
食前血糖値　140 mg/dL±40（平均±SD）
食後血糖値　144 mg/dL±27（平均±SD）

図 8.23　地中海食コース料理② 摂取前後の血糖値

8.3.6 肥満症での効果

肥満症の食事療法では摂取エネルギーを減らし，体重の減量が継続的に得られるとともに，肥満症の予後を左右する動脈硬化の危険因子に対して好影響をもたらす食事内容が求められる．このような観点からも地中海食が注目されている．

イスラエルで行われた研究で，肥満者（平均年齢52歳，平均 BMI 31）322 名を無作為に，低脂肪食，地中海食，低糖質食の 3 群に振り分け，2 年間の長期にわたり減量効果が比較検討された[23]．低脂肪食群ではカロリー制限をした上で総脂質比率30％，飽和脂肪比率 10％を指導した．

地中海食群では同様のカロリー制限の上，脂質比を 35％以上に，使う油脂はオリーブオイルとし一日 30 〜 45g の摂取を指導した．そのため自然と野菜の摂取量が増え，肉類は減り，魚介類が増え，3 群間で食物繊維量の摂取量が最も多く，飽和脂肪に対する一価不飽和脂肪の比率が最も高かった．

低糖質群ではカロリーや脂質摂取量を制限せずに糖質は 20g を目標に抑えるよう，また，蛋白質，脂質は植物性の食品から摂るよう指導した．

体重減量成果では，3 群とも減量したが，地中海食群と低糖質食群では低脂肪食群に比較して減量幅は有意に大きかった．とくに地中海食群ではリバウンドが少なく無理なく減量が得られている（図 8.24）．また，この研究に参加した糖尿病患者36 名では地中海食群で低脂肪群に比べて空腹時血糖値，インスリンレベル，HOMA-R などの値により好影響がみられた．さらに，地中海食群だけに，心血管障害のマーカーである高感度 C 反応性蛋白レベルの有意低下が見られた．このような長期にわたる食事法の減量効果を科学的に分析した研究はこれまでにはなく，地中海食は肥満症の減量療法として，また，肥満 2 型糖尿病の食事療法として有用であることが証明されたことになる．

地中海食では油脂としてオリーブオイルを用いるため，豆類，緑黄色野菜の旨味が引き出され，おのずとそれらの料理が増え，食物繊維の摂取量は増加する．こうした点から満腹感を得やすく，肥満症に地中海食を勧めると遵守率も高く，減量のリバウンドが少ないと思われる．

8.3.7 地中海食の勧め

地中海食を基本とした健康生活の特徴を図 8.25に示した．地中海食で使う食材は自然食が多く，加工食品が少ない．また，食材そのものを使う全体食品が多い．

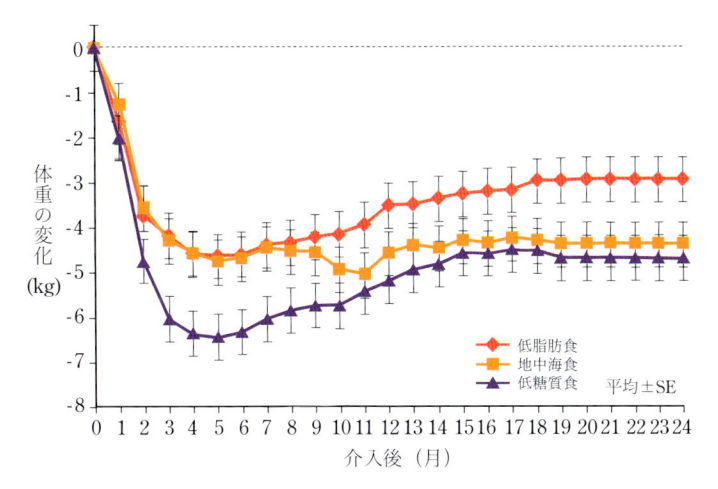

図 8.24 低脂肪食，地中海食，低糖質食，各群における食事療法介入後の肥満者（平均 BMI 31）の体重の 2 年間にわたる変化
Shai I, Schwarzfuchs D, Henkin Y, *et al.* : Weight loss with a low-Carbohydrate, Mediterranean, or low-fat diet. *N Eng J Med* 359 : 229–241, 2008

地中海食のピラミッド

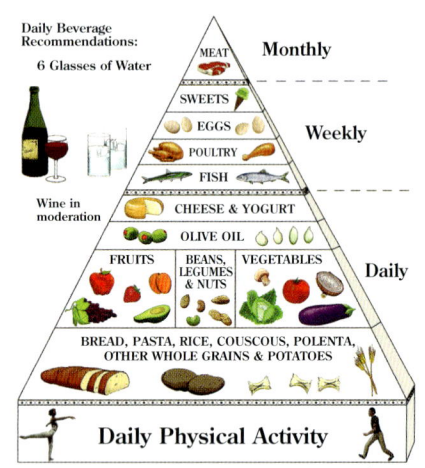

Daily Beverage Recommendations:
6 Glasses of Water

Wine in moderation

Oldways Preservation & Exchange Trust, 2000年

1. 主食は，全粒穀物を中心に低 GI の食品からとる．
2. 季節の野菜と果物，豆類やきのこ類も豊富にとる．
3. 油脂としてオリーブオイルを日常的に使う．
4. 低脂肪の乳製品（ナチュラルチーズ，ヨーグルトなど）は，毎日適量摂取する．
5. 獣肉は少なく，魚介類を習慣的に摂取する．
6. 食前に水を飲み，食事中に適量（グラス 1 ～ 2 杯）の赤ワインを飲む．
7. 日々の身体活動（Daily Physical Activity）を欠かさない．

図 8.25　地中海食の特色

- 地中海沿岸地方（特に南イタリア）の伝統食は，栄養学的に WHO の食事目標を受け入れやすい内容を持っている
- 歴史的には西欧料理の源流といった面をもった伝統食であり，ユネスコは 2010 年、世界無形文化遺産に認定した
- 油脂としてオリーブオイルを用いることにより各食材を生かし，また，バランスのよい脂質の摂り方となっている
- 食材は和食との類似点が多く，日本人にもなじみやすい
- 食材は自然食品が多く，また，丸ごと使う全体食である
- 調理法が簡潔である
- 香り高いハーブを巧みに使うことにより満足感をもたらす．そのため塩分が自ずと控えられる
- 砂糖を使わずに旨味を引き出せ甘辛い味からの脱却
- 緑黄色野菜の摂取が増える
- 食材の味が生かされた美味な食事になり，より健康増進，長寿に繋がる

日本でも素材を生かした調理法で穀類，魚介類を多く食べる食習慣は，地中海食と相通じるところが多い．大きく異なる点は地中海食ではオリーブオイルがうまく調理に使われ，食材を生かしている点である．また，伝統的な和食は調理に手間と時間がかかる．栄養量の面では脂質が少なく，多忙な現代の働き盛りの世代に満足感と活力を与え難い．また，地中海食は科学的根拠に基づく栄養学的優位性が極めて高いが，和食の優位性を証明する研究や論文は非常に少ない．糖尿病，肥満症の予防，治療に向けた食事にも地中海食の原則を取り入れることを勧めたい．

地中海食の原則を日本の食生活に取り入れることを勧める理由を次に示す．

8.4　オリーブオイルの健康増進効果—大腸疾患

8.4.1　大腸疾患の現状

1960 年代には，日本では，大腸ガン，難治性炎症性腸疾患（潰瘍性大腸炎，クローン病）等の罹患数は非常に少なかったが，1990 年以降，急速に大腸ガン，難治性炎症性腸疾患の罹患数は，増加の一途をたどっている．

ガン死の中で，大腸ガンは 2003 年以降，女性で 1 位，男性で 3 位を占めている．また 2013 年のデータで，罹患数でも胃ガン患者数よりも大腸ガン患者数の方が多いことが判明している．

さらに，難治性炎症性腸疾患である潰瘍性大腸炎，クローン病は増加の一途をたどっている．患

者の登録が開始された 1975 年には, 潰瘍性大腸炎は 956 人, 1976 年のクローン病患者数は 128 人と, ごく少ない症例数であったが, 2017 年には, 潰瘍性大腸炎数は 22 万人超, クローン病患者数も 7 万人超と増加の一途をたどっており, 潰瘍性大腸炎患者数は, 現在米国に次いで世界第 2 位となっている. 大腸ガン, 潰瘍性大腸炎, クローン病の原因はいまだ不明である. 現時点では大腸ガンに関しては, 原因として, 素質因子と環境因子といわれており, 特に環境因子の中でも食事因子が大きく関与しているのではないかと言われている. 特に 1960 年代におこなわれた疫学的研究において, オリーブオイル, 魚, 穀物, 果実を主体とする地中海型食生活 (南イタリア, スペイン, ギリシャ等) の地域では, 北ヨーロッパ, 北米 (肉類, 乳製品を比較的多く摂取する地域) に比較して, 大腸ガン[24], 潰瘍性大腸炎[25], クローン病[25] の罹患率が低いことが判明していた.

8.4.2 大腸ガン

脂肪をとりすぎるとガンになりやすいということは, 以前より指摘されていた. 人間の大腸ガンの発生と食事性因, 特に脂肪摂取量の関係について述べたものは, Ernest. L. Wynder らの論文[24] が最初期と考えられる. Wynder らは, 米国や日本における結腸ガンの死亡率と脂肪摂取量との関連を調査し, 脂肪摂取量が低い程, 結腸ガンの死亡率が低いことを指摘した (図 8.26).

さらに, 各種栄養素の摂取状況 (1 人 1 日あたりの平均値) について比較検討した. その結果, 1962 年のデータで, 米国では総カロリー摂取量 3,000 キロカロリー超 (タンパク質 12.6%, 炭水化物 45.6%, 脂肪 41.8%) に対し, 日本では総カロリー 2,000 キロカロリー (タンパク質 12.3%, 炭水化物 74.2%, 脂肪 13.5%) で, 脂肪摂取量が大腸ガンによる死亡率の数に結びつくと考えたのである. 当時の日本では, 脂肪からの摂取カロリーは総カロリーの 13.5% にすぎず, 米国では 41.8% にも達し, しかも日本での摂取脂肪酸の多くは不飽和脂肪酸であり, 米国では摂取脂肪酸の約半分が飽和脂肪酸 (肉類に多く含有されている) であることも突き止めた. また, その当時 (1960 年代) の調査では比較する数が少なかったのであるが, 日本人の大腸ガン患者の食習慣を調査し, 高タンパク, 高脂肪食, 特に牛肉の多量摂取が原因ではないのかと推測している. 現在, 日本人の肉類摂取量の増加 (1 日約 80g) で, 大腸ガンの死亡率の増加が相関していることをみると, Wynder らの指摘が正しかったことになる. また 2009 年に世界ガン研究基金 (WCRF) と米国ガン研究会 (AICR) の共同研究で, 「大腸ガンのリスクとライフスタイル」について次のように指摘している (表 8.16).

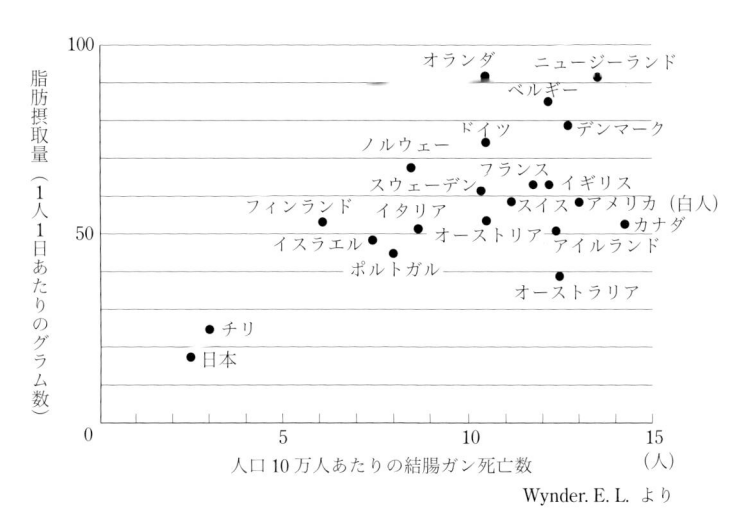

Wynder. E. L. より

図 8.26 1960 年代の脂肪摂取量と結腸ガン死亡数との関係

表 8.16　大腸ガンのリスクとライフスタイル

	抑制因子	促進因子
確実	運動	赤身肉 加工肉 飲酒（男性） 腹部肥満 高身長（男性）
ほぼ確実	食物繊維を多く含む食物 ニンニク カルシウムの多い食事 牛乳	飲酒（女性）
限局的に（可能性あり） リスクを上げる	野菜，果物，葉酸を含む 食品，魚，ビタミン D を 含む食品 穀物，鶏肉，コーヒー	動物性脂肪を含む食品 砂糖を含む食品 鉄を含む（食品）

　大腸ガンの危険因子のところで指摘したごとく，大腸ガンの原因として特に環境因子の関与が大きく考えられており，大腸ガンの原因の一つとして必ずとりあげられるのが，食の欧米化である．ここでまちがえてはいけないのが，食の欧米化というのは，主に北米や北欧の肉食，乳製品を多くとるスタイルのことであり，オリーブオイル，穀類，野菜，果実，魚を比較的多く摂る地中海型食生活とは異なるということである．というのは，後に詳細について述べるが，以前に南イタリア，スペイン，ギリシャ等の地中海沿岸地域では，大腸ガンに罹患する人が比較的少ないことが指摘されてきた．ここで大腸ガンの発ガンモデルを提示する（図 8.27）．

　大腸ガンは，腸内環境の悪化などによる遺伝子異常などによって正常大腸結膜が誘発されて粘膜異常をおこす．さらにこれが促進されて腫瘍の発生へとつながっていくことになる．この誘発時の促進因子は不明であるが，抑制因子としては，アスピリン等の鎮痛剤がよく知られている．米国人の中で，頭痛等でアスピリンを頻回に服用する人では，大腸ガンの発生が少ないことが指摘されてきた．

　動物実験でも，化学的発ガン物質を投与して，大腸に前ガン物質を発生させたラットを用いてアスピリンや非ステロイド系抗炎症剤（NSAIDs）による腫瘍性病変の抑制効果が確認された．

　では，なぜ NSAIDs が大腸ガン発生を抑制する効果があるかということに関して簡単にふれておく．NSAIDs は，プロスタグランジン合成酵素であるシクロオキシゲナーゼ（COX-1 と COX-2）の活性を阻害することにより，解熱，鎮痛，抗炎症等の薬理作用を示す．この COX-1，COX-2 が大腸ガンと関連があることが近年の研究でわかってき

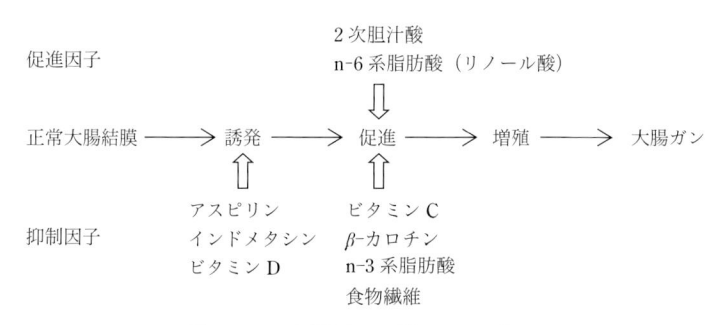

図 8.27　大腸ガンの発ガンモデル

た．人間の大腸ガン組織を用いた解析により，COX-1 の大腸ガンでの発現量は正常の腸管と変わらないのに対して，COX-2 は大腸ガン組織での発現誘導が認められ，ガン組織内のガン細胞をはじめ，マクロファージや血管内皮細胞などでも発現していることが明らかとなってきた．

また，大腸ガンではガン細胞自身が COX-2 を発現し，細胞増殖になんらかの作用を示しているものと考えられている．アスピリンが大腸ガンに対して有効に作用することから考えて，エキストラバージン・オリーブオイルのもつポリフェノールが大腸ガンに対して有効に作用するのではないかと考えられてきたが，2000 年以降になって様々なデータが示されるようになった．

ところで，1980 年代のわが国で，秋田大学医療技術短期大学教授の成澤富雄らは，発ガン処置したラットの実験で，高脂肪食で 20 から 30 週間飼育した場合には，低脂肪食を与えた場合よりも高頻度に多数の大腸ガンを発生すると報告している．この場合，使用した脂肪が動物性，植物性のいずれかの場合でも，同様な結果であったが，例外としてオリーブオイル，ヤシ油では発症を促進しなかったと報告している．さらにこの後の研究で，リノール酸（n-6 系脂肪酸）有意の脂肪の摂取は，大腸ガンを促進し，α-リノレン酸，EPA，DHA（n-3 系脂肪酸）有意の脂肪の摂取は，大腸ガンを抑制すると結論を出している．ではオレイン酸（一価不飽和脂肪酸）はどうかというと，発症には影響を与えないと述べている．

さらに疫学的研究において，1990 年および 1991 年にスペインの E. Benioto らは，Int. J. Cancer 誌で次のような論文を公表している[25,26]．それは，地中海のマヨルカ島での大腸ガンと食事内容についての調査である．マヨルカ島は人口およそ 87 万人で，島で生まれた住民が 73% であった．そのため一つのまとまった集団の中で，オリーブオイルを中心とする地中海型食生活が大腸ガンに影響があるかということを知るうえで最適なのである．このマヨルカ島の住民の大腸ガン（結腸・直腸ガン）は，84 年から 88 年までの期間に 286 名認め

た．なお，コントロール群 295 名を対象として比較検討している．82 年から 86 年にかけての結腸ガン罹患率（年齢調整後）は，男性で人口 10 万に対し 12 人，女性は 8.9 人であった．これらの率は，いずれもスペインの他地域よりも若干高い値であった．また直腸ガンについては，男性 11.1 人，女性 6.1 人であった．この値も同様にスペインの他地域よりも若干高い値であった．

このマヨルカ島における結腸・直腸ガンのリスクを食品別に，多変量解析においておこなったところ，新鮮肉（赤身肉）の消費量が高いと結腸・直腸ガンのリスクが高まり，アブラナ科の野菜（ブロッコリー，カリフラワー，キャベツ，芽キャベツなど）の摂取がガンの予防に関与しているという結果であった．さらに野菜を「野菜全体」，「食物繊維の多い野菜」，「食物繊維の少ない野菜」の三つのグループに分類して検討したところ，明確な効果こそ認められなかったが，リスクの低下はどのグループにも認められた．地中海諸国では，野菜が食生活の主要な部分を占めており，野菜のガンへの防御効果は地中海諸国でおこなわれた研究でも報告されている．さらに，直腸ガンに関しては，乳製品がリスクを高めているという結果であった．またオリーブオイルに関しては，結腸・直腸ガンのリスクとの関係は認められなかった．

次にマヨルカ島の結腸・直腸ガン患者での摂取エネルギー量と栄養素類の関係を検討している（表 8.17）．

マヨルカ島ではオリーブオイルを多く摂取しているので，一価不飽和脂肪酸の摂取量は，結腸・直腸ガンの群とコントロール群とも一日 40g 以上と高値であった．しかし，飽和脂肪酸，コレステロールに関しては，コントロール群に比較して有意に結腸・直腸ガンの群の方が高値を示した．このように，オレイン酸などの一価不飽和脂肪酸を多量に含有するオリーブオイルの消費量が格段に多いマヨルカ島での大腸ガン（結腸・直腸ガン）の危険因子は，飽和脂肪酸やコレステロールの摂取量が関与している可能性が提示された．

次に相対性リスクは，結腸・直腸ガンは食事に

表 8.17　スペイン・マヨルカ島における大腸ガン（結腸・直腸）症例の栄養素別摂取量の比較[3]

	男　性			女　性		
	結腸ガン (n = 72)	直腸ガン (n = 74)	コントロール (n = 158)	結腸ガン (n = 72)	直腸ガン (n = 56)	コントロール (n = 137)
脂肪総量（g）	93.9	95.4	87.7	92.8	92.8	83.5
多価不飽和脂肪酸（g）	11.4	10.9	11.4	11.7	10.7	10.8
一価不飽和脂肪酸（g）	43.2	43.2	41.1	41.2	43.3	38.2
飽和脂肪酸（g）	32.8	34.4	29.7	32.9	30.9	28.4
コレステロール（mg）	410	341	339	356	348	314

よる総カロリー量と関与しており，防御材料としては，豆類等の食物繊維摂取および葉酸摂取量との関連が指摘された．以上から，オリーブオイルの摂取を主体としている地中海のマヨルカ島での結腸・直腸ガンの危険因子は，総カロリー摂取量やコレステロール，飽和脂肪酸であり，少なくともオレイン酸などの一価不飽和脂肪酸は危険因子に関与していないことが提示された．

その後の研究で，大腸ガンと胆汁酸との関係が示されるようになってきた．体内のコレステロールのうち，食品からのものは 20 ～ 30% 前後で，残りの 70 ～ 80% は動物性脂肪等から肝臓で合成される．このコレステロールは，毎日体内で 2g 前後作られ，同じ程度の量が体外に排出されている．そして排出量の約 3 分の 1 は胆汁酸（一次胆汁酸）になり，胆汁酸は腸内細菌によってデオキシコール酸やリトコール酸という二次胆汁酸に変化する．この二次胆汁酸が発ガンの原因物質となる可能性が指摘された．動物性脂肪を多く摂取すると，コレステロールが多数作られ，腸内に二次胆汁酸が多量に排出され，その結果大腸ガンをひきおこすのではないかといわれている．最近の研究では，この二次胆汁酸が活性酸素を生成することが判明してきた．つまり，二次胆汁酸が生体内の細胞膜やミトコンドリアを傷害し，結果的にミトコンドリアの電子伝達系を障害し，活性酸素を生成し，それがガン遺伝子に突然変異をおこしているというわけである．

また，高脂肪食（動物性脂肪）で増加する二次胆汁酸や炎症細胞が作るサイトカイン，プロスタグランジンなどによる慢性炎症が発ガンを促進すると考えられるようになってきた．慢性炎症を起こしている例として，潰瘍性大腸炎があげられ，潰瘍性大腸炎の活動期が持続すると，発ガンにつながることが以前より指摘されてきた．慢性炎症は，活性酸素やサイトカイン類によるガンの増殖を促す作用だと考えられている．このように発ガンにつながる慢性炎症は，動物性脂肪で促進され，DHA，EPA などの魚介類の脂肪で抑制される．では，エキストラバージン・オリーブオイルはというと，四種類（ビタミン E，葉緑素，オレイン酸，ポリフェノール）もの抗酸化物質を含有していることから考えると，抑制系に働くと示唆される．

2000 年以降，エキストラバージン・オリーブオイルに含有されるポリフェノールの大腸ガンへの作用が次第に判明してきた．エキストラバージン・オリーブオイルは，フェノール化合物が多く，それが結腸ガンの発症など，多くの病理経過に対して有益な効果を発揮すると考えられている（図 8.28）．

エキストラバージン・オリーブオイルの主なフェノール成分の一つであるヒドロキシチロゾールが，細胞周期である G2/M（細胞周期のチェックポイントの一つで，この制御が DNA 損傷等で活性化すると細胞は G2 期に留まる）で細胞同期阻害を引き起こす能力によって，ヒト結腸の腺ガンに対して強い抗増殖作用を発揮することが指摘されている．この抗増殖作用は，P8 活性およびシクロオキシゲ

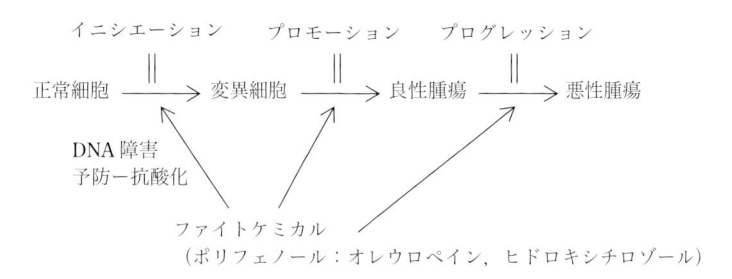

図 8.28 予防に対するファイトケミカルの役割

ナーゼ-2（COX-2）の発現の抑制よりも，細胞外信号調節キナーゼ（ERK 1/2：分裂促進因子活性タンパク質キナーゼ）リン酸化の強い抑制およびサイクリン D1 発現の縮小によって始まっている．

　この結果，ヒドロキシチロゾールの結腸濃度が他のオリーブオイルポリフェノールと比較して高いことから，ヒドロキシチロゾールが結腸ガン発症の抑制に働いていることが示唆される[27]．

　エキストラバージン・オリーブオイルの日常的摂取は，ガンの発症（特に結腸ガン）など多くの病理過程に対して有益な効果を発揮すると考えられている．結腸ガンの発症を抑制する作用は，培養した大腸ガン細胞，動物およびヒトで実証されている．また，結腸・直腸の腫瘍過程を抑制する能力は，ヒドロキシチロゾール，リグナン，およびセコイリドイドなどのオリーブオイルに存在するフェノール化合物によって一部が介在すると考えられている．

　結腸・直腸ガン細胞における COX-2 の過剰発現は，細胞生存，細胞増殖，移動，浸潤および血管形成の促進を通じて，結腸・直腸新生物と強い関連を有するとされている．その点を考慮して，オリーブオイルポリフェノールの抗ガン作用を発揮する細胞メカニズムを見ると，マイトジェン活性化タンパク質キナーゼ（MARK）経路およびシクロオキシゲナーゼ-2 の発現（COX-2 発現により，腫瘍増殖の抗進や COX-2 経路阻害により発ガン抑制が見られるなど，COX-2 の発ガンへの何らかの関与が示唆される）と相互作用する能力が関与していることから，オリーブオイルポリフェノールの抗腫瘍効果が示唆されている[27]．

では，オリーブオイルポリフェノールが結腸ガン進行の予防でどのように作用しているのか，現在判明していることについてのべていく．

　大腸ガン発症は，前述のごとく三段階（発生・増殖・進行）で構成されている．オリーブオイルが結腸ガンの進行を抑制することが，大腸ガン細胞モデル（Llor ら，2003 年），動物（Bartoli ら，2000 年および Owen ら，2000 年）で提示された．実験モデルで，オリーブオイル摂取は，アゾキシメタン処理ラット異常腺窩巣の発生低下（Bartoli ら，2000 年）およびジメチル・ベンゼン・アントラセン誘発乳ガンの発症低下（Solana ら，2002 年），そして大腸ガン細胞の有意な値でのアポトーシスを引き起こす（Llor ら，2003 年）などの研究報告がなされた．さらにオリーブオイルは，大腸ガンで重要な働きがある COX-2 などを抑制することが提示された（Llor ら，2003 年）．この抗ガン作用の少なくとも一部は，オリーブオイルのフェノール化合物（ポリフェノール，ヒドロキシチロゾール等）が介在すると考えられている（Owen ら，2000 年）．

　実際，多くのフェノール化合物が，化学予防剤になる可能性があるとされ，ガン細胞増殖を制御すると考えられている．

　消化管は，常に有害物質にさらされ，その有害物質の多くは食事から導入されるフリーラジカルおよび脂質酸化産物が含有されている（Addis, 1986年）．たとえば，食事脂肪は酸化されやすく，食品の加工，貯蔵，調理，および消化中に酸化産物が作られる（Donnelly ら，1995 年, Kanner ら，2001 年）．腸内恒常性の変化は，反応性酸素の生成を導き，それが消化管の内側を覆う細胞において構造と機

能の変化を生じることがある．エキストラバージン・オリーブオイルのフェノール化合物とポリフェノールの抗酸化作用は，小腸における代謝活動による吸収後に限定されるが，消化管自体は他の器官に比較してフェノール酸（ヒドロキシ桂皮酸）およびフラボノイドにさらされる（Scalbertら，2000年）．それで消化管内における直接的な抗酸化作用は，体内の他部位よりも重要である．たとえば，エキストラバージン・オリーブオイルのフェノール化合物は，過酸化水素によって引き起こされる障害から結腸細胞を保護することが示されている（Mannaら，1997年，2002年）．また，ヒドロキシチロゾール中に存在するオルソージヒドロキシ部分が遺伝子毒性保護の程度を決定するのに重要であることが示された（Mannaら，1997年）．さらにチロゾールは，酸化LDL誘発性膜損傷，細胞骨格ネットワークの変化，微小管の破壊，細胞間と細胞基質間の接触の喪失，細胞分離および細胞死から予防すると示唆された（Giovanni）．

オリーブオイルのポリフェノールによるヒトの結腸腺ガン細胞の反応で，結腸発ガン過程の発生，増殖，進行に関与することも判明してきた（Gillら，2005年）．各種の結腸ガン細胞（P53が活発，突然変異，不活性化）を用いて実施された最近の研究で，高ピノレジノールなオリーブオイル抽出物は，ガン細胞（特にP53活発細胞）の生存を減少させ，アポトーシスとG2/M細胞周期阻止をひきおこすことを認めた（Finiら，2008年）．

オリーブオイルのポリフェノールが抗ガン作用を発揮する細胞メカニズムでは，MAPKキナーゼおよびCOX-2の調節との関連が認められた（Coronaら，2007年）．COX-2は大腸ガンで過剰発現され，細胞の生存，増殖，移動，浸潤および血管新生の促進によって過剰発現は大腸ガンと強く関連することが認められた．

オリーブオイルのフェノール抽出物は，P38/CREB信号伝達の抑制，COX-2の発現低下および細胞周期G2/M相の阻害によって結腸腺ガン細胞に対して強い抑制作用を発揮することが示された（Coronaら，2007年）．これに対し，ヒドロキシチロ

ゾール抽出物は，ERK 1/2リン酸化およびその後のサイクリンD1発現を強く抑制する可能性によって，抗増殖作用を発揮することが判明した（Coronaら，2009年）[28]．

ヒドロキシチロゾールが結腸ガン細胞の増殖のアポトーシスを引き起こすのは，細胞の小胞体が長期ストレス（変性タンパクの活性化）およびSer/thrホスファターゼ2A（結腸ガン細胞のアポトーシスの誘発に関与すうる重要なタンパク質）などアポトーシス促進因子の過剰発現に関連する作用機構によることも判明した（Guichardら，2006年）．

結腸腺ガン細胞に対するヒドロキシチロゾールの抗増殖作用が特に有効であるのは，オリーブオイルに存在する他成分と比較して，このフェノール化合物が大腸上皮にさらされるためである．これは消化管におけるオリーブオイルフェノールの特有の代謝が原因であり，セコイリドイドの胃による加水分解および結腸におけるオレウロペインの細菌代謝がチロゾールおよびヒドロキシチロゾールの高い値を大腸にもたらすからである．ヒドロキシチロゾールの大腸におけるこの高い値，およびERK 1/2とサイクリンD1を通じてヒト結腸腺ガン細胞の増殖を抑制する能力により，エキストラバージン・オリーブオイルは結腸ガンを抑制すると考えられている．

8.4.3　潰瘍性大腸炎

難治性炎症性腸疾患とは，一般的には潰瘍性大腸炎とクローン病を指す．この2つの疾患は，いずれも原因不明で，10代後半から20才代の若年層を中心に発症し，寛解，再燃を繰り返す難活性の消化管疾患である．疫学的研究において，60年代日本，および60～70年代の地中海沿岸諸国（南ヨーロッパ：南イタリア，ギリシャ，スペイン等）では，北ヨーロッパ（フィンランド，ノルウェー，アイルランド等）に比較して，潰瘍性大腸炎やクローン病の年間罹患率が低値であった（表8.18）．この地中海沿岸の地域の食のスタイルは，いわゆる地中海型食生活である．現在潰瘍性大腸炎では，治療方針の中に明確な食事に関する記載は存在しな

表 8.18 ヨーロッパにおける潰瘍性大腸炎・クローンの年間罹患率

潰瘍大腸炎の年間罹患率　80〜90年代（　/10万）		
北部ヨーロッパ		
アイスランド	(Rei Kjavik)	24.4
ノルウェー	(Oslo)	15.6
デンマーク	(Copenhagen)	10.0
アイルランド	(Dublin)	14.8
イギリス	(Leicester)	
非移民		9.2
移民		15.1
オランダ	(Maastricht)	5.6
日本（1991年全国調査）		1.95
南部ヨーロッパ		
イタリア	(Milano)	7.0
イタリア	(Palermo, Sicily)	8.0
イタリア	(Reggio-Emilia)	7.5
北西部スペイン	(Vigo)	7.0
北東部スペイン	(Broga)	5.5
北西部ギリシャ	(Ioannina)	8.5
南部ポルトガル	(Almada)	1.7
ギリシャ	(Heraklion, Creta)	6.6
イタリア	(Florence)	8 1

クローン病の年間罹患率　80〜90年代（　/10万）		
北部ヨーロッパ		
アイスランド	(Rey Kjavik)	8.2
ノルウェー	(Oslo)	6.9
デンマーク	(Copenhagen)	6.6
アイルランド	(Dublin)	5.9
イギリス	(Leicester)	
非移民		3.2
移民		4.7
オランダ	(Maastricht)	7.7
北西部フランス	(Amiens)	8.1
ドイツ	(Esgen)	3.5
南部ヨーロッパ		
イタリア	(Milano-Varse)	3.2
イタリア	(Croma-Cremans)	2.7
イタリア	(Reggio-Emilia)	4.0
イタリア	(Florence)	2.7
北西部スペイン	(Vigo)	4.8
北西部スペイン	(Sabadell)	4.9
北西部ポルトガル	(Brapae)	3.7
北西部ギリシャ	(Ioannina)	1.0
南部ポルトガル	(Almada)	2.3
ギリシャ	(Heraklion, Creta)	3.9
イタリア	(Palermo, Sicily)	5.8

引用文献
Shivananda S et al: Incidence of inflammatory bowel disease across Europe : is there a difference between north and south? Results of the European collaborative study on inframmatory bowel disease (EC-IBD). Gut 39, 690-697, 1996

い．一応潰瘍性大腸炎の寛解期の場合，特別に食事を注意しなくてもよいとなっている．しかし消化管に負担をかける脂肪（リノール酸等）や刺激物（香辛料等）は避けるべきと考えられている．

私のクリニックでも現在130〜140人前後の潰瘍性大腸炎患者が通院しており，全員に油脂としてエキストラバージン・オリーブオイルを使用するように指導している．

ところで最近，エキストラバージン・オリーブオイルのポリフェノールの一種であるオレウロペインが潰瘍性大腸炎患者に有用であることが判明してきたので紹介する．

1)　潰瘍性大腸炎に対するエキストラバージン・オリーブオイルの効果

最近急増中（2017年1月の時点で日本では22万人超が潰瘍性大腸炎に罹患中で，これは米国に次いで世界第2位）の潰瘍性大腸炎に対して，エキストラバージン・オリーブオイルが有効であることが判明してきた．これは，イタリア，カタンザーロ "Magna Graecia" 大学健康科学科の T. Larussa らによる報告である[29]．

この内容は，活動期潰瘍性大腸炎患者14人から，大腸内視鏡検査時に内視鏡下で採取した，生検組織標本を用いた．エキストラバージン・オリーブオイルのポリフェノールの一種であるオレウロペインの活性をシクロオキシゲナーゼ（COX-2）およびインターロイキン（IL）-17の発現で評価している．その結果，組織学的に，オレウロペイン処埋した結腸サンプル（標本）では，炎症性障害の改善を示した．これは，オレウロペインのもつ抗炎症性作用（COX-1からCOX-2へ変換へのブロック）が，潰瘍性大腸炎患者の結腸生検組織で証明されたことになる．つまり，エキストラバージン・オリーブオイルは，潰瘍性大腸炎患者に対して有効に作用することが判明した（図8.29）．

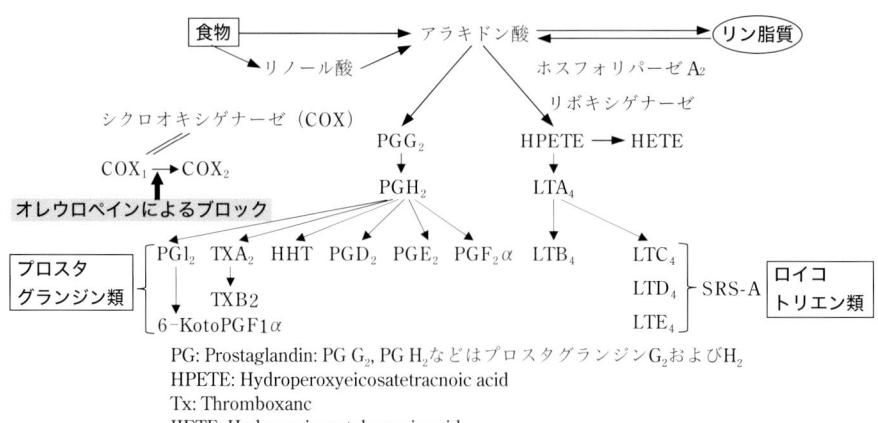

PG: Prostaglandin: PG G_2, PG H_2 などはプロスタグランジン G_2 および H_2
HPETE: Hydroperoxyeicosatetracnoic acid
Tx: Thromboxanc
IIETE: Hydroxycicoxatelraenoic acid
LT: Leukotriene
IIHT: Hydroxyhcpladecatrienoic acid
SRS-A: Slow reacting xubxtance of anaphylaxis

図 8.29　アラキドン酸カスケード代謝経路

8.4.4　慢性便秘症に対するオリーブオイルの効果

　現在日本では，約 600 万〜 1,000 万人程度の人が，慢性便秘症に悩んでいるといわれている．特に高齢化社会となって，ますます便秘の人の数は増加している．私が以前勤務していた松島クリニック・大腸肛門病センターで慢性便秘症の患者に，下剤減量のため，エキストラバージン・オリーブオイルを摂取していただき，有効性を認めたので，その内容を提示する[30]．なお，日本の下剤の約 70% 以上は，センナ，大黄，アロエ等のアントラキノン系薬剤である．このアントラキノン系薬剤を長期間連用していると，下剤服用量が増加したり，下剤を服用しないと排便が困難になることがある．この様な症例に対して大腸内視鏡検査を施行すると大腸黒皮症（大腸メラノーシス）を認めることが多い．大腸メラノーシスは，特に自覚症状は認められないが，下剤を服用しないと，排便が困難になることがある．この大腸メラノーシスは，アントラキノン系の代謝産物であるメラニン様色素沈着がマクロファージに貪食されることによって大腸粘膜が淡褐色〜黒褐色を呈し，この変化が大腸粘膜内に留まらずに腸神経叢にも至り，便秘状態をさらに悪化させる可能性が指摘されている．これはマクロファージ等の免疫系が関与し

ているので，ある意味で大腸メラノーシスは大腸の慢性炎症といってよいかもしれない．このように比較的重い慢性便秘症に対して，オリーブオイルを摂ることが有用であるかを検討した．

　アントラキノン系下剤や他の下剤を長期連用している 64 例の慢性便秘症患者に対して，毎日朝食時にエキストラバージン・オリーブオイル 30mL（大さじ 2 杯）を二週間摂取してもらった．その結果，大腸メラノーシスを伴う慢性便秘症の患者 40 例では，下剤からの離脱はできなかったものの，全例で下剤の服用量を減量することが可能であった．さらに大腸メラノーシスを伴わない患者 24 例では，下剤からの離脱 1 例，下剤服用量の減量 22 例が認められた（表 8.19）．この様に，エキストラバージン・オリーブオイルを摂取した 64 例中 63 例で下剤の減量，または離脱が可能であった．

　では何故，オリーブオイルは排便促進効果があるのだろうか．これは生化学者である Michael Field らの実験で次の様に示されている．動物の空腸を用いた灌流実験で，ヒマシ油の主成分であるリシノール酸とオリーブオイルの主成分であるオレイン酸を比較したところ，短時間では，オレイン酸の方が腸管内に吸収されにくく，腸管外に分泌されにくい結果であった．つまり，腸管内にオ

表8.19 慢性便秘症に対するオリーブオイルの効果

	下剤離脱	下剤減量	不変
大腸メラノーシスを認める症例 n = 40	0	40	0
大腸メラノーシスを認めない症例 n = 24	1	22	1
合計 n = 64	1	62	1

レイン酸が残留することになる.

このことから，短時間でオリーブオイルを比較的多量に摂取すると，オレイン酸が腸管内に多量に残り，腸管内容物と混在し，便が軟便になり，排便の促進につながるのではないかと考えられた．以上の様なデータから下剤を常習している慢性便秘症の患者の下剤の減量がオリーブオイルで可能になることが示唆された．

1) 便秘とオリーブオイルの保温効果

2011（平成23）年3月11日に東日本大震災が起きた．震災後，急激なストレスによる便秘，トイレの数の少なさによって起こった便秘など，「様々な腸トラブル（排便障害）に関して，どのように解決したら良いか」という相談を受けた．

その当時はまだ寒く，お腹を冷やしてしまうことも問題になっていた．ある新聞社の人に聞いた話では，阪神淡路大震災時の被災者の方の，約40％の人に，被災後に便秘が認められたそうだ．このときも1月と寒い時期だったので，お腹の冷えも大きく関与していたのかもしれない．

冷えと便秘を同時に解決する方法が求められた．

まず，単純なことだが，冷えに対しては白湯を飲むことが有効である．これは誰もが体感することで，寒いところから帰ってきて熱い白湯を飲むと体が温まる．しかし，水分を摂れば便秘の解消には多少良いかもしれないが，これだけではなかなか排便促進にはつながらない場合もある．そこで，以前より私が指摘していた排便促進効果をもつオリーブオイルを摂ることを勧めた．

このオリーブオイルは，様々な食品と一緒に摂れば美味しくなるが，オリーブオイルだけで摂取するのは，出来なくはないものの，美味しくないと感じる人も多いだろう．

しかし白湯にそのままオリーブオイルを入れて飲めば，摂りやすいのではないかと考えた．実際，試飲してみたところ，これだったら誰でも，それ程無理なく摂れるのではないかと思った．水分とオリーブオイルを摂れば，硬便を適度に軟便にし，オリーブオイルのもつ腸管刺激によって排便促進効果も強化されると示唆された．

そして試飲した後に気づいたのが，何となく感じるお腹の温かい感覚が，白湯のみを飲んだときよりも持続するように思えた．

そこで，私の知人であり本書の執筆者でもある日清オイリオグループ食品事業本部の鈴木俊久氏に相談して，同社の研究所で実験をしていただくことにした．

オリーブオイルの保温効果についての研究結果

オリーブオイルを，容器に入れた温湯表面（湯の表面）に滴下し，油膜を形成した場合の保温効果（湯の温度低下抑制効果）を検証した．

形状と重量が同じビーカーに沸騰した湯をカップ1杯分（180グラム）注ぎ，静置状態を保ちながら湯温を測定．温度が80度になった時点で，常温のオリーブオイルあるいはサラダ油を小さじ1杯（5ml ≒ 4.5グラム）滴下し，以降の温度を経時的に測定した．なお，対照には油を滴下しないものを使用した．

使用したオリーブオイルは「BOSCO エキストラバージン・オリーブオイル」，サラダ油は「日清サラダ油」であった．

結果は，オリーブオイルの滴下による保温効果が確認された（表8.20，8.21参照）．

実施条件によって，その保温効果は変化するものと思われるが，今回の実験の 50 分後では，対照との実温度差（7.4 度）以上に感覚的に温かさに差があるように感じられた.

また，同じ食用油であるサラダ油でオリーブオイルほどの保温効果が認められなかった原因としては，滴下後に形成する油膜が不均一で，オリーブオイルに比べお湯の蒸発効果が高かったものと推測される.

お湯とオリーブオイルを入れた群では，50 分後には 7.4 度もの差が出た．これは，お湯とオリーブオイルを一緒に摂ったときに認められるオリーブオイルの保温効果といえる．そして，このオリーブオイルの保温効果は，油膜となって出現し，これが均一な厚さで広がることによって保たれるのだと考えられる.

油脂の膜とは

まずは，油脂を理解するために脂質を知っていただきたい.

脂質とは，油脂（あるいは脂肪）とそれに関連した物質の総称のことである．脂質の性質は，水に溶けにくく，ガソリンやエーテルなどの有機溶剤に溶けやすいこと，また脂肪酸を含んでいることがあげられる．そして油脂およびそれに似た性質を示す物質をひとまとめにして，脂質と呼んでいる.

油脂の特徴として，外界の温度変化に対して生体を守るための保温剤として，あるいは内臓を外部のショックから守るための保護クッションとしても役立つといわれている.

このような油脂の性質は，当然，油脂の膜にも存在する.

今回の研究結果で湯と，オリーブオイルを入れて油脂の膜をつくった湯とでの温度差は，この油脂の膜の保温効果によるためと考えたのは，油脂の特徴からである.

特にオリーブオイルは，サラダ油などと比較して油脂の膜が均一であったので，より高い保温効果が維持できたと考えられる.

表 8.20　オイル滴下後の温度変化

	対照（滴下なし）		オリーブオイル		サラダ油	
	温度	低下温度	温度	低下温度	温度	低下温度
スタート	80.0	0.0	80.0	0.0	80.0	0.0
10 分後	62.3	17.8	67.8	12.2	71.4	8.6
20 分後	52.5	27.5	60.7	19.3	56.1	23.9
30 分後	46.5	33.5	54.0	26.0	49.6	30.4
40 分後	42.4	37.6	49.6	30.4	45.7	34.3
50 分後	38.9	**41.1**	46.3	**33.7**	42.2	**37.8**

（単位：℃）

表 8.21　視覚による感想

	対照（滴下なし）	オリーブオイル	サラダ油
外観上の違い	外観の変化なし.（油膜なし）	油膜は全面に均一な厚さで広がっていた.	油膜の状態は不均一でムラがあり，表面の一部には油膜が広がっていないように見えた.
50分後に手でビーカーを触った感触	オリーブオイル滴下部に比べて明らかにぬるく，既に冷めてしまったという印象を受けた.	温かさがしっかりと感じられ，対照に比べて，こちらはまだ十分に温かさを保っているという印象がある.	3品の中くらいの湯で，感覚的には対照に近いが，既に冷めてしまったという印象がある.

油膜の測定実験について

　油膜の保温効果の研究に加えて，オリーブオイルの油膜についても調査研究していただいた．

　本実施例では，精製オリーブオイル，またはキャノーラ油を水表面に滴下し，油膜の広がり（大きさ：直径）を測定した．

　方法としては，ビーカーに，常温の水をコップ1杯分（180 グラム）注ぎ，常温の油を 10 滴（0.3 グラム）滴下し，油膜の直径を，滴下から 30 秒後および 10 分後に測定した．測定した油脂は，以下の4種類である．

・BOSCO エキストラバージン・オリーブオイル
・オリーブブレンド油：「エキストラバージン・オリーブオイル」と「精製オリーブオイル」を質量比1：9でブレンドした油脂
・精製オリーブオイル
・キャノーラ油：「日清キャノーラ油」

　油脂の直系の測定結果を表 8.22 に示す．

　未精製油であるエキストラバージン・オリーブオイルは，30 秒後に平均 5.2 cm の油膜，10 分後に平均 6.8 cm の油膜を形成し，油滴下時に油膜が広がることが確認できた．

　一方で，未精製油と精製油のブレンド品であるオリーブブレンド油および精製オリーブオイルは，測定された油膜直径が 1.4 から 2.0 cm と小さく，キャノーラ油と同様，薄い油膜とならず油滴となった．

　この油膜の広がりの差は，歴然としていた．

　エキストラバージン・オリーブオイルのみが油膜が薄く拡張し，オリーブブレンド油，精製オリー

ブオイル，キャノーラ油は，ほとんど拡張しなかった．これが保温に大きく関与していることは間違いなく，新たな発見となる部分である．エキストラバージン・オリーブオイルのもつ特別なパワーといえるのである（現在特許出願中）．

　よく「ショウガ湯を飲むとカラダが温まる」と多くの本に書いてあるが，体温が何度上昇するか，といった具体的な記載はない．

　実際，ショウガ湯を飲んで，その前後に体温を具体的に測定すれば，実際の値が測定できるが，測定した記録はほとんどない．私の知る範囲内では，日本薬科大学の丁宗鐵教授が行ったカレーの実験で，カレー摂取前後で体温を測定しているデータのみである．

　私もシナモン・ジンジャーティーと白湯で，摂取前後の体温を測定し，ショウガ湯で体温が上昇することは認めている．しかし，これはショウガの体温上昇効果ではなく，湯で体温が上昇した後に，ショウガのもつ体温保持作用が，湯で上昇した体温を冷めにくくするというのが真実である．そしてこの効果も，私の測定では，1 時間以上経つと低下してきた．

　オリーブオイルも，そのまま摂れば体温が上昇するわけではなく，熱いお湯などと一緒に摂ったときに，初めてその保温効果を発揮するのである．

　このオリーブオイルのもつ保温力をさらに有効利用し，なおかつ飲みやすくしようとして考案したのがオリーブココアである．オリーブ，ココア，オリゴ糖，白湯のパワーがバランスよく，しかもおいしく摂れ，冷えと停滞腸（便秘）などに有効に作用する飲み物になっている．

・**オリーブココアの分量**

　湯　300 mL

　純ココア（カカオ 100%）　20g

　オリゴ糖　5 mL

　エキストラバージンオリーブオイル　小さじ 2 杯

表 8.22　油膜の直系の測定結果

	油膜直径（cm）30 秒後	油膜直径（cm）10 分後
エキストラバージン・オリーブオイル	平均 5.2	平均 6.8
オリーブブレンド油	平均 1.7	平均 1.9
精製オリーブオイル	平均 1.5	平均 1.6
キャノーラ油	平均 1.5	平均 1.7

8.5　オリーブオイルの健康増進効果―各種の疾患

8.5.1　認 知 症

　現代は高齢化に伴い，認知症の人が増加しつつある．日本でも約 450 万人の人が認知症ではないかといわれている．なかでも問題となっているのが，アルツハイマー病である．

　アルツハイマー病は，1906 年にドイツの精神医学者であるアロイス・アルツハイマー氏が，51 才の女性の患者にみられた症状を報告したのが最初の一例である．この女性患者は，記憶障害，うつ状態，被害妄想に陥り，4 年半の経過後に亡くなった．病理解剖の結果，脳に異常な萎縮が認められ，β-アミロイドという繊維状の異常なタンパク質が脳の神経細胞に付着し，その表面には，のちに老人斑と呼ばれるシミ様の状態が過剰となっていた．

　正常な脳の神経細胞は，神経細胞体から軸索（突起）が伸びて，それが次の神経細胞とつながることでネットワークを形成している．神経細胞と神経細胞がつながる部分はシナプスと呼ばれ，セロトニン，ドーパミン，ノルアドレナリンなどの神経伝達物質を受けわたすことで，信号を伝えていくことになる．

1)　認知症とエキストラバージン・オリーブオイル

　認知症は，おもに①アルツハイマー型認知症，②レビー小体型認知症，③脳血管性認知症，④前頭側頭葉変性症の 4 つのタイプがある．

　もっとも多いのが，全体の半数（44%）を占める①のアミロイド β というタンパク質が蓄積するアルツハイマー型認知症である．脳動脈硬化等が関与している脳血管性認知症は，生活習慣病対策をすることである程度改善が望め，現在減少傾向にある（10%）．一方，患者数が増加しているのが，1996 年に診断基準が確立されたレビー小体型認知症（21%）である（レビー小体型認知症とは，レビー小体という異常構造物が，脳幹や大脳皮質全体に出現する．症状としては認知機能の低下とともに，実際にはな

いものが見える幻視や，運動障害があらわれてくる）．その他脳の前頭葉，側頭葉が委縮する認知症の総称を前頭側頭葉変性症という．これが 15% を占めるのだそうだ．この 4 つのタイプの内，エキストラバージン・オリーブオイルの効果が指摘されているのは，アルツハイマー型認知症と脳血管性認知症ということになる．つまり，認知症の中で約 54% の例に対しては有効と示唆される．ではレビー小体型認知症に対しては，エキストラバージン・オリーブオイルは無効かというと，レビー小体型認知症のレビー小体の主成分である α シヌクレインが神経細胞に対する毒性をもっており，加齢にともなって増加したアミロイド β などが，レビー小体の出現や進展を促すと考えられているので，エキストラバージン・オリーブオイルによる抑制効果が期待できるかもしれない．

　アルツハイマー病に対して，2006 年米国のコロンビア大学ニコラス・スカミス博士らが行なった臨床研究では，ニューヨークの住民で認知症でない健康な高齢者を 4 年間にわたり経過観察したところ，対象者のうち 10% の 202 人がアルツハイマー型認知症と診断された．

　さらに食事内容が地中海型食生活に近いほど，その発症リスクが低下することが判明した．前記検討の対象者の食事は 0 ～ 9 までの「地中海型食生活スコア」で評価された．その結果，そのスコアが 1 つ増加する毎に，アルツハイマー型認知症のリスクがほぼ 10% 程度低下することが判明した．また，同スコアの評価によって，三つのグループに分類し，最もスコアの低いグループの人と比較して，中間のグループは 15 ～ 20% 程度そのリスクが低下し，最もスコアが高いグループでは約 40% もリスクが低下した（図 8.30）．

　アルツハイマー型認知症を予防する食生活において最も重要なポイントは，アルツハイマー型認知症に認められる脳神経の変性（老人斑）の引き金となる活性酸素の働きを抑制することだといわれている．つまり，抗酸化作用のある食べ物を摂ることがよいのである．

　例えば，ビタミン E，ビタミン C，β-カロチン

等である．それらは，エキストラバージン・オリーブオイルや野菜，果実を豊富に摂ることで実現できる．さらに脳によいとされる EPA や DHA は，青魚等に多く含有されている．また神経機能を高めるビタミン B_2 はカキ等の魚介類に豊富に含有されている．これらは地中海型食生活では馴染みのある食材ばかりである．

図8.31にアルツハイマー病のメカニズムと予防について提示する．

さらに 2011 年には，イタリアのバーリ大学老年医学科のリルフリックらによって，地中海型食事の高い遵守が認知力低下の減速と関連していることを報告した．

アルツハイマー型認知症や脳血管性認知症は，ある意味では生活習慣病の一種といわれている．Jose A. Luchsinger らは，図 8.32 に提案するようにアルツハイマー病のメカニズムを食生活やライフスタイルを中心にまとめた[31]．(Jose A. Luchsinger et al. Curr Neurosci. Rev. 2007 年)

現在，アルツハイマー病の病態について，様々な事が判明してきたので紹介する．その一つに，エキストラバージン・オリーブオイルに含有され

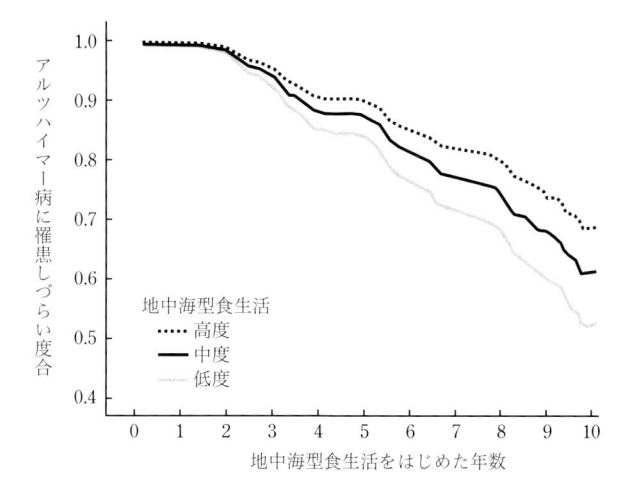

(Annals of Neurology Vol. 59(6), 912-921 より)

図 8.30 アルツハイマー病に対する地中海食の有効性

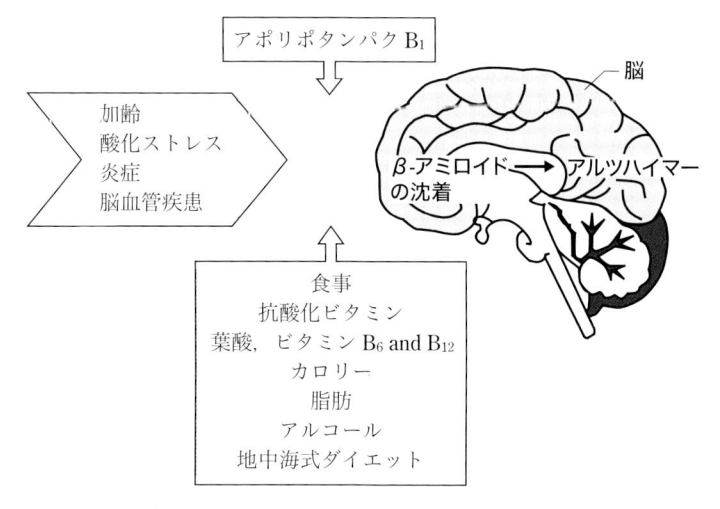

(Jose A. Luchsinger. et al.: Curr Neurol Neurosci Rep. 2002より)

図 8.31 アルツハイマー病のメカニズム

るポリフェノールの一つであるオレオカンタールによるアルツハイマー病進展予防効果がある．

　アルツハイマー病は，β-アミロイドペプチドの水溶性オリゴマーが，主要な神経毒として作用する．これらオリゴマー（ADDLs：Aβ由来の拡散性リガンド）の合体をブロックできる化合物が有用と考えられている．2009年，J. Pitt らによってオレオカンタールは ADDLs のオリゴマー化状態を変えるとともに，ADDLs の神経のシナプス病理作用

から神経細胞（ニューロン）を保護できる作用が試験管内での実験データではあるが提示された[32]（図 8.33）．

　オレオカンタールは，β-アミロイドと相互作用してオリゴマー構造または機能を変える能力があると指摘した．

　また，J. Pitt らは，オレオカンタールは ADDLs のオリゴマー化状態を変えることができ，同時に ADDLs のシナプス病理作用からニューロン（神経

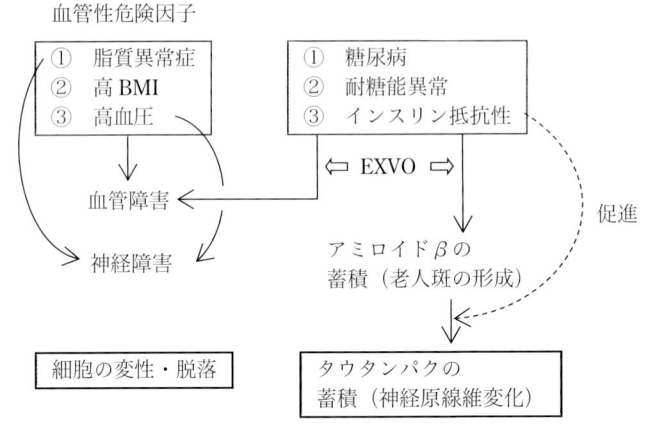

図 8.32　生活習慣病とアルツハイマー型認知症の関係

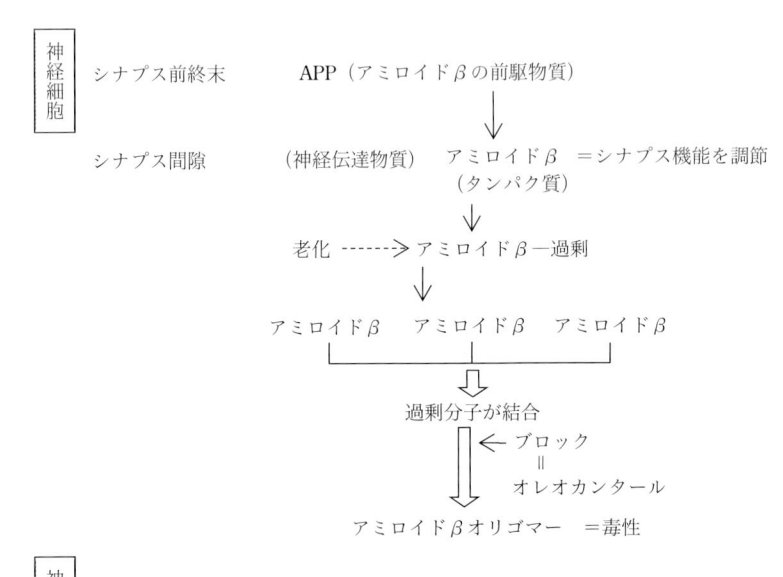

図 8.33　アルツハイマー型認知症とオレオカンタール

文献 32）より作成

細胞）を保護できるとし，オレオカンタールをアルツハイマー病の進展を抑制する重要な化合物として提案している．

今後エキストラバージン・オリーブオイルのアルツハイマー病に対する効果が明確になってくると示唆される．

8.5.2 地中海型食生活のダイエット効果

2008 年 7 月に「ニューイングランド・ジャーナル・オブ・メディスン」で地中海型食生活ダイエット，低脂肪ダイエット，低炭水化物ダイエットの 2 年間にわたる観察結果が公表された．これは Iris Shai 等による「低炭水化物ダイエット，地中海式ダイエットおよび低脂肪ダイエットによる減量」という論文である．322 名を次の 3 つの群に分類している．

低脂肪ダイエットは，カロリー制限をし，目標摂取エネルギーは，，男性は 1 日 1,800 kcal，女性1 日 1,500 kcal として，そのうち 30％は脂質からとした．

地中海型食生活は，男性 1 日 1,800 kcal，女性は1,500 kcal，そのうち脂質は 35％前後を目標とし，増加した脂質の多くはオリーブオイルとナッツ類によるとした．

低炭水化物ダイエットは，カロリー制限はなく，炭水化物の摂取量を 20 〜 120g までの範囲内としている．このダイエットはアトキンズ・ダイエットに基づいている．

図 8.34 に示すように，最初の 2 年間は減量に一番成功したのは低炭水化物ダイエット，次が地中海型食生活ダイエット，その次が低脂肪ダイエットであった．しかし，2013 年になって，その 4 年後のデータ，つまり長期間の経過観察の結果（259例）が公表された．解析によると，計 6 年間の追跡調査では，低脂肪ダイエットでは，0.6 kg の体重減少，地中海型食生活では 3.1 kg の体重減少，低炭水化物ダイエットでは 1.7 kg の体重減少と，結果的には地中海型食生活の減量巾が大きいという内容であった．

また血中中性脂肪値では，地中海型食生活で21.4 mg/dL，低炭水化物ダイエットで 11.3 mg/dL低下した．さらに血中総コレステロール値では，低脂肪ダイエット 7.4 mg/dL，地中海型食生活 13.9mg/dL，低炭水化物ダイエット 10.4 mg/dL と，地中海型食生活が一番減量効果が認められた．これらの結果から考えると，地中海型食生活のダイエットは，無理なく持続できて，高い有効性が得られると示唆された．

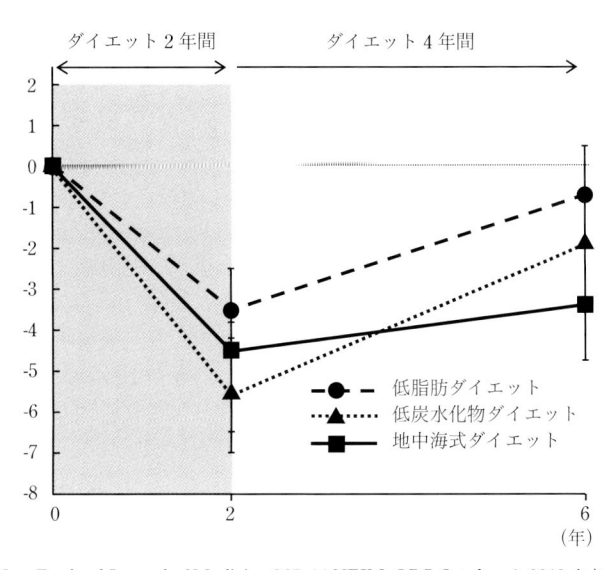

New England Journal of Medicine 367, 14 NEJM. ORG October 4, 2012 より．

図 8.34 地中海型食生活のダイエット効果

8.5.3　逆流性食道炎

最近問題になってきている病気の一つとして，逆流性食道炎があげられる．この病気は，胃内視鏡検査時によく見られる病気で，自覚症状として，胸焼け，げっぷ，心臓部痛などで，以前は高齢者の病気といわれていたが，最近では若い人でもよく見かける．このような症状が出現しているときに，脂肪を含有した食事（例として揚げもの，ステーキなど）を摂取すると症状が悪化するときがある．ところが，オリーブオイルを使用した料理を摂取した後には，あまり胸焼けなどの症状は出てこない．これは，摂取した脂肪組成の違いが食道下部の括約筋の緊張に影響するか，あるいは胃からの排出時間を延長させたり，胃酸分泌量を減少させるなどといった問題に関係してくるのだ．

シャルボニエらの研究で判明してきたことには，大半の食用油脂とは異なり，オリーブオイルが食道下部の括約筋の活力をほとんど低下させず，胃排出時間を延長させず，胃酸分泌も変化させないことを報告している．つまり，オリーブオイル（一価不飽和脂肪酸），バター（飽和脂肪酸），ヒマワリ油（多価不飽和脂肪酸）の食道下部括約筋の活力に及ぼす影響について比較したところ，バターでもっとも強い活力低下，オリーブオイルでもっとも弱い活力低下，そしてヒマワリ油で両者の中間の活力低下が起きることが証明された[33]．このようなデータは，オリーブオイルが胃にほとんど負担をかけないことの裏づけなのだ．シャルボニエの研究によれば，オリーブオイルを使った食事の場合，飽和脂肪酸の食事と異なり，胃の中の停滞時間がさほど長くはならない．

8.5.4　ヘリコバクター・ピロリ菌に対するオリーブオイル・ポリフェノールの活性

現在日本でも問題になっている胃ガンや胃潰瘍などの現認となるヘリコバクター・ピロリ菌に対するエキストラバージン・オリーブオイルの効果について述べる．

最近，広範囲の食品媒介性病原体に対してオリーブオイル由来のポリフェノールの一種が，高い抗菌活性を示すことが発見された．その中でピロリ菌に対して，試験管内での実験であるが，デカルボキシメチル・リグストロサイドのジアルデヒド型（Ty-EDA）というフェノール化合物が有意に強い殺菌力を有することが示された．この Ty-EDA は，胃腸内が酸性の状態でも有意で，しかも濃度が低くても効果を認めた．このようなデータは，エキストラバージン・オリーブオイルが消化性潰瘍や胃ガン予防に対して有用である可能性が示唆された[34]．

8.5.5　乳 ガ ン

乳ガンの発生には，遺伝的な素因と環境的要因が関与していると考えられている．乳ガンの根本的な原因は，未だ不明であるが，乳ガンの発生頻度が高い国では，脂肪摂取量が多いことが指摘されている．21世紀の日本人の乳ガンの経年的増加も，食生活に伴う脂肪摂取量の増加と関係づけられている．したがって，食事因子の中でも，脂肪は乳ガンの重要な危険因子と考えられているのだ．食事中の脂肪酸の組成は地域により異なり，それにともない，乳ガンの発症頻度も異なってくる．乳ガンの好発国である北米（米国, カナダ等），北欧諸国やニュージーランド，オーストラリアの食事には n-6 系多価不飽和脂肪酸が多く含有されている．

ところで，1960 年代の日本は魚食民族であり，この当時の日本人には乳ガンは少なく，また海獣類を多食するグリーンランドに住むエスキモーは，デンマーク人と同等に脂肪を摂取しているにもかかわらず，乳ガンの発生率は約 2 分の 1 程度であった．この理由として，海棲物由来の水産脂質は，n-3 系多価不飽和脂肪酸（EPA，DHA など）を豊富に含有し，これらはガンに対し抑制効果があると考えられていた．n-6/n-3 比は，エスキモーで 0.36，日本人で 4.20，これに対して米国人は，8.33 と高値であった．このことからもわかるように，リノール酸などの n-6 系多価不飽和脂肪酸は，乳ガンの促進作用を示すのに対して，EPA，DHA などの n-3 系多価不飽和脂肪酸は，抑制的に

働く.

ではオリーブオイルに多量に含有される一価不飽和脂肪酸であるオレイン酸をみてみると,オリーブオイルをおもな油脂源とするギリシャ人女性は,米国人女性と比較して,むしろ多くの脂質を摂取しているにもかかわらず,乳ガンの発生率は低率であった.またオリーブオイルを多用するイタリアやスペインを含めた地中海沿岸の諸国では,乳ガンの発生・死亡率は比較的低値であった.

2007 年にイタリアの疫学研究者であるサンドらの研究では,8,861 人の女性の追跡調査で 238 人に HER-2 陽性(乳ガンの増殖に関与する遺伝子タンパク)の乳ガンが発症した.

さらに食物繊維の摂取頻度についてのアンケート調査から,オリーブオイルとフレッシュサラダを多量に摂る群では,HER-2 陽性の乳ガンを 75% 抑制したのに対し,HER-2 陰性の乳ガンでも 29% も抑制することが判明した.このことは,オリーブオイルとファイトケミカルが含有されると考えられるフレッシュサラダを多量に摂取することで,HER-2 陽性の乳ガン発症リスクを 4 分の 1 にまで低下させることが示唆された[35].さらに 2008 年,スペインのカタラン腫瘍学研究所のネデスらの研究で,オリーブオイルに含有されるセコイリドイド類のオレウロペイン,リグナン類のピノンジノール,フェノール類のハイドロキシチロソールが,HER-2 陽性の人の乳ガン細胞を試験管内の実験ではあるが死滅させることを指摘した.その結果,オリーブオイルに含有されるオレウロペイン,ハイドロキシチロソールなどで乳ガンの初発や再発を防ぐ可能性が示唆された.

8.5.6 オリーブオイルとアンチエイジング

アンチエイジング療法と称して様々な療法やサプリメントが多数でている.しかし昔から存在するアンチエイジングの代表の一つはオリーブオイルなのだ.前述のごとくエキストラバージン・オリーブオイルは,他のオイルと異なりポリフェノールやビタミン E などの抗酸化物質に富んでいる.これは心臓・血管系など,体内を若く保ち,

表面の皮膚もきれいに保つことが指摘されている.ここで問題なのが活性酸素である.この活性酸素は,一言で言えば体の中で過剰に発生する毒性の強い酸素ということになる.大量発生する原因としては,紫外線や食品添加物,タバコなどがあげられている.この活性酸素が細胞や遺伝子を傷害するため,体全体の老化やガンの原因になるのではないかといわれている.

1) オリーブオイルと皮膚への美容効果

また女性にとっては大敵である皮膚の老化に関与している.抗酸化作用があり活性酸素を抑えるものとして以前より注目されているのがビタミン E である.意外と知られていないのが,ビタミン E は脂肪性で油に溶けやすく,日本人は必要なビタミン E の 25% を食用油から摂っているのだ.ビタミン E の主成分であるトコフェロールとは,α, β, γ などがあり,中でももっとも作用が強いのが α-トコフェロールである.この α-トコフェロールは,オリーブオイルに多量に含有されているのだ.さらにはポリフェノールのもつ抗酸化作用に加え,オレイン酸自体が酸化されにくいので,エキストラバージン・オリーブオイルを摂取していると,自然にアンチエイジング療法を受けていることになると示唆される.またオリーブオイルを直接皮膚にぬってもよい.オリーブオイルには植物性スクワランやビタミン A,ビタミン E,ポリフェノール,オレイン酸など,天然の有効成分が多数含有されているので,皮膚の潤いを保つ保湿作用や抗炎症作用も存在するのだ.

オリーブオイルは,古来より皮膚を守る効果が経験的に知られていた.例えば,古代ギリシャにおいて,オリーブオイルを体に塗ってよくこする習慣があった.さらには,オリーブオイルは,皮膚の保護や鎮痛などにも使われていた.また香りの要素を固定する能力があるため,各種の調剤の基剤としても用いられてきた.例えば,コリントの香油というのは,ナツメヤシの花とイチハツの花の香りを付けたオリーブオイルなのである.衛生の分野でオリーブオイルが注目されたのは,石鹸の製造においてである.18 世紀になってマルセ

イユ石鹸で有名になった．マルセイユ石鹸に 72%
の刻印が記入されているが，これはもともと材料
の配合がオリーブの実 72%，水 28% とするという
印であったが，現在では，油のうちの 72% がオ
リーブオイルという意味に変わっている．オリー
ブ石鹸の特徴としては，人間の皮脂のなかの重要
な成分で，天然の保湿成分であるスクワレンを含
有している点にある．また洗浄成分であるグリセ
リンを多く含有するので，水分を皮膚に引きつけ
ながら，洗浄力に優れている．

　ここで，バージンオリーブオイルのもつ人間の
皮膚に対する作用のデータの一つを紹介する．
バージンオリーブオイルによる日焼け防止テスト
で，日本オリーブ株式会社でおこなった方法であ
る．ソーラーライト社製キセノンアークソーラー
シミュレーターを使用し，バージンオイルを塗布
したところと塗布しなかったところで比較検討し
ている．光源は紫外線量を調整し，下方へ 5 点，
計 6 点実施．7 分間照射としている．紫外線照射
後，24 時間および 48 時間後の肌状態を観察し，
その紫外線防止効果を観察している．結果は，日
常紫外線を受けていない上腕部を使用したことも
あり，やや予想より紅斑が顕著であったが，塗布
部と無塗布部において顕著な差が生じたとしてい
る．オリーブオイル塗布による紫外線防止効果
は，無塗布部に対して，約 40% 高くなっていた．
この結果をふまえて，明らかにオリーブオイル塗
布による日焼け増量は起こらないし，むしろ塗布
することによって日焼けを防ぐ効果があるとし
た．

8.5.7　オリーブオイルの痛みに対する作用

　2005 年 9 月の「Nature」誌に，Gray. K.
Beauchamp 他の研究による「エキストラバージ
ン・オリーブオイル中のイブプロフェン様の活動
性」という論文が載った．この論文によると，エ
キストラバージン・オリーブオイル中に含有され
る微量成分である，オレオカンタールが，鎮痛効
果をもつイブプロフェンと同等の作用をもつとい
う内容であった．これは試験管内での実験である

が，炎症に関与する COX-1（シクロキシゲナーゼ -1）
から COX-2（シクロキシゲナーゼ -2）へ変換する率を
みたものである．

　オレオカンタールは，ある程度高濃度でイブプ
ロフェンと同等の COX-1 から COX-2 への変換を
ブロックする作用を認めた（COX-2 が痛みの発現に
作用するので，COX-1 から COX-2 へ変換することをブ
ロックする方がよいのである）．低濃度では，その作
用はあまり認められなかった．では，人間がどの
程度エキストラバージン・オリーブオイルを摂取
するとその効果が得られるのであろうか．
Beanchamp 等はエキストラバージン・オリーブ
オイルを摂取した時，体内に 60 〜 90% 吸収され
るものとして計算すると 50g のエキストラバージ
ン・オリーブオイルを摂ると一日に痛みの効果の
あるオレオカンタール濃度を 200mg/mL まで上
昇させることが可能であると述べている．これで
慢性的な痛みに対して鎮痛効果が得られれば，鎮
痛剤の減量，離脱が可能となると示唆される[36]．

8.5.8　地中海型食生活が本当に全身によいの か

　イタリアのフィレンツェ大学の Sofi. F らに
よって公表された，「M. M. J」誌（5(3). 166 〜 7），
原文は「B. M. J」誌（344:1244）に「地中海型食生
活はガン死や主要疾患の予防に有益　地中海型食
生活の遵守と健康状態の関与：多変量解析」とい
う論文として公表された．

　1966 年から 2008 年まで公表された 18 件の研究
を対象とし，合計 157 万 4,299 人を 3 〜 18 年間追
跡した内容である．その結果，地中海型食生活へ
の遵守度が高いほど，健康状態に有意な改善が見
られ，全死亡の 9%，心臓血管死の 9%，ガン発症
とガン死の 6%，パーキンソン病・アルツハイ
マー病の発症の 13% が有意に減少するという内
容であった．このデータからいえることは，腫瘍
にも慢性疾患の一次予防においても地中海型食生
活に準じた食事のパターンが有効であるというこ
とが示唆された．

　さらに 2014 年になって，ブリカム婦人科病院と

ハーバード大学医学部の共同研究で，クラウスボウらのデータによれば，地中海型食生活を遵守していると，加齢バイオマーカーであるテロメア長が長くなることも判明した．テロメアは，末端小粒とも呼ばれ，DNA とタンパク質から形成される染色体末端の構造である．このテロメアは，DNA が細胞分裂のたびに短縮し，細胞寿命を規定していることが判明している．この論文では，女性4,676 人を対象として，食事パターンとテロメア長の関連を調査した結果，地中海型食生活の遵守率が高いほど，テロメア長が長いことが示された．つまり，地中海型食生活をきちんと守っているほど，長寿に結びつくことが示唆された[37]．

8.5.9　オリーブオイル効果のまとめ

オリーブオイルは全身への効果

① 脳：アルツハイマー病予防　　オレオカンタール

② 関節：関節リウマチ予防　　　オレオカンタール

③ 骨：骨粗しょう症予防　　　　　　オレイン酸

④ 心臓・血管：動脈硬化予防

　　　オレウロペイン，ハイドロキシチロソール，オレイン酸

⑤ 代謝系：糖尿病予防，メタボ予防

　　　オレイン酸，オレウロペイン，ハイドロキシチロソール

⑥ 食道：逆流性食道炎予防　　　　　オレイン酸

⑦ 胃：胃ガン予防

　　　デカルボキシメチル，リスクトロサイドのジアルデヒド型

⑧ 大腸：大腸ガン予防，便秘予防

　　　オレウロペイン，ハイドロキシチロソール，オレイン酸

　　　：潰瘍性人腸炎予防　　　　　オレウロペイン

⑨ 乳腺：乳ガン予防

　　　オレウロペイン，ハイドロキシチロソール

⑩ 皮膚：美容効果，紫外線予防

　　　ポリフェノール，オレイン酸

⑪ 保温：保温，血行促進効果

　　　サーモスタットで確認；オレイン酸

　　　ポリフェノール（オレウロペイン，ハイドロキ

シチロソールか）

⑫ 各国で認めたオリーブオイルの効果

ⅰ）FDA（米国食品医薬局）が認めた限定的健康表示として（2003 年），1 日あたり 13.5g（大さじ1 杯）のオリーブオイルに由来する一価不飽和脂肪酸（オレイン酸）を飽和脂肪酸とコレステロールの低い中程度の脂肪食に取り入れたときに心臓病のリスクを減少させる．これは，使用していた他の油をエキストラバージン・オリーブオイルに置き換えたときに有用である．また，これは主にオレイン酸の効果に由来する脳や心臓病の血管系疾患に対する予防効果である．（FDA ヘルスクレーム）

ⅱ）EFSA（ヨーロッパ食品安全局）が認めたエキストラバージン・オリーブオイルの効用（2014 年）

　　　オリーブオイル・ポリフェノールの摂取（ヒドロキシチロゾール，オレウロペイン等）がVLDL（低密度リポタンパク）粒子の酸化損傷を保護する（この作用が血管の動脈硬化予防に最も重要な効果である）．

ⅲ）米国糖尿病学会（2013 年）ステートメント　オリーブオイルを中心とする地中海型食生活は，肥満者の減量を図るためには短期間（2 年間）では有効であるかもしれない．

⑬ 明確になったエキストラバージン・オリーブオイルのもつポリフェノールパワー

ⅰ）動脈硬化予防（FDA, EFSA）：オレウロペイン，ヒドロキシチロゾール

ⅱ）心臓病予防：オレウロペイン，ヒドロキシチロゾール

ⅲ）アルツハイマー病：オレオカンタール

ⅳ）ヘリコバクター・ピロリ菌感染症予防：デカルボキシメチルリグストロシドのアルデヒド型（Ty-EDA）

ⅴ）ガン予防（大腸ガン，乳ガン等）：オレウロペイン，ヒドロキシチロソール

ⅵ）エキストラバージン・オリーブオイルを中心とする地中海型食生活のメタボリック・シンドローム

ⅶ）関節リュウマチの痛みに対する効果：オレオ
　　カンタール

ⅷ）潰瘍性大腸炎に対する効果：オレウロペイン

文　　献

1）Keys A. Coronary heart disease in seven countries. Circulation141(Suppl. 1):1-21, 1970.

2）Keys A et al. The diet and 15-year death rate in the Seven Countries Study. Am J Epidemiol 124; 903-15, 1986.

3）鈴木俊久，油脂 70（1），85-97，2017.

4）鈴木俊久，油脂 70（3），84-94，2017.

5）Covas MI, Nyyssonen K, Poulsen HE et al. The effect of polyphenols in olive oil on heart disease risk factors: a randomized trial. Ann Intern Med 2006; 145:333-341

6）横山淳一，ダニエラ・オージック．南イタリアの家庭料理―地中海式ダイエットの原点―．保健同人社，東京，1994.

7）Jacotot B, Baudet MF, Lasserre M et al. olive oil and the lipoprotein metabolism. Rev Fr Corps Gras; 23: 51-63, 1988.

8）Mattson FH, Grundy SM. Comparison of effects of dietary saturated, monounsaturated, polyunsaturated fatty acids on plasma lipids and lipoproteins in man. J Lipid Res; 26:194-202, 1985.

9）Vessby B, Uusitupa M, Hermansen K et al. Substituting dietary saturated for monounsaturated fat impairs insulin sensitivity in healthy men and women:The KANWU study. Diabetologia; 44:312-319, 2001.

10）Mori Y, Murakawa Y, Yokoyama J et al. Influence of highly purified ethyl. icosapentate (EPA-E) on insulin resistance in the Otsuka Long-Evanns Tokushima Fatty(OLETF) rat, a model of spontaneous non-insulin dependent diabetes mellitus. Metabolism; 46:1458-1464, 1997

11）deLorgeril M, Salen P, Martin JL, et al: Mediterranean diet, traditional risk factors, and the risk of cardiovascular complications after myocardial infarction; final report of the Lyon Heart Study. Circulation 99:779-785, 1999.

12）Hernaez A, Castaner O, Elosua R et al. Mediterranean diet improves high-density lipoprotein function in high-cardiovascular-risk individuals. a randomized controlled trial. Circulation 135. 633-643, 2017

13）Trichopoulou A, Costacou T, Bamia C, Trichopoulos D. Adherence to a Mediterranean diet and survival in a Greek population, N Engl J Med 348; 2599-2608, 2003

14）Garg A, Bantle JP, Henry RR et al: Effects of varying carbohydrate content of diet in patients of non-insulin-dependent diabetes mellitus. JAMA271;1421-1428, 1994

15）Yokoyama J, Someya R, Yoshihara R, Ishii H: Effects of high monounsaturated fatty acid eternal formula versus high carbohydrate eternal formula on plasma glucose concentration and insulin secretion in healthy individuals and diabetic patients. J Int Med Res 36: 137-146, 2008

16）Mori Y, Ohta T, Yokoyama J et al: Effects of a low-carbohydrate diabetes-specific formula in type2 diabetic patients during tube feeding evaluated by continuous glucose monitoring. Eur J Clin Nut Met 6, e68-e73, 2011

17）Brehm BJ, Lattin BL, Summer SS, et al. Oneyear comparison of a high-monounsaturated fat diet with a high-carbohydrate diet in type 2 diabetes. Diabetes Care 32:215-220, 2009

18）Brunerova L, Smejkalova V, Potockova J, Andel M. A comparison of the influence of a high-fat diet enriched in monounsaturated fatty acids and conventional diet on weight loss and metabolic parameters in obese non-diabetic and type 2 diabetic patients. Diabet Med 24:533-540, 2007

19）Bloomfield HE, Koeller E, Greer N, MacDonald R,Kane R, Wilt TJ. Effects on health outcomes of a Mediterranean diet with no restriction on fat intake: a systematic review and meta-analysis. Ann Intern Med 165:491-500, 2016

20）Yokoyama J, Mori Y, Ikeda Y et al. Effects of long-term administration of ethyl icosapentate on diabetes mellitus. J Jap Coll Agiol 34: 471- 476, 1994

21）Mori Y, Murakawa Y, Yokoyama J et al. Influence of highly purified ethyl icosapentate（EPA-E）on insulin resistance in the Otsuka Long-Evanns Tokushima Fatty（OLETF）rat, a model of spontaneous non-insulin dependent diabetes mellitus. Metabolism 46:1458-1464, 1997.

22）春日千加子，金子多喜子，横山淳一　他．糖尿病における地中海型食事の有用性に関する検討．第 60 回日本糖尿病学会年次学術集会にて発表．2017

23）Shai I, Shwarzfuchs D, Henkin Y, et al: Weight loss with a low-carbohydrate, Mediterranean, or low-fat diet. N Eng J Med 359:229-34, 2008

24）Wynder, E.L. and Shigematsu, T.: Environmental factors of cancer of the colon and rectum. Cancer. 20: 1520 ～ 1561, 1967

25）Benito E., et al: A population-based case-control study of colorectal cancer in Majorca. I. Dietary factors. Int. J. Cancer. 45(1), 69 ～ 76. 1990

26）Benito E., et al: Nutritional factors in colorectal cancer risk: a case-control study in Majorca. Int. J. Cancer. 49(2), 161 ～ 7. 1991

27）Corona G., et al: Extra virgin olive oil phenolics: absorption, metabolism, and biological activities in the GI tract. Toxicol Ind Health. 25(4-5)285 ～ 93. 2009

28）Corona G., et al: Hydroxytyrosol inhibits the proliferation of human colon adenocarcinoma cells through inhibition of ERK1/2 and cyclin D1. Molecular Nutrition & Food Research. 53. 897 ～ 903. 2009

29）T. Larussa. et al：Oleuropein Decreases Cyclooxygenase-2 and Interleukin-17 Expression and Attenuates Inflammatory Damage in Colonic Samples from Ulcerative Colitis Patients. Nurtrients. 9(4)：391. 2017

30）松生恒夫：常習性便秘症に対するオリーブオイルの効果, International Olive Oil Council. No.12. 1997

31）Jose A. Luchsinger ecal. Curv Neurosci. Rev. 162. 2007

32）J. Pitt et al: Alzheimer's-associated Aβ oligomers show altered structure, immunoreactivity and synaptotoxicity with low doses of oleocanthal. Txoicol. Appl. Pharmacol. 240. 189 ～ 197. 2009

33）Charbonnier A et al: Recenti acquisizioni sul valore biologico dell'olio di oliva in Franaa In: 1 ° Congr. Naz. di Terapia, Roma（Italia）, 8 ～ 12 dic. 1985

34) Concepción Romero et al: In Vitro Activity of Olive Oil Polyphenols against Helicobacter Pylori. J. Agric. Food Chem. 55. 680 ～ 686. 2007

35) Milena Sant et al: Salad vegetables dietary pattern protects against HER-2-positive breast cancer: A prospective Italian study. Int. J. Cancer. 121. 911 ～ 914. 2007

36) Gary. K. Beauchamp et al: Ibuprofen-like activity in extra-virgin olive oil. Nature. Vol 437. 1. September. 45 ～ 46. 2005

37) Marta Crous-Bou et al: Mediterranean diet and telomere length in Nurses' Health Study: population based cohort study. BMJ. 349. 2. December. 2014

［地中海食レシピに関する参考書］
① 横山淳一，ダニエラ・オージック．南イタリアの美味と健康にあふれた食事―地中海型食事の原点．保健同人社．2009
② 横山淳一，有本葉子．こんなにおいしくていいの !? 医師と料理家がすすめる糖尿病レシピ．筑摩書房．2011

［オリーブオイルの健康法に関する参考書］
① 松生恒夫．新オリーブオイル健康法．講談社＋α新書．2009
② 松生恒夫．地中海式和食．講談社＋α新書．2011
③ 松生恒夫．オリーブの健康世界．河出書房新社．2013
④ 松生恒夫，鈴木俊久．オリーブオイル・ハンドブック．朝日新聞出版新書．2014
⑤ 松生恒夫．オリーブオイルで老いない体をつくる．平凡社新書．2016

～特別寄稿～　地中海オリーブ食文化と健康

1.　地中海食の楽しみ方

　ギリシャ，イタリア，フランス，スペインの地中海沿岸地域を毎年，訪れるようになってかれこれ，40年近くになる．おもに，夏の一週間の短い休暇を利用して，各地域の地中海食を堪能してきた．地中海食は原語であるラテン語 Dieta Mediterranea，英語 Mediterranean Diet の直訳の日本語名の略称である．正しくは「地中海型の食事法」であり，減量や体型美を目的とした食事法ではない．Dieta は「生き方」を意味し，単に食事の中身，だけでなく食べ方，心構え，生活習慣を含めた総括的な意味を持つ言葉である．Mediterranea はラテン語で「大陸の中間にある」（medi 中間＋terra 大地，大陸）の意味でまさにヨーロッパとアフリカ大陸の中間を指している．この一帯はエジプト，ミケーネ，ギリシャ，ローマと続く西欧文明の源流となっている地中海文明の地域である．

　なぜに長年にわたって毎年，惹きつけられるように地中海沿岸地域を訪ねるか自答してみると，至福の時を過ごせるかに他ならない．その至福の一つが地中海食である．イタリア　リグーリア州のセストリ　レヴァンテの海辺の食堂での風景を紹介しよう．地中海の紺碧の海をバックに，心地よい空気，陽光を浴びながらの昼食，まさに至福の時である（写真1）．

　ガス入りのミネラル水 Aqua minerale gassata を飲みながら，メニューを決める．
前菜：インゲン豆入りの季節の野菜の盛り合わせ Insalata mista stagione con fagioli,
第一の皿：漁師風スパゲッティ Spaghetti alla Pescatora,
第二の皿：いわしのフリットヨーグルトソースとともに Alici fritti con salsa di yogurt.

デザート：いちじくの赤ワイン煮 Fichi cotti del vino rosso, 最後にエスプレッソ．食中はワインの伴はもちろんでゆっくりと地中海の心地よい風を浴びながら2時間近くかけて食事を楽しんだ．

　イタリア地中海沿岸地域の夏の料理の定番とも言える食事内容である．インゲン豆は煮てあり，旬の生野菜が卓上にある．その地域で搾ったエキスラバージンオリーブオイルをドレッシングとして使って味わう．オリーブオイルはその風味をいかんなく発揮する．スパゲッティは乾麺のものを使っていてアルデンテ al dente（歯ごたえのある状態）でオリーブオイルでソテーした魚介類を絡めた具と和えてある．いわしはオリーブオイルで軽く揚げ，ハーブ入りのヨーグルトをかけて食べる．パンは皿に残ったソースを掃除するかのように食べる．どの料理にもオリーブオイルのパワーが，色々な形で発揮されている．豆，野菜，魚介，青魚，ヨーグルト，果物といった食材が使われ，食材をいじくり回すのではなく，旬の新鮮なものを使いシンプルに素材のよさ，旨味を伝えている．したがって調理に時間がかからない．これらすべてが地中海料理に特徴的である．

　オリーブオイルを油脂として使い，地域の食材をうまく活かし，栄養学的にもバランスの良い，古代より続く食事法が評価され，現代人の健康長

写真1

寿にとって良き規範とされ，2011年にユネスコの無形文化遺産に登録された．ユネスコの文化遺産の登録に際しては，穀類，豆，野菜，果物，魚介類，乳製品をバランスよく摂り，油脂としてオリーブオイルを使い，肉類は少量である点を挙げ，地中海食は地域の健康，生活の質の向上にこれまで寄与した点とともに，適量のワインを傾けながら，時間をかけてゆっくり食事するスタイルはコミュニケーションの形成に好都合である点も強調されている．

地中海料理は，油脂の摂り方（脂質栄養）以外にも，現代人が抱えている肥満，生活習慣病に好都合な栄養学的に特筆すべき点が多くある．

2.　パスタは地中海食の重要な担い手

地中海料理での糖質は小麦，豆類，米，芋類などが主な食材となるが量的には小麦である．小麦をパン，パスタにして食してきた長い歴史がある．

健康を維持するには総摂取カロリーの40％は少なくとも糖質で摂ることが望ましいとされている．そして糖質は，食物繊維を多く含んだ複合糖質（炭水化物）から摂ること．それが脂質異常症，2型糖尿病などの生活習慣病を防ぐ上で大切なポイントで，糖質は摂取する量よりもその質が重要である．では，糖質が主体の食品の中でのパスタの価値とはどのようなものなのだろうか．

2.1　自然食品であるが保存性に優れている

乾燥パスタは，製造後1年以上たっても味も風味も損なわれず，うどんやそばに比べ，はるかに長期間保存が可能である．その秘密はパスタの原料と製造法にある．パスタの原料は「デュラム小麦」で，「デュラム」とはイタリア語で「硬い」という意味，文字通り硬質の小麦で，この小麦を粗く挽いた「デュラムセモリナ粉」が乾燥パスタの原料になる．

乾燥パスタの製造過程は極めてシンプルでデュラムセモリナ粉を水でペースト状に練り，圧力機で圧縮したら細い出口から放出して成型する．これを乾燥させたものが乾燥パスタで，この乾燥パスタの生産は14世紀の中頃に始まり，その保存性に目をつけたのはジェノヴァの商人で，長期の航海に出る船乗りの食品としての需要が高まりナポリ一帯は一大パスタ生産地になった．ナポリ一帯が乾燥パスタの生産で扇の要の地位を占めた要因は原料となるデュラム小麦の生産量が多かったことに加えて，日照時間の長さやヴェスヴィオ火山から吹き下ろす熱く乾いた風など，成形させたパスタを乾燥させるのに適した気象条件がそろっていたからである．

古くからイタリアでは法律で乾燥パスタの製造法について厳しい基準が設けられており，塩はもちろん保存料や人工着色料の添加も一切認められていない．乾燥パスタは塩も加えていない100％の自然食品でありながら保存性にも優れているのは原料と製造法にある．

デュラム小麦は「グルテン」というタンパク質が多く，パスタ特有の粘り気と弾力の元になる．デュラムセモリナ粉はグルテンが多く含まれ強力粉の分類に入る．中力粉，薄力粉の順にグルテンの含有量が少なくなり，粘り気が減る．同じ麺類でも，うどん，中華めんは，薄ないし中力粉を原料にしているため，粘り気が少なく「つなぎ」を使わないと麺はできない．中華めんには，つなぎとしてかん水（炭酸水素ナトリウムの水溶液）が製造のうえで欠かせない．うどんにはコシを出すため塩が製造の上で欠かせない．そばでは，多くは，つなぎとして山芋，小麦粉が使われている．生パスタは，中力粉が原料で，つなぎとして鶏卵を使うことが多く，圧縮は弱く，そのため保存できる期間が，乾燥パスタに比べ圧倒的に短く，乾燥パスタにある栄養学的効果も薄く，乾燥パスタとは別の食品と考えた方が無難である．実際，顕微鏡を使ってその断面を見てみると，乾燥パスタには，デンプン粒子が密で隙間がみられない．一方，そのほかの麺類では断面に隙間が多く，製造して時間がたてばカビの菌も侵入して繁殖するのもうなずける．

2.2　生活習慣病予防の効果

　乾燥パスタは精白米と比べ，ビタミン B1，B2 などのビタミン類，カルシウム，鉄などのミネラル食物繊維については精白米と比べると 5 倍以上含まれている．

　乾燥パスタは，ご飯やパンと比べ，消化・吸収に時間がかかり，血糖値の上昇が緩やか（ブドウ糖がゆっくりと時間をかけて吸収される）で，エネルギーを長時間にわたって持続して供給できることが知られている．

　実際，パスタ食を健常な若年者が食べて，血糖値，インスリン値を調べてみると，健常な若年者を対象としたこともあり，食後の血糖値の上りはごく僅かだが，インスリン値の上昇は，白米飯食，麦飯食と比べて有意に抑えられていた（柳井一男，旗川陽子，横山淳一：白米飯食，麦飯食，パスタ食の各食後の健常者における血糖及びインスリン反応．日本病態栄養学会誌 6；159–163, 2003）．この研究成績から，パスタ食は膵臓のランゲルハンス島から分泌されるインスリンを過度に刺激しないため，白米に比べて糖尿病の発症予防につながり，また，インスリンは脂肪合成を促進するため肥満予防につながる．

　パスタが消化酵素であるアミラーゼの作用を受けてブドウ糖にまで分解されるまでの時間がかかる難消化性で，インスリン分泌を過度に刺激しな

いという栄養学的特徴がある．この栄養学的特徴は，成分の上で食物繊維が多いことと同時に，硬質小麦を粗く挽いた粉を水で練り，圧力機で強く圧縮して細い出口から放出成形させ，それを乾燥させて作るというその素材と製法が深くかかわっている．このパスタの特徴を他の糖質食品とのグライセミック・インデックス　Glycemic Index（GI 値）で比較したものを見てみよう（表1）．

　GI 値とは，糖質 50 グラムを含有する食品（主に糖質を供給する食品）を摂取したあと，一定の時間間隔（30 分）をおいて血糖値を測定し，120 分値までの血糖曲線下面積を 50 グラムのブドウ糖を摂取したあとの血糖曲線下面積で割った数値（％）．数値が低いほど糖質の消化・吸収に時間がかかり食後の血糖値が急速に上がりにくいことを表している．表 1 からパスタは米，パンに比べて GI 値はかなり低い．また，地中海食でよく使われる，いんげん豆，レンズ豆，ひよこ豆はさらに低いということがわかる．

2.3　パスタを地中海式においしく，健康増進に活かすための 8 ヵ条

　乾燥パスタそのものは小麦粉と水だけで作り，一切の添加物がない自然食品である．保存性にも優れ，糖質を供給する食品として現代人の健康増進をもたらす優れた食品である．このパスタを地

表 1　糖質を供給する主な食品のグライセミック・インデックス（glycemic index）

	食品名	GI 値		食品名	GI 値
米	玄米	55	めん	そば	59
	白米（日本米）	88		うどん	85
パスタ	スパゲッティ（全粒粉）	37	いも	さつまいも	54
	スパゲッティ	41		じゃがいも	85
	ショートパスタ（マカロニ）	45	豆類	ピーナッツ	14
	リングイーネ	46		大豆	18
パン	ライ麦パン	65		いんげん豆	27
	全粒粉パン	69		レンズ豆	29
	白パン	70		ひよこ豆	33
	フランスパン	95		そら豆	79

Foster-Powell K. Brand Miller J. Am J Clin Nutr 1995: 62:871S-90S より引用

中海式においしく，健康増進に活かすためには次のことに留意する．

1. 乾燥パスタを使う
2. たっぷり塩を入れて，パスタをいたわりながらゆでる
3. パスタをアル・デンテに硬めにゆで，よく噛んで食べる
4. パスタの量に比べ，ソースや具は控えめとする
5. パスタに和えるソースはオリーブオイルをベースとする
6. パスタ料理の具は野菜，豆，キノコ類，魚介類を主体にする
7. ハーブ類，ニンニク，などを上手に使う．化学調味料は使わない
8. パスタの形状とソースや具の相性を楽しむ

　アル・デンテに茹でると「麺の腰」を食感として感じることができ，美味しいと感じる第一条件になる．アル・デンテに茹でたパスタは美味しさだけでなくダイエット効果につながる．噛みごたえがあるため自然とゆっくり食べるようになり，早食いを抑えてくれるから食べ過ぎのリスクを少なくし，満腹感をもたらしやすくなる．また，茹で過ぎのパスタは過剰にソースを吸収するため，摂取カロリーは増えることになる．

　パスタをアル・デンテに茹でるコツは茹でるお湯にたっぷりと塩を入れておくことである．お湯1リットルあたりどんなに少なくとも10 gの塩を入れる．茹でるお湯に十分な塩を入れておくと浸透圧が高くなり，茹でているパスタからデンプンの成分が茹で湯に流れ出にくくなり，パスタの表面のダメージが少なくなる．そのため，パスタはお互いにくっつきにくくなる．茹であがりでお湯をしっかり切れば，塩分の過剰摂取は避けられる．パスタ自体には塩が入っていないので，表面にうっすらとついた塩はパスタに合える具やソースの味を引き立ててくれる．

　乾燥パスタがいかに低GIで，ダイエットに向いていても，動物性脂肪の多いソースと合わせてしまうとダイエットの効果は半減する．パスタは自然食品であるため，合わせるオイルも自然食品のオリーブオイルとの相性が抜群で，加工食品であるサラダ油と比べるとその違いがよくわかる．和えるソースをオリーブオイルベースとすると，パスタ料理の具はおのずと，オリーブオイルが食材の旨みを引き立たせる野菜，豆，キノコ，魚介を用いるようになる．野菜では緑黄色野菜のトマト，ブロッコリー，ピーマンなどはオリーブオイルで加熱すると旨みが凝縮されると同時に，それらに含まれるベーターカロチンの体内への吸収率も上がる．具に魚介類を使う場合には，ハーブとしてイタリアンパセリ，トマトであればバジリコというように，ハーブをうまく使えば香りがより引き立ち，現代のテクノストレスからの憩いにもつながる．パスタと豆類の相性も良く，地中海食でよく使われる，いんげん豆，レンズ豆，ひよこ豆は保存性に優れるとともに，食物繊維が多いためGI値が低く，満腹感が得やすく，パスタ食のダイエット効果をさらに高める．

3.　ワインは大切な食事の伴侶

　酒の範疇に入るワインではあるが，とくに赤ワインは現代の栄養学，医学のメスが入っても，古くから言われているように最高級の健康食品の一つである．

　赤ワインは黒ないし紫色のブドウを粉砕して，果皮，果肉，種子，果汁ともに発酵させて作り，白ワインは果皮が黄緑色であるブドウを粉砕し，その際に流出する果汁を発酵させて作る．果皮，種子には光合成によって生成した多種多様のポリフェノールが多く含まれている．したがって赤ワインには白ワインに比べ多量のポリフェノール類が含まれている．ブドウを皮ごと潰して作ったグレープジュースにはポリフェノール類が多く含まれるがアルコール分がないため体に吸収されにくい．赤ワインをよく飲む人には現代人の健康を脅かす動脈硬化に基づく心血管障害が少ない．その理由は赤ワインに含まれるポリフェノールなどの抗酸化物質が動脈硬化の元凶となる酸化LDLコ

レステロールの生成を抑止する．LDLコレステロールは悪玉コレステロールと呼ばれているが，それが酸化されることによって本物の悪玉となって血中のコレステロールを動脈壁内に沈着させ動脈硬化を促進させる．同程度の血中LDLコレステロール濃度であっても酸化LDLコレステロールが多いと動脈硬化が進展する．

　赤ワインが健康食品であるのはポリフェノールなどの抗酸化物質を含んでいるだけでなくその吸収を助ける適度なアルコールを含み，それがまた動脈硬化に抑止的に働くHDLコレステロールの血中濃度を増加させる．さらに鉄分をはじめとしたミネラルなど，現代人の健康を支えるいろいろな成分も含まれているからで，太陽と大地の恵みをいっぱいに吸い込んだブドウのすべてを発酵させてできる赤ワインには人間の心を癒し，さらには健康を増進させる働きがある．イタリアの古い諺に「Buon vino fa buon sangue　よい赤ワインはよい血液をつくる」というのがあるが，現代の医学・栄養学が今になって証明したことになる．

　オリーブオイルはオリーブの実をまるごと絞り，上澄みの油の成分を分離させた油性の果実のジュースである．赤ワイン，オリーブオイルはいずれも自然食品であり，また，ブドウの実，オリーブの実の全部を有効活用した全体食品（whole foods）である．いずれも実が育った土地，気候を反映し，味わいが異なり，楽しめること．また，こうした楽しみ方が地産・地消の要になることも共通している．

　人類は，どんなに科学が進歩しても，赤ワインよりも優れた酒類，オリーブオイルよりも優れた油脂は生み出せないと思われる．

4．地中海食文化の変遷と現代での取り入れ方

　地中海食文化は，エジプト，エーゲ（クレタ島），ギリシャへと少しずつ変化しながら引き継がれ，約2000年前のローマ帝国時代に現在ある地中海食が体系化された．古代ローマ帝国が滅亡したA.C 7〜8世紀にイスラム世界からレモンなどの柑橘類，米が加わり，その後15〜17世紀の大航海時代に新大陸からトマト，ジャガイモなどがもたらされ食材の幅が広がった．産業革命以降，地中海沿岸地域は経済発展から取り残され，地中海食は経済的に貧しい地域の食事とみなされ，乳脂肪をふんだんに使う富裕層からは見放されるようになった．

　この地中海食について，関心が集まり始めたのは1970年に入ってからである．

　広く一般に注目を集めるようになったのは，米国ミネソタ大学の疫学のAncel Keys教授が，1975年，南イタリア料理の素晴らしさを纏めた「How to Eat Well and Stay Well : The Mediterranean Way」を出版してからである．

　Keys教授はこの本の出版に先立つこと20年前から，同僚らとともに7ヵ国を対象とした大規模な疫学調査（Seven Countries Study）を行っていて，肉や動物性脂肪を多量に摂取する危険性を説き，健康食としての南イタリア料理を讃美したこの本は医学・栄養学に携わる人達の間でも注目を集めた．地中海型食事法（地中海食）という言葉が使われるようになったのは，この本からである．

　地中海食への関心は医学関係，栄養学関係だけでなく一般に広がりを見せていく．

　イギリスの広告マンであったPeter Mayleが南フランスのプロヴァンスに移住して，古い石造りの農家に住んでそこでの生活に馴染んでゆく過程を纏めた「南仏プロヴァンスの12か月」の本（1989年出版）は，そこでの地中海食に驚きの目を持ってのめり込んでいく様子が描かれている．本書は日本語にも訳され多くの人が愛読した．

　フランスでも動脈硬化の研究で高名な，国際動脈硬化学会の会長を務めた医学者Bernard Jacotot博士の「オリーヴの本—地中海から美と健康の贈り物」（写真2）が1993年に出版され，フランスでも地中海食への関心が高まった．この本を日本語にも翻訳するにあたって，医学，栄養学の記述を手伝ったこともあって，博士とともに地中海に浮かぶマヨルカ島で開催された地中海食に関する国際会議（200年）に招かれ歓談する機会（写真3）に

恵まれた．このころから欧米の循環器，動脈硬化の研究グループからオリーブオイル，地中海食の効用についての論文が多数出るようになった．

　これらの研究を踏まえ，一般向けの栄養指南書として，TIME 誌で最も影響力のある栄養学者として選ばれた Andrew Weil 博士の Eating Well for Optimum Health（2001 年）が出版され，日本語にも訳された「ワイル博士の医食同源」はかなり反響を呼んだ．そのなかでも地中海食は現代人の理想的な食事法であることが紹介されている．

- ・多くの文化圏で受け入れられる味覚と食材の種類の多さ
- ・全粒穀物，豆類が多く GI 値が低い
- ・オリーブオイルを使うため一価不飽和脂肪酸が多く，魚をよく食べるため n-3 系多価不飽和脂肪酸が多い
- ・獣肉が少なく魚が多い
- ・適量のチーズとヨーグルトを食べる
- ・食物繊維が多い緑黄色野菜，果物をよく食べる
- ・加工食品が少なく，食材の新鮮さを大切にする
- ・日本料理をはじめとするアジア料理ほど手間がかからない

写真 2

写真 3

　欧米では地中海食は科学的根拠に基づく栄養学 Evidence-based Nutrition で最も健康長寿につながる食事法であると認識されている．

　日本で医学・栄養学の分野で地中海食に関心がもたれるようになったのは国際オリーブ協会主催での講演会が開催されたことが大きい．1992 年に第二回心臓血管病のリスクファクター国際シンポジウムが大阪で開催され，そのサテライトセミナーとして「地中海式ダイエットによる栄養と健康」が開催された（写真 4）．その際の講演者とそのタイトルをみると，これからのトレンドを予知する内容であった（写真 5 〜 7）．

　伝統的な和食は世界に冠たる低脂肪食であり，

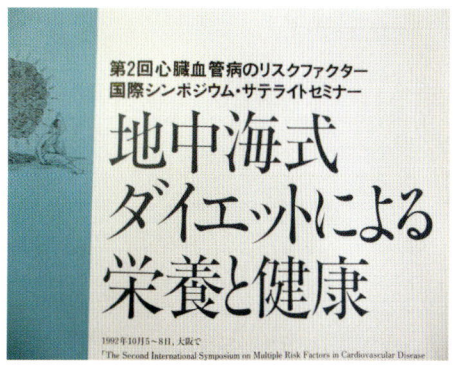

写真 4

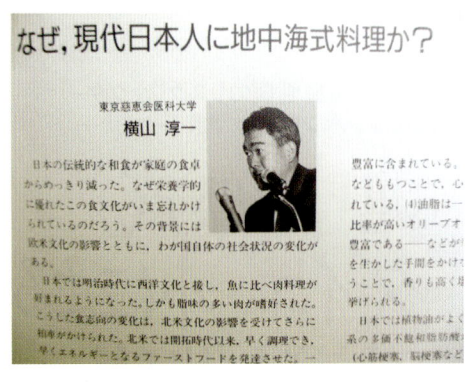

写真5

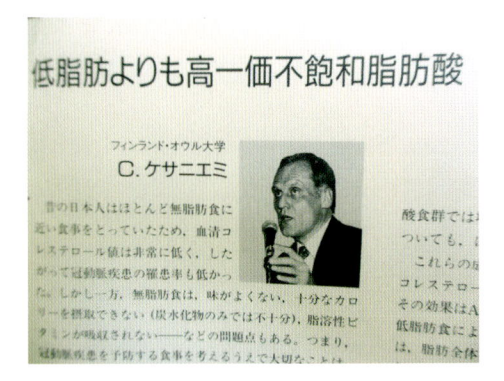

写真6

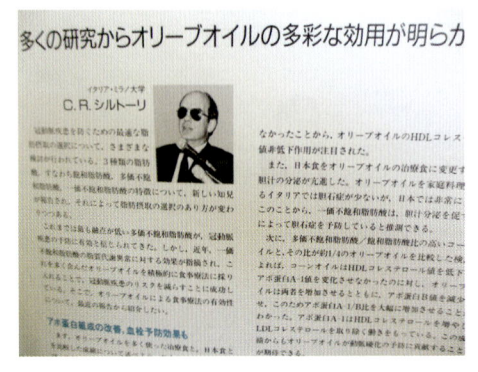

写真7

写真8

食の欧米化に警鐘を鳴らしていた頃である．一方，地中海食はオリーブオイルを油脂としてふんだんに使うため脂質の占める割合が高い高脂肪食であるため，地中海食を健康食として我が国に取り入れるには大分抵抗があった．このような状況下から「南イタリアの家庭料理－地中海式ダイエットの原点，美味と健康にあふれた食卓」（写真8）を南イタリア出身のダニエラ・オージックさんとの共著で1994年に出版し世に問うた．

　食の欧米化を悪とする我が国の風潮にあって，地中海食は欧米食の源流であり，現在にも通用する健康食であることを示す「サレルノ養生訓―地中海式ダイエットの法則―」（写真9）が，ささきクリニック院長　佐々木　巖　博士により翻訳，解説され2001年出版された．8世紀にナポリよりさらに約50km南下した地中海に面したサレルノの地に西欧最古の医学校が創設され，11世紀末にはその医学校長が主体となって食を中心に入浴法や睡眠など生活習慣に関する留意点について一般

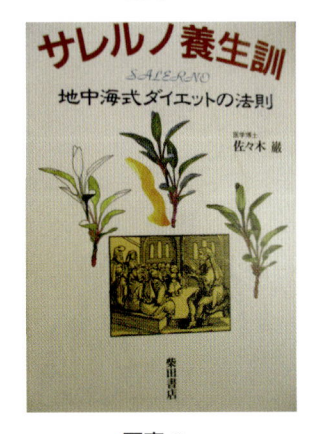

写真9

大衆にもわかりやすく解説したのが本書である．その時代，サレルノの医学校の名声は高まり，「ヒポクラテスの町」と呼ばれ，ヨーロッパ中の人が治療のため訪れたという．

　こうした書物を通して日本でも医学・栄養学に携わる人たちにも地中海食に関心が向けられるようになった．実際の医療の現場では地中海食に関

心がもたれたのは糖尿病，脂質異常症，動脈硬化に基づく心血管障害に携わる者であったが，松生クリニック院長　松生恒夫博士が専門とする消化管疾患にもオリーブオイルの効能効果があること，そして和食に地中海型食事の原則を取り入れた地中海和食を提唱した出版活動（写真10）により，広く地中海食に関心がもたれるようになった．

5. 地中海食と健康・長寿

　長寿国は国別でいうと日本が最長寿国であるが，地域を限ってみるとイタリアのサルデニャ島，南フランスからイタリアにかけての地中海沿岸地域，イタリア　トスカーナ州内陸部は長寿地域であり，人口あたり100歳を超える人の割合が多いことで知られる．南フランスのアルルで育ったジャンヌ　カルマンさんは121歳の誕生日で世界最長寿者になり祝福を受け（写真11），そのニュースは日本にも届いた（写真12）．そして122歳までの健康寿命を全うした．

　男性は，アントニオ　トッディさんで112歳まで寿命を伸ばした（写真13）．二人とも「地中海食」を生涯の伴とした．地中海食を提唱し自らも実践したAncel Keys教授は100歳の生涯を終えた（写真14）．105歳まで現役医師として活躍された聖路加国際病院の日野原重明先生はエキストラバージンオリーブオイルの愛好者であったことはよく知られている．

　地中海食が長寿につながることは，男性，女性とも世界で最も長生きした人は地中海食を続けた人であることなどから示唆されてきたが，疫学的研究から証明されてきている．ギリシャでも伝統的な地中海食の食習慣への遵守率が高い方が長寿につながるとの研究成果がだされている．(Trichopoulou A, Costacou T, Bamia C, Trichopoulos D. Adherence to a Mediterranean diet and survival in a Greek population, N Engl J Med 348;2599-2608,2003.)

　健康長寿という観点では認知症の予防が大きな問題であるが，加齢による認知機能低下には動脈硬化，酸化ストレスが大きく関与する．地中海食は認知機能を改善させたり，その予防効果がある

写真10

（2013年　河出書房新社 刊）

写真11

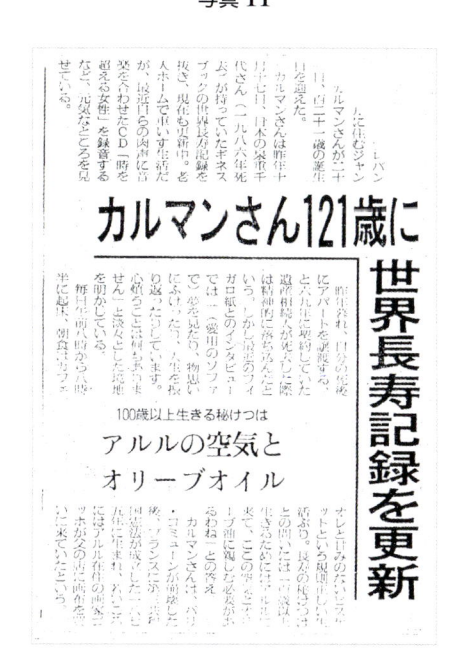

写真12

とする研究がだされているが，最近，バルセロナの研究グループが地中海食，特にエキストラバージンオリーブオイルには認知機能の低下を予防する効果があることを明らかにし，話題となっている．

この研究では，認知機能が正常であるが心血管障害のリスクが高い 447 名（平均年齢 66.9 歳）が栄養介入試験に参加した．参加者はエキストラバージンオリーブオイル（1L/週）を加えた地中海食を指導した群，ナッツ類（30 g/日）を加えた地中海食を指導した群，脂肪摂取量を減らす指導をした対照群の 3 群に無作為に割り付け，約 4 年間観察し，栄養介入後の記憶機能，前頭葉機能，認知機能全般に及ぼす機能について詳しく調べた．

その結果，対照群ではすべての機能がベースラインから有意に減少したのに対し，地中海食群，特にエキストラバージンオリーブオイルを加えた群ではベースラインから減少せずかえって増加していて，認知機能を改善することが示された．
(Valls-Pedret C, Sala-Vila A, Serra-Mir M et al. Mediterranean diet and age-related cognitive decline. A randomized clinical trial. ; JAMA Intern Medicine;175: 1094-1103, 2015.)

最近話題となったのはイタリア　カンパーニャ州チレント地方の地中海沿岸部にあるアッチャロリ Acciaroli 村で，人口 700 人のこの村では 10 人に 1 人以上の割合で 100 歳を超えている．この驚異的な寿命についての研究がはじまっている．この村は，かの Ancel Keys 教授の地中海食の研究の端緒となったところだった．アッチャロリと周辺の小さな村々の住民は長生きだけではなく認知症も少ないことで注目されている．

6.　樹木としてのオリーブ樹

地中海沿岸地域では古代ギリシャの時代からオリーブ樹は神聖な樹木として崇められてきた．「果樹の女王」，「何により勝る人類への神からの貢物」「平和と繁栄の象徴」とされ，樹齢 1000 年を超えるオリーブ樹がたくさんある．なかには 3000 年近いとも言われる樹木もあり，生物のなかで最

朝日新聞 2002年（平成14年）1月5日

男性長寿世界一　トッデさん　112歳で死亡　イタリア

【パリ4日＝国末憲人】男性として世界最高齢の112歳だった

イタリア・サルデーニャ島のアントニオ・トッデさん＝写真＝が3日から4日にかけての夜，死亡した．現地からの報道では，2日前から体調不良を訴え，食事ができなくなっていたという．1月22日に113歳の誕生日を祝う予定だった．パリのエッフェル塔完成と同じ1889年に生まれ，羊飼いをしながら，パスタと野菜スープの生活を続けていた．毎日1杯のワインが長寿の秘けつだと話していたという．

写真 13

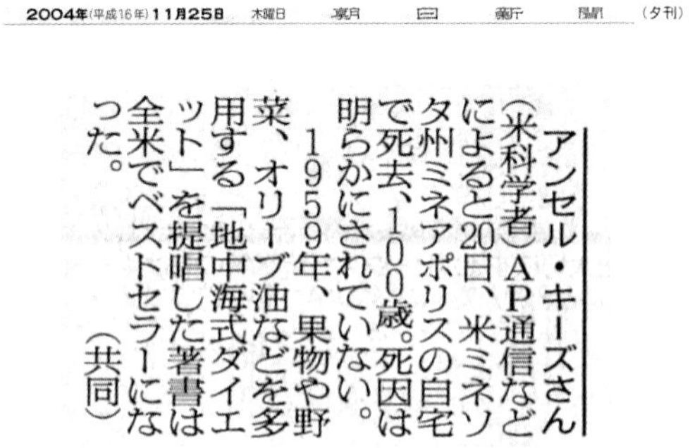

2004年（平成16年）11月25日　木曜日　霜月　日　薬行　陽射　（夕刊）

アンセル・キーズさん（米科学者）

（米科学者＝AP通信などによると）20日，米ミネソタ州ミネアポリスの自宅で死去，100歳．死因は明らかにされていない．

1959年，果物や野菜，オリーブ油などを多用する「地中海式ダイエット」を提唱した著書は全米でベストセラーになった．（共同）

写真 14

も長寿であることが知られている．

オリーブ樹が，いかに生命力があるかの証左については，オリーブは比較的根が浅いことから強風で倒れることもあるが倒れてもなお太陽に向かって新芽を出し続け，実を付ける樹木をプーリア州ファッサーノで見て感動した（写真 15）．トスカーナ州のフィレンツェ郊外では冬の霜で枯れたオリーブ樹の脇から新芽がでて実をたわわにつけている樹をみて驚嘆した．さらに驚いたことは，スペインで育った樹齢 1000 年を越えるオリーブの大樹を小豆島に移植しても根がつき，毎年，実を結実させている（写真 16）．小生もベランダにオ

図 15

写真 16 （小豆島ヘルシーランド（株）より提供）

写真 17

写真 18

写真 19

「銀色に輝く山」という意味で小高い山にはオリーブ樹が密生していてそのため，陽が当たると銀色に輝くことでこの名の由来がある．この風景を見るため世界中から観光客が絶えないという．

　南フランス，コートダジュールのカーニュ　スル　メールには晩年ルノアールが絵筆を取っていたコトレット荘がある．そこは樹齢数百年を越えるオリーブの大樹の森があり，その森林浴に癒しを求めてリハビリに励んでいる老夫婦をみて感激した（写真 19）．

　オリーブ樹からの恵みはそれだけではない．樹の幹，枝，葉のすべてが使える．幹は堅く，テーブル，ステーキ肉用板（写真 20），果物入れ（写真 21）などテーブルウエアーに向き，その複雑な哲学的な年輪を楽しめる．年輪は同心円状ではなく，その時々の気候に呼応して年輪を刻んだことがよくわかる．枝も籠に使え，籠は美しく耐久性に優れる（写真 22）．香川県では葉はオリーブ茶として，その粉末は養殖魚の餌（オリーブハマチ），搾

リーブの鉢として長年そだてているが枯らしてしまうことはなく実を毎年結実し，搾油はしていないものの実の新漬けを楽しんでいる．オリーブ樹は不規則な樹勢の美しさとともに，葉は陽が当たると季節を問わず銀色に輝き，高層住宅からの都会の殺風景な景色に潤いをもたらしてくれる（写真 17）．

　イタリア　トスカーナ州に Monte dell Argentalio という観光スポット（写真 18）がある．

写真 20

写真 21

写真 22

油後の搾り糟は家畜の飼料（オリーブ牛）として活用している．魚も牛も病気にかかりにくいという．

　オリーブ葉や実の成分には長い年月にわたって強い紫外線から身を守る成分があって，それを利用した化粧品が開発されている．

　最も長生きする生物，オリーブ樹からこれからも人類に役立つ，いろいろなことが発見されていくことと思われる．

おわりに

　2500 年以上も前からオリーブオイルを油脂として使う地中海食は，幾多の変遷をしながらその原則は変わらないで，現代に生き続け，現代人の健康寿命を伸ばし続けている．この地中海食は疫学的にも栄養学的にも最も健康長寿につながる食事法であることをつきとめた最大の功績者はAncel Keys（アメリカ，コロラドスプリングズ出身）教授であることには異論がない．その足跡をたどるべく，博士がアメリカから移り住んだ南イタリア，カンパーニャ州チレント Cilento 地方の小さな町ピオッピ Pioppi を訪ねた（図1）．そこには地中海料理が世界無形文化遺産に登録されたことを記念して，地中海食ミュージアム Museo Vivente della Dieta Mediterranea（写真 23）が建てられ，地中海食の変遷・歴史をたどりながら健康・長寿に向けた啓蒙活動の拠点となっていて，一般公開されている．

　館内は地中海食のフードピラミッド（写真 24）からはじまり，Ancel Keys 教授の生涯，研究内容がわかりやすくパネル（写真 25）にされ，書斎にはこれまでの書物が展示されている（写真 26）．オリーブについては特別な部屋が設けられ，オリーブのすべてがわかるように工夫がされている．館

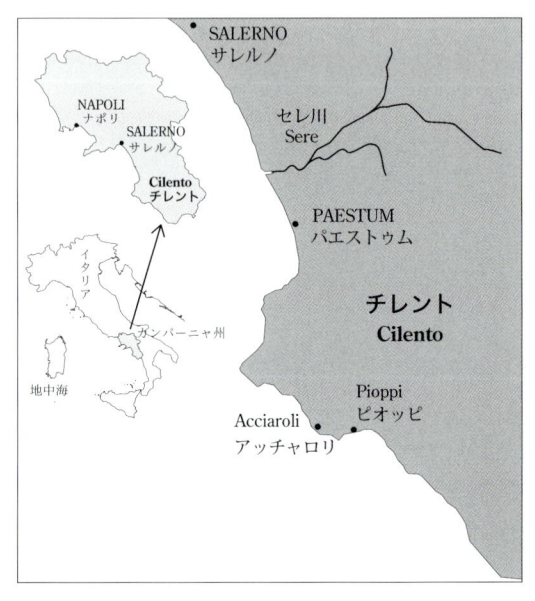

図 1

写真 23

写真 24

写真 25

写真 26

内には地中海食によく使われる食材の解説，実際の料理法がビデオで見れるシステムがとられている．レンズ豆などの豆類の販売も行われている．この館は海岸のすぐ脇にあり，館内からも地中海が見渡せ（写真 27），Ancel Keys 教授はご夫人の Margaret さんと，この地中海を見ながら，ここでの伝統食を料理し食べていた生活が窺える．ご夫妻でかかれた How to eat well, stay well, Mediterranean way は 1975 年に出版され，全米でベストセラーになった．

写真 27

この本の表紙絵（写真 28）をよくみるとこの表紙絵に地中海料理のエッセンスが詰まっている．地中海の紺碧の海を背景に，テーブルに魚介類，緑黄色野菜，豆類，オリーブ，チーズ，ワインが山盛りになって表紙を彩っている．下側にハーバート大学公衆衛生学の栄養部門の Jean Mayer 教授の序文が書かれている．「ギリシャ，イタリア

そしてフランス，スペインの地中海沿岸地域で日常食べられている食べ物は美味と健康にあふれた特徴とともにシンプルに調理され，また経済的である．これらのレシピーは南イタリアとアメリカミネソタの Keys 家でそのすばらしさは実証済みである．この本を読んでここに書かれてあるレシピーで料理をすれば，毎日の生活をより楽しみ

写真28

写真29

ながら健康を維持する方法の一つであることに気付くであろう。」短い文章の中に地中海食のエッセンスが詰まっている.

Keys ご夫妻はどうして文化の息吹も感じられない，交通の不便な辺鄙な場所を選んで住んだのか，かねてから疑問であった．イタリアの地中海沿岸には洗練された，食材にも恵まれた場所がたくさんあるのにと．イタリアに何度となく夏の休暇には訪れてきたが，ここチレント地方にはなかなか行く機会に恵まれなかったのは，交通の便が悪く，車でもナポリ空港から 3 時間はかかる．また公共輸送機関に乏しく，夏の暑い時期の移動にはちょっと二の足を踏んでしまう．今年の夏は意を決して，アマルフィ海岸のラヴェロで宿泊して，身体の調子を整えてからパエストゥムに由ってチレントに向かった.

アマルフィから南下しサレルノの市街を過ぎると山々の木々は少なくなり，乾燥した荒れ地にオリーブ樹の群生がところどころに目立つようになる．更に南下すると紺碧の地中海がオリーブ樹の林の間に切れ切れに見えてくる．そして突然，パエストゥムの神殿群が現れる．パエストゥムはイタリア半島に残されたまさに古代ギリシャ．紀元前 7 世紀に造られ，大ギリシャ（マグナ・グレキア）における交易の中心として栄え，威容をみせる三つの神殿はその頃のものである．その後，ローマ人の侵入を受け，円形劇場，集会場，ワイン蔵，浴場などの公共施設が建設され，かなり大きな古

代ローマ帝国の町となり，これらの遺構がそのまま残っている．バジリカ，ポセイドン，セレスと呼ばれている三つの神殿のなかでも海洋の神ポセイドン（ネプチューン）を祀っているポセイドンの神殿はギリシャ文明がこの地で最盛期を迎えた頃の建築とされ，保存状態もよく，ギリシャ神殿の最高傑作との評価を得ている（写真 29）．これらの遺跡は世界文化遺産に 1998 年登録された．パエストゥムは古代ローマ帝国が滅亡した 5 世紀末からは人が離散してしまい廃墟同然の状況下におかれる．山の樹木の乱伐による大量の水の流入，加えて地震による地殻の変動で近くを流れるセレ（Sere）川の河口の砂が堆積し始め，この地一帯は湿地帯となった．そこにマラリアが流行し人々は町を捨て，パエストゥムは廃墟となり，そのため無傷のままで今日に残されている．このあたりのマラリアの問題が解決したのは約 80 年前に沼の干拓が成功し，蚊が駆除されてからのことである.

午後,「正義の門」のすぐ外側のリストランテ Nettuno（ネプチューンの意味）で昼食をとった．すぐ前にオリーブ樹越しにバジリカの神殿が見える．遠くにはチレント国立公園の山々を背景に三つの神殿群を見ながら，できたてのモッツァレッラにたっぷりのチレント産のエキストラバージンオリーブオイルをかけて口に頬張り，古代ギリシャに起源があるグレコ（Greco）種を発酵醸造したグレコ ディ トゥフォ（Greco di Tufo）のワインを傾けながら 2500 年の時の流れの想いにふけた.

パエストゥムに後ろ髪をひかれながら，Keys ご

夫妻が晩年過ごされた Pioppi の町を目指して，地中海（イオニア海）が見え隠れする田舎道をひた走った．車中，Keys ご夫妻が 50 年も前に，多分，その頃はもっと辺鄙であったろうこの田舎にアメリカミネソタから移り住んで過ごしたことに思いを馳せた．最盛期の古代ギリシャ文明が色濃く残るこの地で，脈々と絶えることなく守り育てられてきた人間中心の地中海文明の源流がこの地にあると感じてここで過ごすことを決めたに違いない．一時期は時代から忘れられていたパエストゥムの都市，経済的に貧しい地元民の食べられていた地中海食に現代のあらたなスポットが当てられ，それぞれユネスコの世界文化遺産，世界無形文化遺産に登録された．

今回の旅であらためて，Ancel Keys 教授の偉大さを再認識した．疫学的手法を駆使して，20 年近くにわたる調査を行い，科学的に地中海食が世界一の健康食であることをつきとめ，ご自身も西欧文明の原点であり源であるチレントで生活をされ，地中海を背景にすばらしい自然の風景とおいしい空気の下，快適な日常と古代ギリシャ文明から脈々とつながるオリーブ樹の恵を生かした真の美味しい健康食を私たちに教えてくれたことに感謝した．

平和を享受できる今日，人々は美しさを求め，また健康・長寿を願い模索している．このときにあって人類の変遷をみて，人類に多大な恵みをもたらしてきたオリーブ樹に感謝するとともに，これからもオリーブの恵みは現代人の体内環境，現在おかれている地球環境，にも救世主となろう．

「オリーブの樹の恵で自然と人間を結ぶ．」これが小生のテーマである．

オリーブのすべて

2018 年 6 月 10 日　初版第 1 刷発行

著　者　横山淳一
　　　　松生恒夫
　　　　鈴木俊久

発行者　夏野雅博
発行所　株式会社 幸書房
〒 101-0051　東京都千代田区神田神保町 2-7
TEL03-3512-0165　FAX03-3512-0166
URL　http://www.saiwaishobo.co.jp

装　幀　安彦デザイン事務所
組　版　デジプロ
印　刷　シナノ

ISBN978-4-7821-0424-8　C3077